"十四五"职业教育优选教材·信息技术类

企业网搭建及应用实训教程

主　编　邓泽国

副主编　邓昊天　刘冬梅　袁艺明

主　审　张文库

电子工业出版社

Publishing House of Electronics Industry

北京·BEIJING

内 容 简 介

计算机网络是一门实践性很强的专业课程。本书根据职业院校网络教学的基本要求，以应用为目的，"理实一体化"，"做中学，做中教"，以一个完整的工程项目为主线设计教学内容，项目引领，任务驱动。全书分为 10 个项目，包括：计算机网络基础、交换机的基本管理、行政楼网络施工、科技楼网络施工、信息中心网络施工、分公司网络施工、企业网接入外网施工、综合楼无线网络施工、信息中心防火墙施工和企业网搭建综合案例。

本书适合作为职业院校计算机网络技术专业、网络安防系统安装与维护专业和物联网技术应用专业的教材，或者作为参加全国职业院校技能大赛中职网络搭建与应用赛项的指导用书，也可供对网络设备配置与调试感兴趣的其他读者阅读或参考。

图书在版编目（CIP）数据

企业网搭建及应用实训教程 / 邓泽国主编. —北京：电子工业出版社，2021.1
ISBN 978-7-121-39581-9

Ⅰ．①企⋯　Ⅱ．①邓⋯　Ⅲ．①企业内联网－职业教育－教材　Ⅳ．①TP393.18

中国版本图书馆 CIP 数据核字（2020）第 175908 号

责任编辑：张来盛（zhangls@phei.com.cn）
印　　刷：北京七彩京通数码快印有限公司
装　　订：北京七彩京通数码快印有限公司
出版发行：电子工业出版社
　　　　　北京市海淀区万寿路 173 信箱　邮编：100036
开　　本：787×1 092　1/16　印张：17　字数：435.2 千字
版　　次：2021 年 1 月第 1 版
印　　次：2025 年 2 月第 9 次印刷
定　　价：59.80 元

凡所购买电子工业出版社图书有缺损问题，请向购买书店调换。若书店售缺，请与本社发行部联系，联系及邮购电话：（010）88254888，88258888。
质量投诉请发邮件至 zlts@phei.com.cn，盗版侵权举报请发邮件至 dbqq@phei.com.cn。
本书咨询联系方式：（010）88254467。

前　　言

计算机网络技术是当今最热门的计算机技术之一。近年来，案例项目教学法在提高学生技能，创新人才培养模式，促进教学改革，建立和完善职业学校技能大赛的长效机制，将大赛融入日常课堂教学，提高教育教学质量等方面起到了积极作用，并深入推进"理实一体化""做中学，做中教""项目引领，任务驱动"等一系列教学理念、课程模式改革。在此背景下，我们在总结多年教学和技能大赛经验的基础上，联合网络设备厂商工程师共同编写了本书。

本书是案例教程，以一个中型企业网络工程为背景，以该企业网案例贯穿全书，实现一个企业网搭建的过程。考虑到职业院校课堂教学实际，本书 90%的案例是在模拟设备条件下完成的，这有利于反复练习和在没有设备的条件下自主学习，使学习者由一个入门者，达到具备搭建企业网的能力。

本书由 10 个项目组成，涉及企业网搭建过程中所有的网络设备，其中最后一个项目给出两个企业网综合案例，是对前 9 个项目知识的综合运用。全书案例在虚拟软件 Cisco Packet Tracer6.0 下实现。各项目如下：

> 项目 1（计算机网络基础）：主要使读者认识计算机网络，理解网络体系结构，理解网络工程项目；

> 项目 2（交换机的基本管理）：主要介绍交换机的基本操作；

> 项目 3（行政楼网络施工）：主要介绍接入交换机的 VLAN 划分、Trunk 技术和 DHCP 服务；

> 项目 4（科技楼网络施工）：主要介绍交换机的级联、堆叠和端口聚合技术；

> 项目 5（信息中心网络施工）：介绍路由器的基本管理和路由器的配置，主要有静态路由、默认路由、RIP 协议、生成树和 HSRP 等；

> 项目 6（分公司网络施工）：介绍路由重分发技术和访问控制列表；

> 项目 7（企业网接入外网施工）：介绍动态路由协议 OSPF、PAP 认证、CHAP 认证、NAT 技术和 PAT 技术；

> 项目 8（综合楼无线网络施工）：介绍无线路由器、无线接入点和有线无线混合网络的配置方法；

> 项目 9（信息中心防火墙施工）：介绍防火墙的管理和防火墙的配置；

> 项目 10（综合案例）：是两个其水平与全国职业院校技能大赛企业赛项相当的企业网搭建案例。

本书由朝阳工程技术学校邓泽国主编，自由职业者邓昊天、铁岭师范高等专科学校刘冬梅、惠州工程职业学院袁艺明为副主编。具体分工如下：邓泽国编写项目 1～项目 5，邓昊天编写项目 6～项目 8，刘冬梅编写项目 9，袁艺明编写项目 10；邓昊天负责全书案例的调试、校对，全书由邓泽国统稿。

本书由珠海市技师学院计算机网络技术专业带头人张文库老师担任主审，张文库老师同时也是全国职业院校技能大赛网络搭建及应用项目全国一等奖教练、大赛裁判和大赛专家组成员。

在本书编写过程中，参考了国内外的相关书籍和技术文章、资料、图片，并根据本书的体系需要，引用、借鉴了其中的一些内容，这些内容在书后以参考文献的形式给出，在此向其原作者表示最衷心的感谢。部分内容来源于互联网，由于无法一一查明原作者和出处，所以不能准确列出，敬请谅解；欢迎相关作者与本书编者（cydzg@163.com）联系，以便更正。

本书是辽宁省教育科学"十三五"规划立项课题"中职基于教学质量诊断的有效课堂建设研究"（课题号：JG17EB011）的研究成果之一。

由于编者水平和时间有限，书中难免存在错误和不足之处，敬请广大读者批评指正。

邓泽国

2020 年 9 月 25 日

目　录

项目 1　计算机网络基础

21 世纪我们迎来了一个以网络为核心的大数据时代，数字化、网络化已成为这个时代的主要特征，现在人们的生活、工作、学习和交往都已离不开网络。本项目的目的就是了解计算机网络的基本概念和基本组成，了解作为案例的网络工程项目。本项目的模块任务分解如图 1-1 所示。

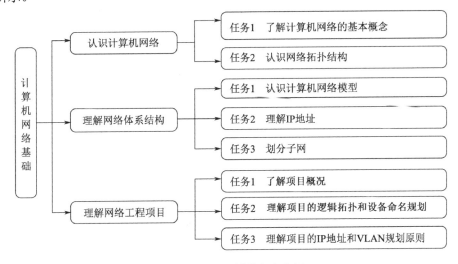

图 1-1　项目 1 模块任务分解

模块 1　认识计算机网络

任务 1　了解计算机网络的基本概念

如今是信息时代，网络已深入人们生活的各个方面，网络技术发展迅速。认识计算机网络，是搭建企业网的第一步。本任务旨在学习网络的基本概念。

完成本任务后，你将能够：

➢ 了解计算机网络的定义；

➢ 了解网络的作用；

➢ 掌握网络的分类。

1. 计算机网络的定义

计算机网络是将分布在不同地理位置、功能独立的自主计算机系统或由计算机控制的外部设备利用通信设备和通信线路连接起来，在网络操作系统的控制下，按照约定的通信协议进行信息交换，实现资源共享的系统。网络中的计算机或其他设备是网络互联的实体，也就是人们常说的结点。这些实体可能是计算机、打印机、终端等与网络相关的硬件设备，如交换机、路由器等。通常把网络中发起通信的设备称为本地设备或发送设备，而把本地设备要访问的其他任何设备称为远程设备或终端设备。习惯上，在网络设备中人们把计算机和其他网络设备加以区分，将计算机称为主机。

网络介质是能够实现网络设备通信的链路。网络介质可分为两大类，即有线介质和无线介质。有线介质包括双绞线、同轴电缆和光纤等，无线介质包括无线电波（如微波通信和卫星通信）、红外线等。

网络协议是数据在设备之间交换的规则，通常简称协议。协议通过在设备之间提供通用的语言使设备能够相互理解通信的内容。最常见的协议是 TCT/IP 协议族，它包括 TCP、IP、FTP、HTTP、POP3、SMTP 等协议。

2. 计算机网络的作用

我们生活在网络时代，网络改变着我们的生活。网络的主要作用首先是数据传输和资源共享，其次是提高计算机的可靠性和易于计算机进行分布处理。

计算机网络的基本功能是数据传输，最常见的形式就是电子邮件。电子邮件和普通邮件相比具有快捷、低价的优点，很受人们的欢迎。只要是能够数字化的信息，如程序、文字、声音、图片、影像等，都能作为电子邮件的内容在网上进行传输。

现代计算机网络的另一个功能是资源共享，它包括软件共享、硬件共享和数据共享。软件共享是指计算机网络内的用户可以共享计算机网络中的软件资源，包括各种语言处理程序、应用程序和服务程序；硬件共享是指可以在网络范围内提供对处理资源、存储资源、输入输出资源等硬件资源的共享；数据共享是指对网络范围内的数据的共享。网上的信息包罗万象，无所不有，每一个上网者都可以在授权的情况下使用网络信息，如浏览、咨询、下载。另外，利用计算机网络还可以实现网上教育、网上办公、电子商务等。

3. 网络的分类

计算机网络按不同的标准有很多种分类方法。按信息传播技术来分类，计算机网络可以分为广播方式和点对点通信方式；按拓扑结构来分类，有星形拓扑、环形拓扑、总线拓扑、网状拓扑之分；按物理信道来分类，可以分为有线网络和无线网络。通常按网络覆盖范围来进行划分，按照网络覆盖范围的不同，计算机网络可以分为局域网、城域网和广域网三类。

局域网（Local Area Network，LAN）是指在有限的地理区域内，由计算机、通信线路、网络互联设备构成的覆盖范围相对较小的计算机网络。局域网的作用范围约在 1 km 之内，通信线路一般使用双绞线、光缆，网络互联设备一般是交接机。这种网络传输距离短，传输延迟小，传输速度高。现在，局域网已经得到了非常广泛的使用，企业和学校都拥有互联的局域网，这种网络通常又称为企业网或校园网。

城域网（Metropolitan Area Network，MAN）是指在一个城市范围内由计算机、通信线路、网络互联设备构成的覆盖整座城市的网络，其作用范围约为 100 km。城域网多采用光纤、微波作为传输介质，以交换机、路由器作为网络互联设备。城域网可以为一个或几个单位所拥有，但也可以是一种公用设施，用来将多个局域网互联。

广域网（Wide Area Network，WAN）是指由多个局域网或城域网互联所形成的网络，其覆盖范围通常为几百到几千 km，其主要特点是进行远距离通信。广域网传输延迟大，网络容量较低，传输速度较慢。广域网是因特网（Internet）的核心部分，其任务是通过长距离（例如，跨越不同的洲、不同的国家）传输主机所发送的数据。

4. 接入网

接入网是 ISP 业务结点接口和用户网络接口之间的一系列线路设备和传输设施所组成的网络，它是用户连接到核心网络的网络。接入网通常按传输介质的不同分为有线接入网和无线接入网两大类。有线接入网又分为铜线接入网和光纤接入网两类，无线接入网又分为固定无线接入网和移动无线接入网两类。

铜线接入网是由双绞铜线组成的网络，它正逐步过渡到光纤接入网。

光纤接入网是以光纤为传输介质，并利用光波作为传输信号的接入网。光纤接入技术最大特点是传输速率快、容量大。随着光纤成本的降低，光纤接入已经到户，光纤非常适合构建智能楼宇。

无线接入网是指其中某一部分或全部使用无线传输介质的接入网。无线接入网具有覆盖范围广、系统规划简单、扩容方便等特点，它可解决偏远地区、难于架线地区的通信问题。无线接入网是当前发展最快的接入网之一。

任务2　认识网络拓扑结构

网络拓扑就是网络形状，或者说网络在物理上的连通性。本任务的目的是了解常见计算机网络的拓扑结构。

完成本任务后，你将能够：

➢ 掌握网络拓扑结构；

➢ 理解网络拓扑结构的常见类型。

网络拓扑结构是指使用传输介质将各种设备相互连接的物理布局。构成计算机网络的拓扑结构有很多种，每种拓扑结构的网络都同时具有物理拓扑和逻辑拓扑。逻辑拓扑是指信号从网络上的一点传输到另一点所采用的逻辑路径；但一般意义上的网络拓扑是指物理拓扑，即物理结构上各种设备和传输介质的布局。物理拓扑结构主要有总线拓扑、环形拓扑、星形拓扑三种类型。

1. 总线拓扑

总线拓扑结构采用单根数据传输线作为通信介质，所有结点都通过相应的硬件接口直接连接到通信介质，而且能被其他结点接收。图 1-2 所示为总线拓扑结构。总线拓扑结构网络中的结点为服务器或工作站，通信介质为同轴电缆。由于所有的结点共享一条公用的传输链路，所以一次只能由一个设备传输。这样，就需要某种形式的访问控制策略来解决下一次哪个结点可以发送。

一般情况下，总线网络采用载波监听多路访问/冲突检测（CSMA/CD）控制策略。

2. 环形拓扑

环形拓扑结构是指计算机和其他网络设备连接在一起，并且最后一台设备连接到第一台设备上，形成一个环。这类拓扑结构包括单环拓扑和双环拓扑，可以使用同轴电缆或光纤进行物理连接。在环形网络中，所有的通信共享一条物理通道。图 1-3 所示为单环拓扑结构。

3. 星形拓扑

星形拓扑结构由中央结点和通过点到点链路连接到中央结点的其他结点组成，它是局域网（LAN）中最常见的物理拓扑结构。利用星形拓扑结构的交换方式有电路交换和报文交换，其中电路交换较为普遍。一旦建立了通道连接，星形网络就可以没有延迟地在所连通的两个结点之间传送数据；工作站到中央结点的线路是专用的，不会出现拥挤的瓶颈现象。在星形拓扑结构中，中央结点一般为交换机，外围结点为服务器或工作站，通信介质为双绞线或光纤。星形拓扑结构被广泛应用于其网络中的主要功能集中于中央结点的场合。由于所有结点向外传输都必须经过中央结点来处理，因此对中央结点的性能要求较高。

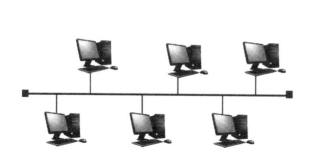

图 1-2　总线拓扑结构

图 1-3　环形拓扑结构（单环）

星形拓扑结构包括星形拓扑（如图 1-4 所示）和扩展星形拓扑（如图 1-5 所示）两种，一般使用双绞线和光纤进行物理连接。

图 1-4　星形拓扑

图 1-5　扩展星形拓扑

模块 2　理解网络体系结构

任务 1　认识计算机网络模型

计算机网络是一个非常复杂的系统，其中相互通信的计算机必须高度协调才能工作，而这种"协调"是相当复杂的。为了设计这样复杂的计算机网络，最初的 ARPANET 提出了分层的方法。"分层"可以将复杂的问题转化为若干较小的局部问题，这些较小的局部问题就比较容易研究和处理。因此，在计算机网络体系中，最基本的结构是分层次的体系结构。

完成本任务后，你将能够：

➢ 理解网络模型；

➢ 理解 IP 地址。

1. OSI 参考模型的结构和功能

计算机网络体系结构是计算机网络各层及其协议的集合。网络体系结构指的是通信系统的整体设计，它为网络硬件、软件、协议、存取控制和拓扑提供标准。目前广泛采用的是国际标准化组织（ISO）提出的开放系统互连（Open System Interconnection，ISO）参考模型。

1978 年 ISO 为了使网络系统结构标准化，提出了 OSI 参考模型；ISO 又与国际电报电话咨询委员会（CCITT）共同提出了 7 层协议，使之成为指导计算机网络发展的标准协议。这里的"开放系统"是指一个系统与其他系统进行通信时能够遵循的 OSI 标准系统。OSI 参考模型采用了层次化结构，将整个网络通信功能分为 7 个层次，每层完成特定的功能，并且下层为上层提供服务。OSI 参考模型的 7 层结构如图 1-6 所示。

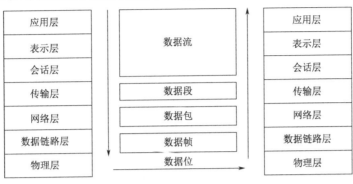

图 1-6　OSI 参考模型的 7 层结构

物理层——OSI 参考模型的最下层，直接与物理传输介质相连，提供网络上实现设备之间相互连接的物理接口。物理层定义了这些接口的机械特性、电气特性、功能特性、规程特性。物理层负责在计算机之间传输数据位。

数据链路层——OSI 参考模型的第 2 层，它的主要功能是保证数据的可靠传输，为网络层提供有效服务。数据链路层传输的数据单位是帧。

网络层——OSI 参考模型的第 3 层，它的主要功能是支持实现网络连接，为传输层提供整个网络内端到端的数据传输通路，完成网络的寻址。在网络层传输的数据单位是数据包。

传输层——OSI 参考模型的第 4 层，它建立在网络层之上，是网络体系结构中高层和低层之间衔接的一个接口层。传输层的主要功能是建立、拆除和管理传输连接，实现该层到网络层地址的映射。

会话层——OSI 参考模型的第 5 层，它建立在传输层之上，负责组织通信之间的会话，协调相互之间的数据流。用户与用户之间逻辑的联系称为会话。会话层实际上是用户应用进程进网的接口。会话层的基本任务是完成两个主机之间原始报文的传输。

表示层——OSI 参考模型的第 6 层，它建立在会话层之上，主要解决两个通信系统中交换信息表示方式的差异问题。表示层负责管理所用的字符集与数据码，其主要功能是完成数据格式的转换。

应用层——OSI 参考模型的第 7 层，也是最高层，是用户和网络的接口。应用层的主要功能是为用户提供网络管理、文件传输、事务处理等服务。

OSI 参考模型的 7 层结构及功能如图 1-7 所示。

2. TCP/IP

TCP/IP（Transmission Control Protocol/Internet Protocol，传输控制协议/互联网协议）源于 ARPANET，它规范了网络上主机之间的数据传输格式和传输方式，可以用来构造局域网和广域网。

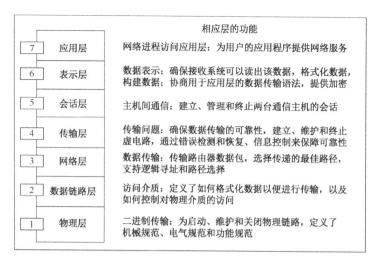

图 1-7　OSI 参考模型的 7 层结构及功能

TCP/IP 和 OSI 参考模型一样，也是分层结构。TCP/IP 不是一个协议，是一个协议族，这个协议族分为 4 层，由下至上分别为网络接口层、网络层、传输层和应用层。其中，网络接口层对应 OSI 参考模型的物理层和数据链路层；网络层对应 OSI 参考模型的网络层，包含 IP、ARP、RARP、ICMP 等协议；传输层与 OSI 参考模型的传输层相对应，包含 TCP 和 UDP 两个协议；应用层对应 OSI 参考模型的会话层、表示层和应用层，包含 FTP、SMTP、DNS、HTTP、Telnet 等协议。TCP/IP 协议族与 OSI 参考模型的关系如图 1-8 所示。

OSI参考模型	TCP/IP协议族	
应用层	应用层	DNS，Telnet，SMTP，FTP，HTTP 及其他应用协议
表示层		
会话层		
传输层	传输层	TCP，UDP
网络层	网络层	IP，ARP，RARP，ICMP
数据链路层	网络接口层	各种通信网络接口，物理网络
物理层		

图 1-8　TCP/IP 协议族与 OSI 参考模型的关系

任务 2　理解 IP 地址

互联网协议（IP）是 TCP/IP 协议族中最主要的协议之一，也是最重要的互联网标准协议之一。理解 IP 地址的组成和类别，是搭建企业网的基础。

完成本任务后，你将能够：

➢ 掌握 IPv4 网络地址的组成；

➢ 掌握 IPv4 网络地址的格式；

➢ 理解公网 IP 地址和私网 IP 地址；

➢ 掌握常用的几个特殊 IP 地址；

➢ 掌握子网划分的方法。

TCP/IP 协议族使用 IP 地址的逻辑地址来简化网络的数据包路由。IP 地址有两种类型：IP 第 4 版（IPv4）和 IP 第 6 版（IPv6）。32 位的 IPv4 地址是当今最常用的地址类型；128 位的 IPv6 地址已经开始投入使用，并且不久之后将会替代 IPv4 成为 IP 地址配置的主流。如未特别说明，本书使用 32 位的 IPv4 地址类型。

IPv4 逻辑地址用于识别 IP 网络中具体设备的位置，以使数据有效到达这些网络地址。连接到网络中的每台主机、网络设备或连接到因特网（Internet）的外围设备，都有可标识它们的唯一 32 位 IP 地址。

1. IP 地址的组成、格式和分类

IP 地址采用分层结构，由 32 位二进制编码组成，每个 32 位的 IP 地址被划分为两部分，即网络地址部分和主机地址部分。

➢ 网络地址部分（网络 ID）：描述 IP 地址所属的网络。
➢ 主机地址部分（主机 ID）：标识具体结点。这些结点可以是服务器、计算机或连接到网络的其他设备。

IP 地址的格式：IP 地址采用点分十进制记法表示。将 IP 地址用 32 位二进制码分为 4 个不同的字节，字节之间用"."来分隔，每个字节转换成相应的十进制数来表示，这就是点分十进制记法。IP 地址的点分十进制记法示例如表 1-1 所示。

表 1-1　IP 地址的点分十进制记法示例

示　　　例				说　　明
10101100000100001000000000010001				IP 地址是一个 32 位二进制数
10101100	00010000	100000000	0010001	32 位二进制数可以划分为 4 组 8 位二进制数，方便读写
172	16	128	17	每组二进制数可转换成十进制数，即用点分十进制记法表示

IP 地址的分类：IP 地址的网络地址部分也称为网络号（网络 ID），主机地址部分也称为主机号（主机 ID）。网络号用来标识一个网络，它所占的位数决定了整个因特网最多可以有多少个网络；主机号用来标识网络中唯一的一台主机，它所占的位数决定了一个网络中最多可以有多少台主机。网络号相同的主机可以直接互相访问，网络号不同的主机需要通过路由才可以互相访问。在因特网上网络的规模差别很大，根据网络规模，IP 地址空间被分成 5 类：A 类、B 类、C 类、D 类、E 类。其中 A 类、B 类、C 类是基本类地址，D 类地址用于组播，E 类地址暂时保留。我们主要学习基本类地址。将 IP 地址划分为不同的类别是为了满足不同规模网络的需要，IP 地址第一组八位二进制数决定了其所属类别，如表 1-2 所示。

表 1-2　IP 地址分类中第一组八位二进制数

类　　别	第一组八位二进制数	主机位与网络位		
A 类（第一位固定）	0××× ××××	主机	主机	主机
B 类（第二位固定）	10×× ××××	网络	主机	主机
C 类（第三位固定）	110× ××××	网络	网络	主机

2. 特殊 IP 地址

TCP/IP 网络中保留了一些 IP 地址，这些 IP 地址具有特殊用途。下面列出一些常用的特

殊 IP 地址：

（1）主机地址全为 0，表示网络地址。

（2）主机地址全为 1，表示广播地址。

（3）网络地址全为 0，表示本网内的主机地址。

（4）网络地址全为 0，主机地址全为 0，表示本网内本主机地址。

（5）网络地址为 127，表示本地回路测试地址，保留给诊断网络使用。

（6）私有 IP 地址。在因特网中，A 类、B 类、C 类地址中有些是被保留的，使用这些地址不能直接连接到因特网上，因为这些地址不会在公网中出现，只能在内部网络中使用，所以称其为私有 IP 地址。私有 IP 地址范围如表 1-3 所示。

表 1-3　私有 IP 地址范围

网络类别	私有 IP 地址范围
A 类	10.0.0.0～10.255.255.255
B 类	172.16.0.0～172.31.255.255.255
C 类	192.168.0.0～192.168.255.255

任务 3　划分子网

由于使用 IP 地址中的网络号来划分网络会出现资源浪费和 IP 地址使用不灵活等许多问题。例如，某企业在组网时，如果申请了 C 类网址，可能会出现主机 IP 地址不足；而使用 B 类地址，又会造成 IP 地址浪费。为了充分利用网络资源，使 IP 地址的使用更加灵活，人们对 IP 地址又进行了二次分配，就是将一个较大的网络划分成较小的子网。因为 IP 地址中网络号是唯一的，所以用 IP 地址中主机号字段中的若干个二进制位作为子网号字段，即在主机域借位建子网。

根据 RFC950 的定义，在 IPv4 网络中将 IP 地址分为两部分，一部分是网络部分，一部分是主机部分。判断网络部分和主机部分是通过 IP 地址与子网掩码相与来实现的。例如，一台计算机的 IP 地址是 192.168.5.17，子网掩码是 255.255.255.0，则网络部分是 192.168.5.0，如表 1-4 所示。

表 1-4　子网掩码的作用

点分十进制 IP 地址	192	168	5	17
二进制地址	1100 0000	1010 1000	0000 0101	0001 0001
子网掩码	255	255	255	0
二进制子网掩码	1111 1111	1111 1111	1111 1111	0000 0000
二进制 IP 地址与二进制子网掩码相而得到网络位	1100 0000	1010 1000	0000 0101	0000 0000
十进制网络位	192	168	5	0

子网掩码是用来判断网段的。一台计算机与另一个计算机通信，要判断是否属于同一个网段，只有同一网段才能直接通信。子网掩码判断网段的方法是：首先用自己的子网掩码与自己的 IP 地址相与，求出自己的网络位；然后用自己的子网掩码与对方的 IP 地址相与，求出对方的网络位，如果双方网络位相同，即为同一网段。

1. 划分等长子网掩码

划分子网掩码分为两步：

（1）确定子网掩码；

（2）确定子网的第一个可用 IP 地址和最后一个可用 IP 地址。

例如，某单位有 200 台计算机，有两个部门，每个部门 100 台计算机。网络中心规划的网络是一个 C 类网络 192.168.0.0，要求分 2 个网段。每个子网是原来网络的二分之一，只需将原来的子网掩码右移 1 位，结果如表 1-5 所示。

表 1-5　等分两个子网

A 子网	192	168	0	0111 1111
B 子网	192	168	0	1000 0000
二进制子网掩码	1111 1111	1111 1111	1111 1111	1000 0000
十进制子网掩码	255	255	255	128

将原 IP 地址的子网掩码右移 1 位后，将网络等分为 2 个子网，如图 1-9 所示。

图 1-9　等分子网

由图 1-9 可知：子移掩码右移 1 位后，A 子网的广播地址是 127，所以 A 子网可用的 IP 地址范围是 192.168.0.1～192.168.0.126，子网掩码是 255.255.255.128；B 子网的广播地址是 255，B 子网可用的 IP 地址范围是 192.168.0.129～192.168.0.254，子网掩码也是 255.255.255.128。

同理，如果将这个 C 类网络等分为 4 个子网，只需将子网掩码右移 2 位，而子网掩码为 255.255.255.192，则 4 个子网可用的 IP 地址范围：A 子网是 192.168.0.1～192.168.0.62，B 子网是 192.168.0.65～192.168.0.126，C 子网是 192.168.0.129～192.168.0.190，D 子网是 192.168.0.193～192.168.0.254，如图 1-19 所示。

图 1-10　一个 C 类网络等分的 4 个子网

2. 划分变长子网掩码

变长子网掩码是与定长子网掩码相对应的一种子网划分方式，它根据不同网段中的主机个数使用不同长度的子网掩码。例如，某公司有 172 台计算机，有 3 个部门，分别有 20 台、50 台和 102 台计算机。网络中心规划用一个 C 类网络 192.168.1.0 为这 172 台计算机分配 IP 地址，要求划分为 3 个子网。首先，将这个 C 类网络子网掩码右移 1 位，等分为 2 个子网，并将子网掩码为 255.255.255.128、地址范围为 192.168.1.129～192.168.1.254 的 IP 地址划分给有 102 台计算机的 A 子网；其次，将这个 C 类网络的子网掩码右移 2 位，等分为 4 个子网，将子网掩码为 255.255.255.192、地址范围为 192.168.1.65～192.168.1.126 的 IP 地址划分给有 50 台计算机的 B 子网；最后，将这个 C 类网络的子网掩码右移 3 位，等分为 8 个子网，并将子网掩码为 255.255.255.224、地址范围为 192.168.1.1～192.168.1.30 的 IP 地址划分级有 20 台计算机的 C 子网。划分变长子网掩码如图 1-11 所示。

图 1-11　划分变长子网掩码

3. 网段合并

子网划分是将一个网络的主机位当网络位来划分出多个子网。而多个网段也可以合并成一个大网段，合并后的网段称为超网。例如，某企业有 200 台计算机，使用 192.168.0.0/24 网段；但后来计算机数量增加到 400 台，则可以采用网段合并的方法使其在同一个网段，合并后的网段为 192.168.0.0/23。

网段合并的规则是：

（1）子网掩码左移 n 位，能够合并 $2n$ 个连续的网段。

（2）如果连续的 $2n$ 个网段中的第 1 个网络号能被 $2n$ 整除，就能够通过左移 n 位来合并这些网段。

在对网络、网络体系结构、OSI 参考模型、TCP/IP 协议族、子网划分等相关网络概念有了一定的了解之后，下面我们通过一个企业网的真实案例来搭建一个企业网。通过搭建企业网这个过程，我们将学习交换机、路由器、防火墙和无线网络设备的配置与调试。企业网搭建主要是网络设备配置与调试以及服务器的安装与配置，为方便课堂教学，本书讲解网络设备的配置与调试，服务器部分将放在另一本书中讲解。

模块 3　理解网络工程项目

任务 1　了解项目概况

本工程项目是北方科技集团有限责任公司的网络工程建设项目，目前工程进度是综合布线已经完成，下一步的工程任务是网络设备的配置与调试。

完成本任务后，你将能够：

➢ 理解网络模型；

➢ 理解本网络工程项目的概况；

➢ 理解计算机网络施工规范。

1. 项目概述

北方科技集团公司总部设在北京，分公司设在上海。该公司总部概况（包括建筑物、部门及接入点等）如表 1-6 所示，分公司部门和接入点如表 1-7 所示。本工程项目网络物理拓扑如图 1-12 所示。

2. 项目施工规范

图纸是工程师的语言，规范是工程图纸的语法。目前，在计算机网络工程的设计、搭建过程中，被广泛遵循的规范主要有表 1-8 所示的几项国家标准。本项目在网络工程设计、施工过程中，主要遵循这些规范。

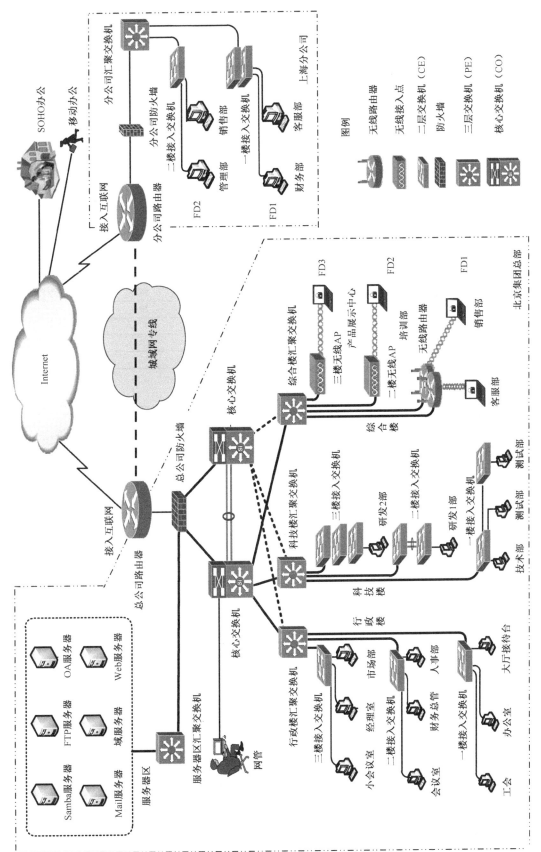

图 1-12　工程物理拓扑

表 1-6　北方科技集团公司总部概况

建　筑	楼层	部　　门	接入点
行政楼	1楼	大厅接待台	8
		办公室	10
		工会	4
	2楼	人事部	6
		财务部	8
		会议室	6
	3楼	市场部	12
		经理室	4
		小会议室	6
科技楼	1楼	技术部	18
		测试部	25
	2楼	研发一部	42
	3楼	研发二部	56
综合楼	1楼	客服部	20
		销售部	30
	2楼	培训部	80
	3楼	产品展示中心	30

表 1-7　分公司部门和接入点

建　筑	楼层	部　门	接　入　点
在同一栋楼的两层楼内办公	2楼	财务部	4
		管理部	8
	1楼	销售部	24
		客服部	18

表 1-8　企业网搭建过程中要遵循的国家标准

序号	标　准　号	中文标准名称
1	GB 21671—2018	基于以太网技术的局域网（LAN）系统验收测试方法
2	GB/T 22239—2019	信息安全技术　信息系统安全等级保护基本要求
3	GB/T 22081—2016	信息技术　安全技术　信息安全控制实践指南
4	GB/T 20008—2005	信息安全技术　操作系统安全评估准则
5	GB/T 20010—2005	信息安全技术　包过滤防火墙评估准则

3. 网络架构模型

本项目网络架构模型如图 1-13 所示。

网络架构说明：

（1）信息中心：集中公司所有的信息数据，并建立统一的服务平台，将全公司的信息资源进行统一分配与管理。

（2）出口区：集中互联网出口，汇聚多家互联网运营商的 Internet 出口，做到互联网出口互为备份，并根据目的网络不同做到数据负载均衡。公司外网统一互联网出口，做到全公司所属的职能部门对公网访问需求的集中管理和安全控制。同时，互联网出口区也为信息中心提供统一的信息发布功能。

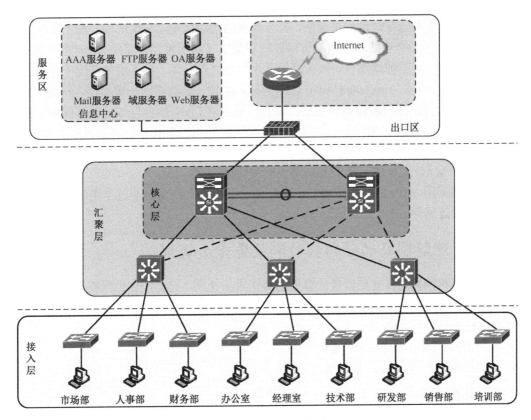

图 1-13　网络架构模型

在出口区，通过城域网专线与上海分公司互联。

（3）核心层：核心层交换机一般都是三层交换机或者三层以上的交换机，位于网络中心，是整个企业网的灵魂。核心层交换机也是交换机的网关。在进行网络规划设计时核心层设备通常要占大部分投资，因为核心层设备对于冗余能力、可靠性和传输速度方面要求较高，它对整个网络的性能、可靠性起决定作用。核心层链路带宽要进行统一规划，例如以太网 10 Gb/s 带宽方式；也可以根据实际情况进行改动。两台核心设备之间采用链路聚合来增加数据通信带宽，这样也做到了数据链路的备份。

核心层的设计目标：足够的端口和带宽，尽可能强的数据交换能力，考虑备份和负载均衡。

从具体实现上看，中小型网络的核心层可以同汇聚层功能合并在一台设备中，大型网络则分开来比较理想。

（4）汇聚层：是多台接入层交换机的汇聚点，一般采用三层交换机。它必须能够处理来自接入层设备的所有通信量，并提供到核心层的上行链路。因此，汇聚层交换机与接入层交换机比较，需要更高的性能、更少的接口和更高的交换速率。小型企业网没有核心层，由接入层和汇聚层交换机共同构成完整的局域网解决方案。

汇聚层是接入层和核心层的分界线，提供接入层和汇聚层设备之间的高速连接。其主要功能是上连核心设备，下连各楼层接入交换机，是每个职能部门的数据汇聚中心，在汇聚设备上做到各自的数据隔离、互访的限制。每台汇聚设备与双核心设备互联，提供强大的负载均衡和链路备份。

汇聚层的设计目标：足够的端口和带宽，三层和多层交换特性，灵活多样的业务能力，必需的冗余和负载均衡。

（5）接入层：接入层有时也称桌面层，是企业网的边缘区域，它控制用户和工作组对互联网资源的访问。接入层的功能是连续的访问控制和策略（对汇聚层的延续），创建分隔的冲突域，确保工作组到汇聚层的连通性。接入层经常采用以太网技术。接入层是楼层工作组级二层交换机，为每个用户提供 100/1000(Mb/s) 以太网接入端口，负责将用户数据连入网络，直接完成本地数据交换，将其他网段数据传送到汇聚层。通过 VLAN 的合理划分，方便用户在网络中的移动，保证部门信息安全。

接入层的主要功能包括为用户提供网络接入服务，提供共享式网络带宽、交换式网络带宽、微分网段、基于 MAC 地址（二层）的访问控制和数据过滤。

总公司网络采用 RIPv2 动态路由，上海分公司采用静态路由，通过专用线路实现总公司与分公司网络的连通性。

任务 2 理解项目的逻辑拓扑和设备命名规则

要搭建计算机网络，首先要读懂计算机网络逻辑拓扑图，它是计算机网络施工的图纸。本任务旨在理解工程项目的逻辑拓扑图和施工中设备命名规则。

完成本任务后，你将能够：

➤ 理解网络工程项目的逻辑拓扑；

➤ 掌握网络工程设备的命名规划。

1. 工程逻辑拓扑

从项目物理拓扑（图 1-9）可以看出，这个网络采用了当前流行的网络结构——层次化的网络模型，双核心的网络架构，双出口的网络接入模式，使用路由器接入互联网。依据项目物理拓扑图，根据工程实际编制逻辑拓扑图，如图 1-14 所示。

2. 网络设备命名

为了方便施工和用户管理维护网络，要求对整个网络工程的设备名称、端口名称进行统一规划。

1）网络设备命名原则

网络设备命名原则：AAA_BB_mmnn。

各字段含义如下：

➤ AAA：标识设备所在的物理结点，为大写的该物理结点汉语拼音字母的缩写，长度固定为三位。本工程项目设备的物理结点标识如表 1-9 所示。

➤ BB：标识网络设备类型。企业网中常见的网络设备类型标识如表 1-10 所示。

表 1-9 物理结点标识

序号	设备物理结点位置	标识符
1	总公司	ZGS
2	分公司	FGS
3	行政楼	XZL
4	科技楼	KJL
5	综合楼	ZHL
6	城域网专线	ZHX
7	服务器区	FWQ

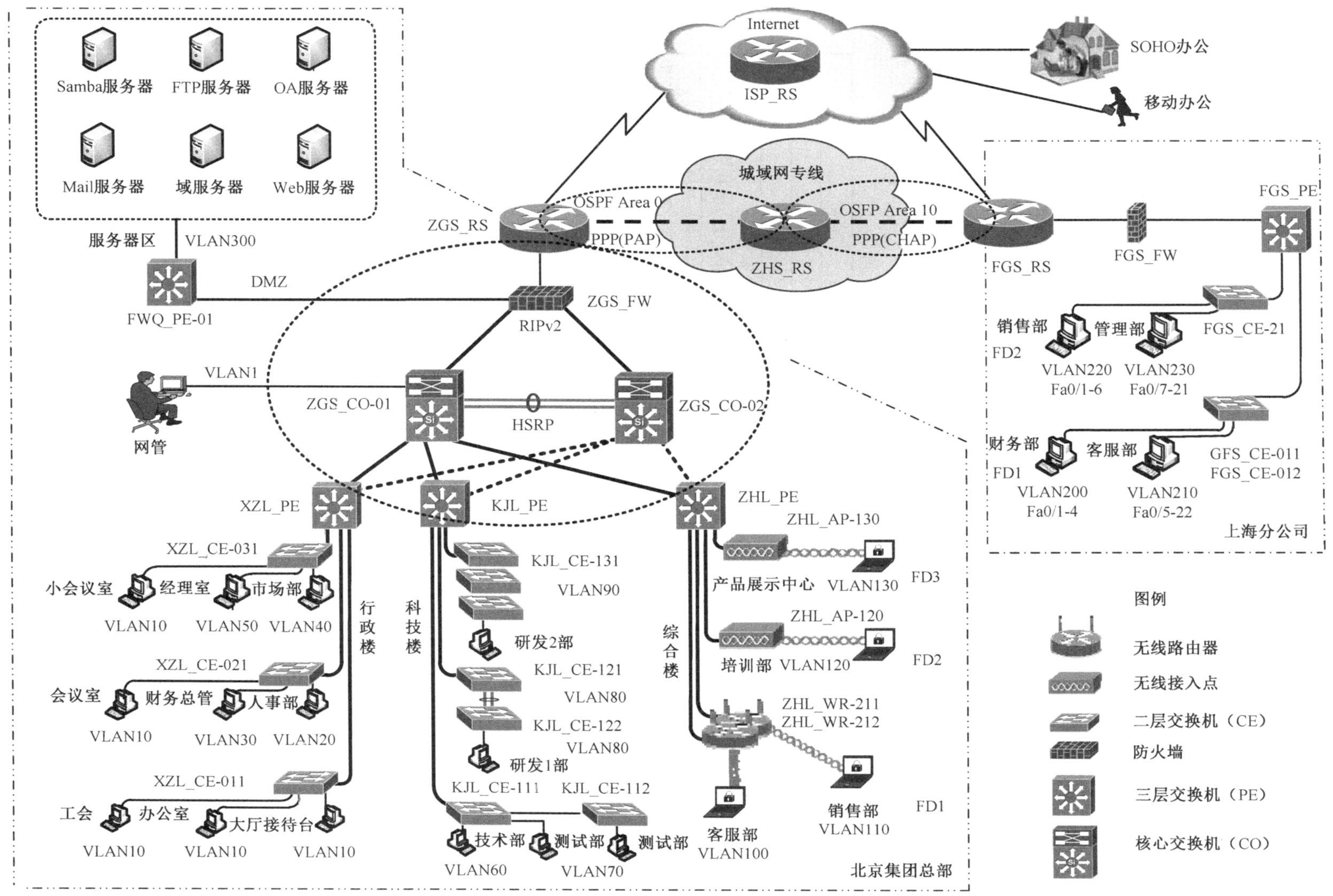
Internet
ISP_RS
SOHO办公
移动办公
Samba服务器
FTP服务器
OA服务器
Mail服务器
域服务器
Web服务器
服务器区
VLAN300
FWQ_PE-01
DMZ
城域网专线
ZGS_RS
OSPF Area 0
PPP(PAP)
ZHS_RS
OSFP Area 10
PPP(CHAP)
FGS_RS
FGS_FW
FGS_PE
ZGS_FW
RIPv2
VLAN1
网管
ZGS_CO-01
HSRP
ZGS_CO-02
XZL_PE
KJL_PE
ZHL_PE
ZHL_AP-130
XZL_CE-031
小会议室
经理室
市场部
VLAN10
VLAN50
VLAN40
行政楼
科技楼
KJL_CE-131
VLAN90
研发2部
KJL_CE-121
VLAN80
KJL_CE-122
VLAN80
研发1部
KJL_CE-111
KJL_CE-112
技术部
测试部
测试部
VLAN60
VLAN70
XZL_CE-021
会议室
财务总管
人事部
VLAN10
VLAN30
VLAN20
XZL_CE-011
工会
办公室
大厅接待台
VLAN10
VLAN10
VLAN10
综合楼
产品展示中心
VLAN130
FD3
ZHL_AP-120
培训部
VLAN120
FD2
ZHL_WR-211
ZHL_WR-212
客服部
VLAN100
销售部
VLAN110
FD1
北京集团总部
销售部
管理部
FGS_CE-21
FD2
VLAN220
Fa0/1-6
VLAN230
Fa0/7-21
财务部
客服部
GFS_CE-011
FGS_CE-012
FD1
VLAN200
Fa0/1-4
VLAN210
Fa0/5-22
上海分公司
图例
无线路由器
无线接入点
二层交换机（CE）
防火墙
三层交换机（PE）
核心交换机（CO）

图 1-14　工程逻辑拓扑

表 1-10 常见网络设备类型标识

序号	设 备 类 型	标识符
1	核心设备	CO
2	汇聚设备	PE
3	接入设备	CE
4	Internet 接入设备	IN
5	防火墙接入设备	FW
6	路由器接入设备	RS
7	服务器	SV

➢ mm：标识同一物理结点下同一类型设备的编号，可用范围为 01～99，按需递增使用，如表 1-11 所示。

表 1-11 网络设备命名示例

序号	设备类型	设备型号	设备名称	说明
1	核心交换机	Cisco 3560	ZGS_CO_01	总公司的 1 号核心设备
2	核心交换机	Cisco 3560	ZGS_CO_02	总公司的 2 号核心设备
3	汇聚交换机	Cisco 3560	XZL_PE	行政楼汇聚设备
4	接入交换机	Cisco 2960	XZL_CE-011	1 号楼（行政楼）1 楼 1 号接入设备
5			KJL_CE-122	2 号楼（科技楼）2 楼 2 号接入设备
6	路由器	Cisco 2811	ZGS_RS	总公司路由器

➢ nn：标识网络设备端口。网络设备端口的标识符，按照思科网络设备端口命名方式，如表 1-12 所示。

表 1-12 网络设备端口标识符

设 备	设备型号	端口	标 识 符
总公司核心交换机	Cisco 3560	Fa0/1	ZGS_CO-Fa0/1
总公司路由器	Cisco 2811	Se0/0/0	ZGS_RS-Se0/0/0
分公司路由器	Cisco 2811	Se0/0/1	FGS_RS-Se0/0/1
行政楼汇聚交换机	Cisco 3560	Fa0/8	XZL_PE-Fa0/8
科技楼 1 楼第 1 台接入交换机	Cisco 2960	Fa0/24	KJL_CE-011-Fa0/24
行政楼 2 楼第 2 台接入交换机	Cisco 2960	Fa0/6	XZL_CE-121-Fa0/6

2）互联接口描述

为了便于网络工程师调试和维护，也为了在网管系统中得到清晰直观的显示，需要设计对网络设备互联接口的统一描述。

设计原则（描述方式）为："TO_对端设备名称_对端设备端口号"。设备端口号表示方法为：F 为百兆端口，G 为千兆端口，T 为万兆端口。互联设备接口描述示例如表 1-13 所示。

表 1-13 互联设备接口描述示例

设备名称	接口	互联方向接口描述
ZGS_CO_01	Fa0/1	TO-XZL_PE-F-Fa0/24
	Gig0/1	TO-ZGS_CO_02-G-Gig0/2

设备名称	接口	互联方向接口描述
ZGS_CO_02	Fa0/2	TO- XZL_PE_01-F-Fa0/24
	Gig0/1	TO- ZGS_CO_01-G-Gig0/1
KJL_PE_01	Fa0/23	TO-ZGS_CO_01-F-Fa0/1
	Fa0/24	TO-ZGS_CO_02-F-Fa0/2

任务3 理解项目的 IP 地址和 VLAN 规划原则

IP 地址的分配直接影响着网络运行的状态，在规划企业网的 IP 地址时，要使 IP 地址的分配具有连续性、扩展性和唯一性。

完成本任务后，你将能够：

➢ 理解工程项目的 IP 地址分配；

➢ 理解工程项目的 VLAN 规划。

1. IP 地址规划

在企业网中，内网 IP 地址规划一般不采用互联网上的公网 IP 地址，而是采用指定的内网 IP 地址。内网 IP 地址是指 RFC1918 定义的私有网络地址。私有 IP 地址是指内部网络或主机的 IP 地址，而公网 IP 地址是指在因特网上全球唯一的 IP 地址。

（1）RFC1918 规定的私有网络 IP 地址范围是：

➢ A 类：10.0.0.0～10.255.255.255；

➢ B 类：172.16.0.0～172.31.255.255；

➢ C 类：192.168.0.0～192.168.255.255。

（2）企业网 IP 地址规划，还要遵循以下原则：

➢ 管理方便；

➢ 按地域划分；

➢ 按业务划分；

➢ 节约地址。

（3）根据 RFC1918 私有 IP 地址的规定和 IP 地址划分的原则，公司全网 IP 地址分配方案如下：

➢ 1 个 A 类地址网段；

➢ 6 个 B 类地址段；

➢ 17 个 C 类地址段。

其中：全网管理 IP 地址采用 10.0.1.X 网段；骨干网络、核心层和汇聚层设备互联地址，使用 B 类 IP 地址的 172.16.X.X 网段；接入层采用 C 类 IP 地址，地址范围 192.168.10.X～192.168.230.X；服务器网段为 192.168.1.X；网管计算机网段为 172.16.10.X。"X"表示 1～253 之间的任意整数，所有网段的子网掩码采用 255.255.255.0。每个子网的网关 IP 地址采用所在网段的主机号"254"。出口路由器外网地址采用 202.96.64.118。假设公司得到了 6 个公网 IP 地址，范围是 202.96.64.118～202.96.64.123，则子网掩码是 255.255.255.248。

2. 设备互联地址

（1）设备互联地址按拓扑结构可划分为三种类型：

> 核心互联地址；
> 核心汇聚互联地址；
> 汇聚接入互联地址。

（2）将设备所使用的 IP 地址第三段的十进制数，用来标识设备互联的三种类型和物理位置，要求做到可以直观地看出这是哪个区域、什么类型的设备互联地址。当 IP 地址第三段的十进制数为 0 时，表示为核心互联；当 IP 地址第三段的十进制数为 1～5 时，表示为核心汇聚互联，分别对应目前 5 个汇聚结点设备（PE）。如表 1-14 所示。

表 1-14　核心汇聚设备互联对应表

设备名称	接口	描　　　述	IP 地址	备　　注
ZGS_CO-01	Fa0/10	TO-ZGS_CO-02-Fa0/9	172.16.0.1/30	核心设备互联
ZGS_CO-01	Fa0/9	TO-ZGS_CO-01-a0/10	172.16.0.2/30	
ZGS_CO-01	Fa0/1	XZL_PE-Fa0/24	172.16.1.1/24	核心汇聚设备互联
XZL_PE	Fa0/24	ZGS_CO-01- Fa0/1	172.16.1.2/24	
XZL_PE	Fa0/1	XZL_CE-011-Fa0/24		汇聚接入设备互联
XZL_CE-011	Fa0/24	XZL_PE- Fa0/1		

3．VLAN 规划

VLAN 规划分为三个部分：

> 管理 VLAN：本项目的管理 VLAN 采用设备默认的 VLAN1；
> 用户 VLAN：接入用户 VLAN 采用 VLNA10、VLAN20、VLAN30……递进方式规划；
> 服务器 VLAN：用户 VLAN ID 根据职能科室划分，具有如下属性：VLAN ID 只对 PE 及其下连 CE 设备有效，所以不需要保证全局唯一性。

本工程项目的公司总部 VLAN 规划和 IP 地址分配如表 1-15 所示，分公司 VLAN 规划和 IP 地址分配如表 1-16 所示。

表 1-15　公司总部 VLAN 规划和 IP 地址分配

建筑	楼层	部门	接入点	VLAN	IP 地址
行政楼	1 楼	大厅接待台	8	VLAN10	192.168.10.0/24
		办公室	10	VLAN10	192.168.10.0/24
		工会	4	VLAN10	192.168.10.0/24
	2 楼	人事部	6	VLAN20	192.168.20.0/24
		财务部	8	VLAN30	192.168.30.0/24
		会议室	6	VLAN10	192.168.10.0/24
	3 楼	市场部	12	VLAN40	192.168.40.0/24
		经理室	4	VLAN50	192.168.50.0/24
		小会议室	4	VLAN10	192.168.10.0/24
科技楼	1 楼	技术部	18	VLAN60	192.168.60/24
		测试部	26	VLAN70	192.168.70.0/24
	2 楼	研发一部	40	VLAN80	192.168.80.0/24
	3 楼	研发二部	56	VLAN90	192.168.90.0/24
综合楼	1 楼	客服部	20	VLAN100	192.168.100.0/24
		销售部	30	VLAN110	192.168.110.0/24
	2 楼	培训部	50	VLAN120	192.168.120.0/24
	3 楼	产品展示中心	50	VLAN130	192.168.130.0/24

表 1-16 分公司 VLAN 规划和 IP 地址分配

建筑	楼层	部门	接入点	VLAN	IP
在同一栋楼的两层楼内办公	2 楼	销售部	15	VLAN200	192.168.200.0/24
		管理部	6	VLAN210	192.168.210.0/24
	1 楼	财务部	4	VLAN220	192.168.220.0/24
		客服部	18	VLAN230	192.168.230.0/24

项目 2　交换机的基本管理

随着网络技术的快速发展，交换机已成为企业网中使用非常普遍的设备。本项目通过配置交换机，学习交换机的基本配置和管理方法，本项目的模块和具体任务如图 2-1 所示。

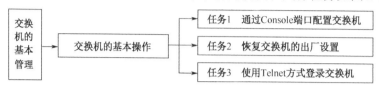

图 2-1　项目 2 的模块和具体任务

模块：交换机的基本操作

任务 1　通过 Console 端口配置交换机

【任务描述】

交换机（Switch）是一种基于 MAC 地址（网卡硬件地址）识别，能够在通信系统中完成信息交换功能的设备。它是以太网的主要连接设备，在企业网中使用非常普遍。作为企业网搭建及应用的管理人员，熟练掌握交换机的配置和管理是学习网络的基础。

完成本任务后，你将能够：

➢ 认识交换机的外观、模块和端口；

➢ 能通过 Console 端口使用配置线将交换机与计算机连接；

➢ 会交换机的基本配置和帮助的使用方法。

【必备知识】

1）交换机的分类

（1）根据网络覆盖范围，交换机可以分为局域网交换机和广域网交换机；

（2）根据传输介质和传输速度，交换机可以分为以太网交换机、快速以太网交换机、千兆以太网交换机、万兆以太网交换机、ATM 交换机、FDDI 交换机和令牌环交换机；

（3）根据交换机在网络的应用层次，交换机可以分为企业级交换机、部门级交换机和工作组交换机；

（4）根据端口结构，交换机可以分为固定端口交换机和模块化交换机；

（5）根据是否能够管理，交换机可以分为可管理交换机和不可管理交换机；

（6）根据工作协议，交换机可以分为二层交换机和三层交换机。

2）网络设备的管理方式

网络设备的管理分为带外管理和带内管理两种方式。带内管理指通过网线对交换机等网络设备进行管理，带外管理指通过配置线对交换机等网络设备进行管理。带内管理和带外管理的主要区别是：带内管理占用网络带宽，而带外管理不占用网络带宽。

目前很多高端交换机都具有带外网管接口，使网络管理的带宽和业务带宽完全隔离，互不影响，构成独立的网管网。

通过 Console 端口管理交换机是最常见的带外管理方式；用户在首次配置交换机或者无法进行带内管理时，使用带外管理。

3）有关名词

（1）Console 端口——一般交换机、路由器等网络设备都提供了一个符合 EIA/TIA-232 异步串行规范的配置口（即 Console 端口），通过这个端口，用户可以完成对交换机、路由器等网络设备的本地配置。

（2）配置线——一根 8 芯屏蔽线。其一端是 RJ-45 接头，用于连接交换机的 Console 端口；另一端一般是 DB-9D 接头，用于连接计算机的 RS-232 串口。

（3）直通双绞线——也称为直通线或直通网线，它的线序规则是 T568B-568B 或 T568A-568A，如图 2-2 所示。

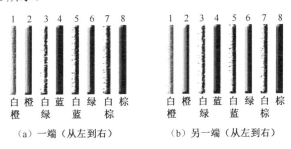

（a）一端（从左到右）　　　（b）另一端（从左到右）

图 2-2　直通双绞线线序

直通线用于连接：

➢ 交换机（集线器）←→计算机；
➢ 交换机（集线器）←→路由器；
➢ 交换机（集线器）←→服务器；
➢ 交换机（集线器）←→无线设备。

可以看出，不同种类网络设备之间的连接使用直通线。

（4）交叉双绞线——也称为交叉线或交叉网线，它的线序规则是 T568A-568B，如图 2-3 所示。

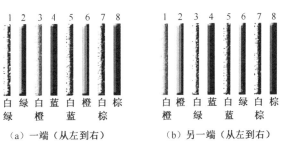

（a）一端（从左到右）　　　（b）另一端（从左到右）

图 2-3　交叉双绞线线序

交叉线用于连接：

➢ 计算机←→计算机；
➢ 集线器←→集线器；
➢ 交换机←→交换机；
➢ 路由器←→路由器；

➢ 计算机←→路由器。

可以看出，相同种类网络设备之间的连接基本上使用交叉线。

4）有关配置命令

➢ 查看交换机的软硬件版本信息命令：

    switch>show version

➢ 查看交换机的当前配置命令：

    switch#show running-config

➢ 帮助命令【help】：

    switch#help

    用来获取命令的具体使用方法。

【任务准备】

（1）学生每 2 人分为一组。

（2）每组 Cisco 2950 交换机 1 台，PC 1 台，配置线（Console 线）1 根。

【任务实施】

步骤 1： 认识交换机。

（1）认识交换机的模块和端口：了解交换机的外观、各个模块和端口，如图 2-4 和图 2-5 所示。

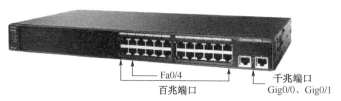

图 2-4　Cisco Catalyst 2950 交换机前视图

图 2-5　Cisco 2950 交换机后视图

（2）端口的表示方法：在图 2-4 中，Fa0/4 中的“0”表示第一个模块，如果是 1，就表示第二个模块；“4”表示第 4 个端口。

步骤 2： 通过 Console 端口配置交换机。

（1）使用配置线连接交换机的 Console 端口和计算机 PC1 的 RS-232 串行端口，如图 2-6 所示。

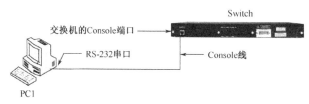

图 2-6　通过 Console 端口配置交换机

注意：插拔 Console 线时要注意保护交换机的 Console 端口和 PC 的串口，不要带电插拔。

（2）使用超级终端连入交换机：在 Windows XP 计算机上打开超级终端，依次单击【开始】→【程序】→【附件】→【通信】→【超级终端】。

（3）为建立的超级终端连接命名：单击【超级终端】后，弹出如图 2-7 所示的窗口，输入新建连接的名称，系统会把这个连接保存在附件的通信栏中，方便下次使用。

（4）选择所使用的端口号：单击【确定】，弹出如图 2-8 所示窗口。第一行的【switchA】是在上一个对话框中填入的【名称】。最后一行【连接时使用】是计算机与交换机相连的端口，默认设置是连接在【COM1】口上。单击下拉菜单，还有其他选项，应该根据实际连接设备选择合适的端口，这里使用默认值【COM1】。

图 2-7　"新建连接"窗口

图 2-8　选择端口

（5）设置超级终端属性：单击【确定】后弹出【COM1 属性】窗口，如图 2-9 所示。单击右下方的【还原默认值】，各参数为波特率【9600】，数据位【8】，奇偶校验【无】，停止位【1】，数据流控制【无】，或者在每个下拉项目中选择这些项目，然后单击【确定】。

（6）进入交换机配置的用户模式：如果 PC 的串口与交换机的 Console 端口连接正确，只要在【COM1 属性】窗口单击【确定】，就会在配置窗口中出现图 2-10 所示的提示符，表示已经进入了交换机的管理界面，此时可以对交换机输入指令了。

图 2-9　端口属性设置

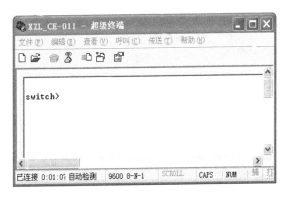

图 2-10　超级终端窗口

步骤 3：交换机的基本命令。

（1）在用户模式下，使用【show version】命令查看当前设备版本。

```
switch>show version                              //可以查看交换机的软硬件版本信息
Cisco Internetwork Operating System Software
IOS (tm) C2950 Software (C2950-I6Q4L2-M), Version 12.1(22)EA4, RELEASE SOFTWARE(fc1)
Copyright (c) 1986-2005 by cisco Systems, Inc.
Compiled Wed 18-May-05 22:31 by jharirba
Image text-base: 0x80010000, data-base: 0x80562000


ROM: Bootstrap program is is C2950 boot loader
Switch uptime is 22 seconds
System returned to ROM by power-on


Cisco WS-C2950T-24 (RC32300) processor (revision C0) with 21039K bytes of memory.
Processor board ID FHK0610Z0WC
Last reset from system-reset
Running Standard Image
24 FastEthernet/IEEE 802.3 interface(s)
2 Gigabit Ethernet/IEEE 802.3 interface(s)


63488K bytes of flash-simulated non-volatile configuration memory.
Base ethernet MAC Address: 0001.C791.B080
Motherboard assembly number: 73-5781-09
Power supply part number: 34-0965-01
Motherboard serial number: FOC061004SZ
Power supply serial number: DAB0609127D
Model revision number: C0
Motherboard revision number: A0
Model number: WS-C2950T-24
System serial number: FHK0610Z0WC
Configuration register is 0xF
switch>
```

（2）在用户模式下，使用【enable】命令进入特权模式。

```
Switch>enable
Switch#                                          //特权模式
```

（3）在特权模式下，使用【show running-config】命令查看当前配置情况。

```
switch#show running-config
Building configuration...
Current configuration : 1033 bytes
version 12.1                                      //交换机的当前 IOS 版本
no service timestamps log datetime msec
```

```
no service timestamps debug datetime msec
no service password-encryption
hostname Switch                        //交换机的标识
spanning-tree mode pvst
interface FastEthernet0/1              //交换机的端口
interface FastEthernet0/2
interface FastEthernet0/3
interface FastEthernet0/4
interface FastEthernet0/5
interface FastEthernet0/6
interface FastEthernet0/7
interface FastEthernet0/8
interface FastEthernet0/9
interface FastEthernet0/10
interface FastEthernet0/11
interface FastEthernet0/12
interface FastEthernet0/13
interface FastEthernet0/14
interface FastEthernet0/15
interface FastEthernet0/16
interface FastEthernet0/17
interface FastEthernet0/18
interface FastEthernet0/19
interface FastEthernet0/20
interface FastEthernet0/21
interface FastEthernet0/22
interface FastEthernet0/23
interface FastEthernet0/24
interface GigabitEthernet1/1
interface GigabitEthernet1/2
interface Vlan1                        //交换机的默认 VLAN
 no ip address
 shutdown
line con 0
line vty 0 4
 login
line vty 5 15
 login
end
Switch#
```

（4）在特权模式下，使用【show flash】命令查看保存在 flash 中的配置文件。

```
switch#show flash
Directory of flash:/
```

```
    1   -rw-        3058048          <no date>   c2950-i6q4l2-mz.121-22.EA4.bin
64016384 bytes total (60958336 bytes free)
Switch#
```

（5）在特权模式下，使用【show history】命令显示用户最近输入的命令。

```
Switch#show history
   enable
   show history
   show version
   show running-config n
   show flash:
   show history
Switch#
```

步骤 4：配置模式。

交换机加电启动后，即进入用户模式，进入其他配置模式的命令如下：

```
switch>                          //用户模式
switch>enable                    //进入特权模式
switch#                          //特权模式
switch#config   terminal         //进入全局配置模式
switch (config)#                 //全局配置模式
switch (config)#exit             //退到特权模式
switch#disable                   //退到用户模式
switch>
```

步骤 5：使用【？】获得帮助。

（1）【？】命令可以在各种配置模式下输出有关命令的简单描述，这为使用交换机提供了在线帮助。在特权模式下的帮助信息如下所示：

```
Switch#?
Exec commands:
   <1-99>       Session number to resume
   clear        Reset functions
   clock        Manage the system clock
   configure    Enter configuration mode
   connect      Open a terminal connection
   copy         Copy from one file to another
   debug        Debugging functions (see also 'undebug')
   delete       Delete a file
   dir          List files on a filesystem
   disable      Turn off privileged commands
   disconnect   Disconnect an existing network connection
   enable       Turn on privileged commands
   erase        Erase a filesystem
   exit         Exit from the EXEC
```

```
    logout       Exit from the EXEC
    more         Display the contents of a file
    no           Disable debugging informations
    ping         Send echo messages
    reload       Halt and perform a cold restart
    resume       Resume an active network connection
    setup        Run the SETUP command facility
    show         Show running system information
    ssh          Open a secure shell client connection
    telnet       Open a telnet connection
    terminal     Set terminal line parameters
    traceroute   Trace route to destination
    undebug      Disable debugging functions (see also 'debug')
    vlan         Configure VLAN parameters
    write        Write running configuration to memory, network, or terminal
Switch#
```

（2）在任何命令模式下，输入【？】都可以获得该命令模式下的所有命令及其简单描述：

```
switch>?
    enable           -- Enable Privileged mode
    exit             -- Exit telnet session
    help             -- help
    show             -- Show running system information
switch>
```

（3）在命令的关键字后，输入以空格分隔的【？】：如果该位置有参数，会输出该参数的类型、范围；如果该位置是关键字，则列出关键字的集合及其简单说明。

```
Switch#conf?
configure
Switch#conf
```

如果输出【<CR>】，表示此命令已经输入完整，直接回车。

```
Switch#configure terminal ?
    <cr>
Switch#configure terminal
```

（4）在字符串后紧接着输入【？】，会列出以该字符串开头的所有命令。

```
switch#c?
clear  clock  configure  connect  copy
Switch#c
```

步骤 6： 交换机的快捷键。

为了方便用户配置，交换机提供了多个快捷键，表 2-1 示出了一些常用的快捷键。

如果超级终端不支持上、下光标键的识别，可以使用 Ctrl+P 和 Ctrl+N 来替代。

表 2-1 交换机常用快捷键

快捷键	功 能	
BackSpace	删除光标所在位置的前一个字符，光标前移	
上光标键	显示上一个输入命令。最多可显示最近输入的 10 条命令	
下光标键	显示下一个输入命令。当使用上光标键回溯到以前输入的命令时，也可以使用下光标键退回到相对于前一条命令的下一条命令	
左光标键	光标向左移动一个位置	左右键的配合使用，可以对输入的命令做覆盖修改
右光标键	光标向右移动一个位置	
Ctrl+A	跳转到命令行的第一个字母	
Ctrl+C	退出任何配置模式直接返回特权模式	
Ctrl+D	删除光标处的文字	
Ctrl+E	跳转到命令行末端	
Ctrl+P	相当于上光标键【↑】的作用	
Ctrl+N	相当于下光标键【↓】的作用	
Ctrl+Z	从其他配置模式（一般用户配置模式除外）直接退回到特权用户模式	
Ctrl+C	切断交换机【ping】其他主机的进程	
Tab 键	当输入的字符串可以无冲突地表示命令或关键字时，可以使用 Tab 键将其补充为完整的命令或关键字	

任务2 恢复交换机的出厂设置

【任务描述】

交换机重启与恢复出厂设置，是初学者最常使用的功能。例如，交换机的密码丢失了，就需要将交换机恢复到出厂默认设置状态，或者清除密码。

完成本任务后，你将：

➢ 会给交换机设置密码；

➢ 会将交换机恢复出厂默认值；

➢ 能保存交换机的配置文件；

➢ 了解交换机的基本配置模式和帮助命令的使用方法。

【必备知识】

1）配置文件加载与配置流程

启动配置文件（startup config），用于交换机启动时配置设备。设备启动文件存储在 NVRAM 中，而 NVRAM 具有非易失性，当网络设备关闭后文件仍然保存完好。每次设备启动或重新加载时，都会将启动配置文件加载到内存中。启动配置文件一旦加载到内存中，就被视为运行配置文件（running config）。

当管理员配置设备时，运行配置文件即被修改，修改运行配置文件会立即影响设备运行。修改完成后，管理员可以选择是否将运行配置文件保存到启动配置文件中，以便下次设备重启时使用修改后的配置文件。

2）配置交换机的密码

思科交换机的密码有两类，一类是 Enable 特权密码，另一类是 Telnet 密码。

在全局配置模式下，设置 Enable 特权密码命令为：

```
Cisco(config)# enable password [level level] password
```

或

```
Cisco(config)# enable secret [level level] password
```

这两者的区别是：enable secret 是经过加密的，而 enable password 是没有加密的明码。

注意：enable secret 密码不能和 enable password 密码设置成相同的，否则就失去了加密的意义。另外，如果这两个密码都配置了，在登入时系统默认 secret 密码生效。

默认状态下 Cisco 设备的 Enable 密码为空，所以在对交换机进行初始配置时，必须为其设置 Enable 密码。这样做，一方面可以使在本地配置交换机时，必须使用密码才能配置；另一方面，远程登录时如果没有 enable 密码，则提示没有设置密码而无法登录。

Enable 密码可以包括 1～25 个大写或小写字母，也可以包括数字。密码长度应当大于 6 个字符，并且应当包含大小写字母和数字的无意义的字符串。

注意：密码的第 1 个字符不能是数字。

当有多个网络管理员时，可以为不同的级别分别设置不同的访问密码。这样，既可以让他们查看网络配置，诊断网络故障，又可以保障网络设备的配置安全。

例如，设置 Enable 特权密码为"123456"，命令如下：

```
Switch(config)#enable password 123456
```

【任务准备】

（1）学生 3～5 人一组。
（2）每组计算机 1 台，交换机 1 台，配置线 1 根。

【任务实施】

步骤 1：按照图 2-11 连接硬件设备。

使用配置线连接计算机和交换机的 Console 端口，使用直通线连接计算机和交换机的网络端口。

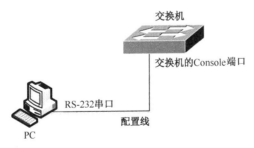

图 2-11　设置密码

步骤 2：恢复出厂设置。

打开 PC 的【超级终端】，清除交换机的配置文件，命令如下：

```
Switch>enable
Switch#erase startup-config              //清空配置
Erasing the nvram filesystem will remove all configuration files! Continue? [confirm]
[OK]                                     //回车确定
Erase of nvram: complete
```

```
%SYS-7-NV_BLOCK_INIT: Initialized the geometry of nvram
Switch#reload                              //重新启动交换机恢复出厂默认值
```

步骤 3：交换机【enable】密码的设置及验证。

（1）使用【enable】命令设置密码。

```
Switch>enable
Switch#configure terminal                  //进入全局配置模式
Switch(config)#enable password cisco        //输入设置的密码 "cisco"
Switch>
```

验证密码：

方法 1：重新进入交换机。

```
Switch>enable
Password:                                  //要求输入密码，注意密码不可见
```

方法 2：在特权模式下，使用【show running-config】命令查看密码配置情况。

```
switch#show running-config
Current configuration:
    hostname Switch
enable password cisco      //这里密码是可见的
```

（2）使用【enable secret】命令设置密文密码。

```
witch(config)#enable secret cy123456      //设置 enable secret 密码为"cy123456"
```

验证密码：

方法 1：进入全局配置模式。

```
Switch>enable
Password:      //这里输入的是 "cy123456"，而不是 "cisco"
```

方法 2：在特权模式下，使用【show running-config】命令查看密码配置情况。

```
Switch#show running-config
Building configuration...
hostname Switch
enable secret 5 $1$mERr$0WXTUTxhqMwuyW8Hz/IVN.        //密码已经成为密文
enable password cisco
```

步骤 4：保存交换机配置文件。

（1）在全局模式下，为交换机设置标识符为【SW_A】，可以看到提示符的变化。

```
Switch#configure terminal                  //注意此时的标识符是【Switch】
Switch(config)#hostname SW_A
SW_A(config)#
```

（2）使用【reload】命令重新启动交换机。

```
SW_A #reload
Proceed with reload?y
```

```
//省略
Switch>                                    //可以看到交换机的标识符还是【Switch】
```

（3）再次修改交换机的标识符。

```
Switch#configure terminal
Switch(config)#hostname SW_A
SW_A(config)#
```

（4）使用【write】命令保存配置信息。

```
SW_A(config)#exit
SW_A#write
Building configuration...
[OK]
SW_A#
```

（5）再次重新启动交换机。

```
SW_A#reload
Proceed with reload?y
SW_A>                                      //使用【write】命令保存了修改的标识符
```

步骤 5：几个常用的交换机命令。

（1）显示闪存的信息。

在特权模式下，使用【show flash】命令显示闪存的信息。

```
SW_A#show flash
Directory of flash:/
    1  -rw-        3058048        <no date>   c2950-i6q4l2-mz.121-22.EA4.bin
64016384 bytes total (60958336 bytes free)
SW_A#
```

（2）在特权模式下，使用【clock set】命令设置交换机的时钟。

```
SW_A#clock set ?
  hh:mm:ss   Current Time
SW_A#clock set
SW_A#clock set 8:26:06 06 march 2013              // 配置当前时间日期
switch#
```

在特权模式下，使用【show clock】命令查看配置情况。

```
SW_A#show clock
*8:28:3.77 UTC Wed Mar 6 2013
SW_A#
```

任务 3 使用 Telnet 方式登录交换机

【任务描述】

前几个任务学习的是使用 Console 端口将计算机与交换机连接。对交换机进行管理属于带外管理，在一个企业网中，不同位置的每一台设备，使用这种方式去管理，显然是十分麻烦的事情。而通过带内管理，使用 Telnet、Web 等方式，网络管理员坐在办公室里就可以远程调试整个企业网所有的可管理交换机和其他网络设备。本任务旨在使用 Telnet 方式，学习带内管理交换机。

完成本任务后，你将能够：

➢ 给交换机配置 IP 地址；

➢ 给交换机设置特权模式密码和 Telnet 远程登录密码；

➢ 使用 Telnet 方式远程登录交换机。

【必备知识】

1）配置管理交换机接口地址

（1）设置交换机的 IP 地址及掩码命令。

ip address <ip-address> <mask> [secondary]

（2）本命令的 no 操作为删除该 IP 地址配置。

no ip address [<ip-address> <mask>] [secondary]

参数说明：

➢ <ip-address>为 IP 地址，使用点分十进制格式；

➢ <mask>为子网掩码，使用点分十进制格式；

➢ [secondary]表示配置的 IP 地址为从 IP 地址，默认情况下出厂时交换机无 IP 地址。

（3）命令模式：VLAN 接口配置模式。

如果为交换机配置 IP 地址，必须首先创建一个 VLAN。例如，为交换机默认 VLAN1 配置 IP 地址 10.1.128.1/24，其命令如下：

```
Switch(Config)#interface vlan 1
Switch(Config-If-Vlan1)#ip address 10.1.128.1 255.255.255.0
Switch(Config-If-Vlan1)#no shutdown
Switch(Config-If-Vlan1)#exit
```

为网络设备设置了管理 IP 地址后，就可以借助【Telnet】方式以 IP 地址方式远程访问和管理该设备了。默认情况下没有为 Telnet 设置密码；因此，为了网络设备的安全管理，必须设置 Telnet 密码。

2）Telnet 协议

Telnet 协议是 TCP/IP 协议族中的一员，是 Internet 远程登录服务的标准协议和主要方式。在终端使用者的计算机上使用 Telnet 程序，用它连接到服务器。终端使用者在 Telnet 程序中输入命令，这些命令会在远程设备上运行，就像直接在本地设备的控制台上输入一样。Windows 操作系统、UNIX/Linux 操作系统中都内置有 Telnet 客户端程序，可以使用该程序实现交换机等网络设备的远程管理。

（1）在使用 Telnet 连接交换机之前，要确认已经做好以下准备工作：

➢ 在用于管理的计算机中安装了 TCP/IP 协议族，并配置好了 IP 地址；

➢ 在被管理的交换机上配置了与计算机相同网段的 IP 地址。

为了实现远程访问，Telnet 协议定义了通信的规范以及客户端和服务端的功能。在

Windows 操作系统中使用 Telnet 客户端程序，在【运行】对话框中输入要登录服务端的 IP 地址，就可以远程登录交换机了。

Cisco 交换机和路由器为方便远程管理，都内置了 Telnet 服务端，只需配置 VTY 线路密码就可以使用 Telnet 远程登录交换机。

在 Cisco 产品的不同系列中 VTY 数目不尽相同。有些路由器、交换机产品只有 5 条线路可用（line vty 0 4）；有些交换机、路由器设备会提供十几条，甚至多达上千条线路，但默认情况下不一定全部启用。如果想查看一下自己的设备具体支持多少条线路，在全局模式下使用命令【line vty 0 ？】就可以查看。

（2）配置 Cisco 交换机的 Telnet 登录代码如下：

```
SW_A(config)#line vty 0 5              //允许 6 个 Telnet 用户同时连接
SW_A(config-line)#password 123456
```

（3）Telnet 远程登录服务。使用 Telnet 方式登录到 IP 地址为<ip-addr>的远程主机的命令是

```
telnet [<ip-addr>] [<port>]
```

参数说明：

➢ <ip-addr>为远程主机的 IP 地址，使用点分十进制格式；
➢ <port>为端口号，取值范围为 0～65535；
➢ 命令模式是特权用户配置模式。

3）测试网络物理连通的命令【ping】

【ping】命令用来检查网络是否连通或者网络连接速度。【ping】是一个使用 ICMP 的命令，是 IP 的一部分。在 Windows 系统下，【ping】命令是系统自带的一个可执行命令，它可以帮助我们分析判定网络故障。具体使用方法如下：

```
ping IP 地址
```

这个命令有许多参数，具体参数说明在命令提示符窗口键入【ping】，回车后即可查看到详细解释。

以下是使用【ping】命令的几种常见情况：

（1）正常情况。

```
PC>ping 10.1.10.2
Pinging 10.1.10.2 with 32 bytes of data:
Reply from 10.1.10.2: bytes=32 time=19ms TTL=128
Reply from 10.1.10.2: bytes=32 time=8ms TTL=128
Reply from 10.1.10.2: bytes=32 time=1ms TTL=128
Reply from 10.1.10.2: bytes=32 time=8ms TTL=128
Ping statistics for 10.1.10.2:
    Packets: Sent = 4, Received = 4, Lost = 0 (0% loss),
Approximate round trip times in milli-seconds:
    Minimum = 1ms, Maximum = 19ms, Average = 9ms
PC>
```

（2）主机超时。

```
PC>ping 10.0.10.2
Pinging 10.0.10.2 with 32 bytes of data:
Request timed out.
Request timed out.
Request timed out.
Request timed out.
Ping statistics for 10.0.10.2:
    Packets: Sent = 4, Received = 0, Lost = 4 (100% loss),
PC>
```

【ping】命令返回的信息中出现了【Request timed out】，表示对方主机超时；可能的原因有对方已关机，对方与自己不在同一网段内，对方设置了 ICMP 数据包过滤（如防火墙设置），IP 地址设置错误等。

（3）目标不可达。【ping】命令返回的信息中出现了【Destination host unreachable】，表示对方主机不存在或者无法与对方建立连接；可能的原因是对方与自己不在同一网段内或网线故障等。

```
PC>ping 192.168.30.1
Pinging 192.168.30.1 with 32 bytes of data:
Reply from 192.168.10.1: Destination host unreachable.
Request timed out.
Reply from 192.168.10.1: Destination host unreachable.
Reply from 192.168.10.1: Destination host unreachable.
Ping statistics for 192.168.30.1:
    Packets: Sent = 4, Received = 0, Lost = 4 (100% loss),
PC>
```

（4）无法解析 IP 地址。【ping】命令返回的信息中出现了【Bad IP address】表示无法解析 IP 地址；可能的原因是没有连接到 DNS 服务器，无法解析这个 IP 地址，也可能是 IP 地址不存在。

【任务准备】

（1）学生每 3～5 人分为一组；
（2）每组可管理交换机 1 台，PC 1 台，Console 线 1 根，直通线 1 根。

【任务实施】

步骤 1：连接网络设备，配置超级终端。

（1）按照图 2-12 使用 Console 线（配置线）和直通线来连接计算机和交换机。

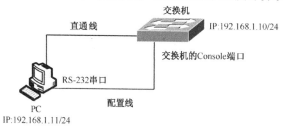

图 2-12   Telnet 远程登录

（2）配置超级终端。

步骤 2：配置交换机和计算机。

（1）配置交换机 VLAN1 的 IP 地址。

```
Switch>enable
Switch#configure terminal
Switch(config)#interface vlan 1                              //进入 VLAN1 的配置模式
Switch(config-if)#ip address 192.168.1.10 255.255.255.0     //为 VLAN1 配置 IP 地址
Switch(config-if)#no shutdown                                //激活 VLAN1
Switch(config-if)#end
Switch#
```

（2）配置交换机的密码。

配置特权模式密码：

```
Switch(config)#enable secret 123456
```

开启交换机的远程 Telnet 功能：

```
Switch(config)#line vty 0 4
Switch(config-line)#password cy123456
```

（3）使用【show running-config】命令验证配置情况。

```
Switch#show running-config
Building configuration...
hostname Switch
enable secret 5 $1$mERr$H7PDxl7VYMqaD3id4jJVK/
interface Vlan1
  ip address 192.168.1.10 255.255.255.0   //已经配置好交换机 IP 地址
line con 0
line vty 0 4
  password cy123456
  login
line vty 5 15
  login
end
Switch#
```

（4）配置 PC 的 IP 地址为 192.168.1.11，子网掩码为 255.255.255.0，如图 2-13 所示。

注意：PC 的 IP 地址要与交换机的 IP 地址在同一个网段。

图 2-13　配置计算机的静态 IP 地址

步骤 3：验证 PC 的配置。

（1）在 PC 的命令行窗口中使用【ipconfig】命令查看 IP 地址。

```
PC>ipconfig
FastEthernet0 Connection:(default port)
Link-local IPv6 Address.........: FE80::201:96FF:FEA3:2B6E
IP Address.....................: 192.168.1.11
Subnet Mask....................: 255.255.255.0
Default Gateway................: 0.0.0.0
PC>
```

（2）验证 PC 与交换机是否连通。

方法 1：在交换机中【ping 】PC。

```
Switch#ping 192.168.1.11
Type escape sequence to abort.
Sending 5, 100-byte ICMP Echos to 192.168.1.11, timeout is 2 seconds:
!!!!!                                    //出现"!"表示已经连通。
Success rate is 100 percent (5/5), round-trip min/avg/max = 1/2/5 ms
Switch#
```

方法 2：在 PC 中使用【ping】命令检查 PC 与交换机的连通性。

```
PC>ping 192.168.1.10
Pinging 192.168.1.10 with 32 bytes of data:
Reply from 192.168.1.10: bytes=32 time=0ms TTL=255
Reply from 192.168.1.10: bytes=32 time=0ms TTL=255
Reply from 192.168.1.10: bytes=32 time=1ms TTL=255
Reply from 192.168.1.10: bytes=32 time=0ms TTL=255
Ping statistics for 192.168.1.10:
    Packets: Sent = 4, Received = 4, Lost = 0 (0% loss),
Approximate round trip times in milli-seconds:
    Minimum = 0ms, Maximum = 1ms, Average = 0ms
PC>
```

步骤 4：在 PC 上使用 Telnet 登录。

打开 Windows 系统，单击【开始】→【运行】，运行 Windows 自带的 Telnet 客户端程序，并且指定交换机的 IP 地址，如图 2-14 所示。

图 2-14　Telnet 登录

在打开的窗口中输入正确的密码。

```
C:\>telnet 192.168.1.10
Trying 192.168.1.10 ...Open
User Access Verification
Password:                                          //输入密码
Switch>
```

完成以上操作后，就可以在远程对交换机做进一步配置了。

项目小结

通过本项目的学习，我们对交换机有了一个基本的了解，认识了交换机的端口，学习了设置超级终端和远程管理交换机的方法。可通过如下几个问题回顾一下本项目所学的内容：

（1）一台交换机一般都有几类端口？

（2）交换机的工作模式有几种？

（3）什么是带内管理？

（4）什么是带外管理？

（5）什么是 Telnet 登录？

（6）如何清除交换机的密码？

项目 3　行政楼网络施工

　　本项目是行政楼网络施工，根据行政楼各科室的需要，既要保证他们之间通信畅通，又要保证他们之间的相对独立。在已经划分 IP 地址段的前提下，划分相应的 VLAN，通过这样的配置，保证科室之间的数据互不干扰，提高各自的通信效率，同时又能防止广播风暴。一楼的办公室与二楼、三楼的会议室在相同的 VLAN，需要通过跨交换机实现相同 VLAN 之间的通信。各个楼层的接入交换机与本楼的汇聚交换机之间要进行通信。整个行政楼的 IP 地址分配，采用自动分配方式，由汇聚交换机充当 DHCP 服务器，自动分配 IP 地址。本项目通过配置 Cisco 交换机，学习交换机的基本配置方法。本项目的模块和具体任务如图 3-1 所示。

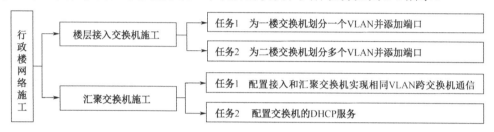

图 3-1　项目 3 模块和具体任务

行政楼网络施工拓扑如图 3-2 所示。

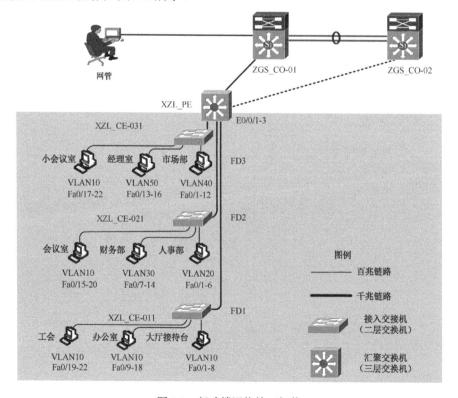

图 3-2　行政楼网络施工拓扑

行政楼网络建设工单如表 3-1 所示。

表 3-1 行政楼网络建设工单

<table>
<tr><td rowspan="6">工程建设中心</td><td colspan="2">工程名称</td><td colspan="2">北方科技网络工程</td><td>工单号</td><td colspan="2">002</td><td>流水号</td><td colspan="2">201***01</td></tr>
<tr><td colspan="2">地　址</td><td colspan="2">沈阳</td><td>联系人</td><td colspan="2">张伟</td><td>联系电话</td><td colspan="2">131****8686</td></tr>
<tr><td colspan="2">三层交换机</td><td colspan="2">Cisco 3560　1 台</td><td colspan="2">二层交换机</td><td colspan="2">Cisco 2950</td><td>3 台</td></tr>
<tr><td colspan="2">经办人</td><td colspan="2">王晓强</td><td colspan="2">发件时间</td><td colspan="3"></td></tr>
<tr><td colspan="2">施工单位</td><td colspan="2">朝阳网络公司</td><td colspan="2">设备厂家</td><td colspan="3">红山网络设备公司</td></tr>
<tr><td colspan="2">备　注</td><td colspan="2">项目特权模式密码</td><td colspan="2">123456</td><td>远程登录密码</td><td colspan="2">cisco</td></tr>
<tr><td rowspan="5">一楼接入交换机
Cisco 2950
XZL_CE-011</td><td colspan="2">管理 IP</td><td>VLAN1</td><td colspan="6">10.0.1.11/24</td></tr>
<tr><td colspan="2">上连端口</td><td>Fa0/24</td><td colspan="4">TO-XZL_PE- Fa0/1</td><td colspan="2">Trunk</td></tr>
<tr><td colspan="2" rowspan="3">VLAN</td><td rowspan="3">VLAN10</td><td colspan="2">Fa0/1--8</td><td colspan="3" rowspan="3">192.168.10.0/24</td><td>大厅</td></tr>
<tr><td colspan="2">Fa0/9-18</td><td>办公室</td></tr>
<tr><td colspan="2">Fa0/19-22</td><td>工会</td></tr>
<tr><td rowspan="5">二楼接入
交换机
Cisco 2950
XZL_CE-021</td><td colspan="2">管理 IP</td><td>VLAN1</td><td colspan="6">10.0.1.12/24</td></tr>
<tr><td colspan="2">上连端口</td><td>Fa0/24</td><td colspan="4">TO-XZL_PE- Fa0/2</td><td colspan="2">trunk</td></tr>
<tr><td colspan="2" rowspan="3">VLAN</td><td>VLAN20</td><td colspan="2">Fa0/1-6</td><td colspan="3">192.168.20.0/24</td><td>人事部</td></tr>
<tr><td>VLAN30</td><td colspan="2">Fa0/7-14</td><td colspan="3">192.168.30.0/34</td><td>财务部</td></tr>
<tr><td>VLAN10</td><td colspan="2">Fa0/15-20</td><td colspan="3">192.168.10.0/24</td><td>会议室</td></tr>
<tr><td rowspan="5">三楼接入
交换机
Cisco 2950
XZL_CE-031</td><td colspan="2">管理 IP</td><td>VLAN1</td><td colspan="6">10.0.1.13/24</td></tr>
<tr><td colspan="2">上连端口</td><td>Fa0/24</td><td colspan="4">TO-XZL_PE- Fa0/3</td><td colspan="2">Trunk</td></tr>
<tr><td colspan="2" rowspan="3">VLAN</td><td>VLAN40</td><td colspan="2">Fa0/1-12</td><td colspan="3">192.168.40.0/24</td><td>市场部</td></tr>
<tr><td>VLAN50</td><td colspan="2">Fa0/13-16</td><td colspan="3">192.168.50.0/24</td><td>经理室</td></tr>
<tr><td>VLAN10</td><td colspan="2">Fa0/17-22</td><td colspan="3">192.168.10.0/24</td><td>小会议室</td></tr>
<tr><td rowspan="12">汇聚交换机
Cisco
3560XZL_PE</td><td colspan="2">管理 IP</td><td>VLAN1</td><td colspan="6">10.0.1.14/24</td></tr>
<tr><td colspan="2" rowspan="3">下连端口</td><td>Fa0/1</td><td colspan="4">TO-XZL_CE-011-Fa0/24</td><td colspan="2">Trunk</td></tr>
<tr><td>Fa0/2</td><td colspan="4">TO-XZL_CE-021- Fa0/24</td><td colspan="2">Trunk</td></tr>
<tr><td>Fa0/3</td><td colspan="4">TO-XZL_CE-031- Fa0/24</td><td colspan="2">Trunk</td></tr>
<tr><td colspan="2" rowspan="2">vlan</td><td>Vlan10</td><td colspan="2">Vlan20</td><td colspan="2">Vlan30</td><td colspan="2"></td></tr>
<tr><td>Vlan40</td><td colspan="2">Vlan50</td><td colspan="4"></td></tr>
<tr><td colspan="2" rowspan="5">DHCP</td><td>VLAN10</td><td colspan="3">192.168.10.0/24</td><td colspan="2">默认网关</td><td colspan="2">192.168.10.254</td></tr>
<tr><td>VLAN20</td><td colspan="3">192.168.20.0/24</td><td colspan="2">默认网关</td><td colspan="2">192.168.20.254</td></tr>
<tr><td>VLAN30</td><td colspan="3">192.168.30.0/24</td><td colspan="2">默认网关</td><td colspan="2">192.168.30.254</td></tr>
<tr><td>VLAN40</td><td colspan="3">192.168.40.0/24</td><td colspan="2">默认网关</td><td colspan="2">192.168.40.254</td></tr>
<tr><td>VLAN50</td><td colspan="3">192.168.50.0/24</td><td colspan="2">默认网关</td><td colspan="2">192.168.50.254</td></tr>
</table>

模块 1　楼层接入交换机施工

任务 1　为一楼交换机划分一个 VLAN 并添加端口

【任务描述】

行政楼的一楼，有大厅接待台、办公室和工会三个科室，共 22 个接入点，安装一台 24 口接入交换机。本任务旨在完成在一台 Cisco 交换机（型号为 Cisco 2950，命名：XZL_CE-011）上划分 VLAN 并添加相应科室的端口。为方便今后的远程管理，还需要配置管理 IP 和密码。

完成本任务后，你将能够：

➢ 理解 VLAN 技术；

➢ 在一台交换机上划分基于端口的 VLAN；

➢ 创建、删除 VLAN。

【必备知识】

1）VLAN 技术

VLAN 是虚拟局域网（Virtual Local Area Network）的简称，VLAN 技术是交换技术的重要组成部分，也是交换机的重要进步之一。它把物理上直接相连的网络从逻辑上划分为多个子网，按照功能、部门或应用等划分成工作组，形成一个个虚拟网络。VLAN 的本质就是一个网段，之所以叫作虚拟局域网，是因为它是在虚拟接口下创建的网段。

VLAN 建立在局域网交换机基础上，采用 VLAN 技术后，在保持局域网低延迟、高吞吐量的基础上，从根本上改善了网络性能，VLAN 充分体现了现代网络技术的重要特征：高速、灵活、管理简便和扩展容易。

VLAN 具有如下优点：

（1）控制网络的广播流量。局域网的整个网络是一个广播域，采用 VLAN 技术，划分出多个 VLAN，一个 VLAN 的广播不会扩散到其他 VLAN，因此端口不会接收其他 VLAN 的广播。这样，就大大减少了广播的影响，提高了带宽的利用效率。

（2）简化网络管理，减少管理开销。当 VLAN 中的用户位置变动时，不需要或只需要少量的重新布线、配置和调试，因此网络管理员能借助于 VLAN 技术轻松地管理整个网络。

（3）控制流量和提高网络的安全性。VLAN 技术能控制广播组的大小和位置，甚至能锁定某台设备的 MAC 地址。由于 VLAN 之间不能直接通信，通信流量被限制在 VLAN 内，VLAN 之间的通信必须通过路由器（或三层交换机）。在路由器（或三层交换机）上设置访问控制，使得可以对访问有关 VLAN 的主机地址、应用类型、协议类型等进行控制，因此 VLAN 能提高网络的安全性。

（4）提高网络的利用率。通过将不同应用放在不同 VLAN 内的方法，可以在一个物理平台上运行多种相互之间要求相对独立的应用，而且各应用之间互不影响。

默认情况下，交换机上所有端口都属于 VLAN1，因此通常把 VLAN1 作为交换机的管理 VLAN，这时 VLAN1 接口的 IP 地址就是交换机的管理地址。VLAN1 作为交换机的默认 VLAN，用户不能删除。在交换机中，一个普通端口只能属于一个 VLAN。

2）VLAN 的划分方法

在可管理交换机上划分 VLAN，可以根据端口、MAC 地址、网络层和 IP 组播来划分。

（1）基于端口划分 VLAN。这种方法是根据以太网交换机的端口来划分 VLAN 的，只有处于同一个 VLAN 的端口才能相互通信。例如，将交换机的 1～4 端口划分给 VLAN 10，5～8 端口划分给 VLAN 20，如果不通过路由器或三层交换机，则 VLNA10 和 VLAN20 内部计算机之间可以通信，但 VLAN10 和 VLAN20 之间不能通信。这种划分方法的优点是，定义 VLAN 成员时简单、安全、容易配置和维护；缺点是，当某用户的计算机离开了原来的端口，而接到另一台交换机的某个端口时，必须重新定义。基于端口划分 VLAN 的方法，是最普遍使用的方法，在一些教材中也称为静态端口分配或静态虚拟网。

（2）基于 MAC 地址划分 VLAN。根据主机的 MAC 地址来划分 VLAN，即对每个 MAC 地址的主机都配置它属于哪个组，其优点是：当计算机的物理位置移动时，即从一台交换机迁移到其他的交换机时，VLAN 不用重新配置。其缺点是：在进行初始化时，所有的计算机都必须进行配置，工作量非常大。另外，每个交换机的端口都可能存在很多个 VLAN 组成员，这样就无法限制广播包。

（3）基于网络层划分 VLAN。这种方法是根据每个主机的网络层地址或协议类型来划分 VLAN 的。其优点是：计算机的物理位置改变，不需要重新配置所属的 VLAN，还可以减少网络通信量。其缺点是效率低，检查每一个数据包的网络层地址都需要消耗处理时间。

（4）根据 IP 组播划分 VLAN。IP 组播实际上也是一种 VLAN 定义，即认为一个组播就是一个 VLAN。这种划分方法将 VLAN 扩大到了广域网，具有更大的灵活性；但是这种方法不适合企业网，效率低。

3）VLAN 的配置

（1）创建、删除 VLAN。创建 VLAN 要进入配置模式，其操作命令如下：

vlan <vlan-id>

其中，<vlan-id>为要创建/删除的 VLAN 的 VID，取值范围为 1～4096。

删除 VLAN 的命令如下：

no vlan <vlan-id>

（2）为 VLAN 命名。定义 VLAN 的名称，可以使用如下命令：

Switch(Config-vlan)#name   vlan-name

为 VLAN 命名，可以使用 1～32 个 ASCII 字符，并且要保证名字在网络管理域中是唯一的。

（3）为 VLAN 分配端口。新建 VLAN 后，可以手动为 VLAN 分配一个端口，一个端口只能属于一个 VLAN。如下所示，将端口 Fa0/1，添加到 VLAN10

Switch (config)#interface fastEthernet 0/1
Switch (config-if)#switchport access vlan 10

使用 rangc 参数，可以一次添加多个端口，例如将 Fa0/4～Fa0/8 端口添加到 VLAN10：

Switch (config)#interface range fastEthernet 0/4-8
Switch (config-if-range)#switchport access vlan 10

（4）检查 VLAN 的配置情况。显示所有 VLAN 的配置信息：

Switch#show vlan

【任务准备】

（1）学生 3～5 人一组；

（2）Cisco 2950 交换机 1 台，PC 4 台，配置线（Console 线）1 根，直通线 4 根。

【任务实现】

步骤 1： 连接硬件设备。

按照图 3-3，使用配置线连接 PC 的 RS-232 接口与交换机 XZL_CE-011 的 Console 端口。使用直通线，连接 PC 的网络端口与交换机的 Fa0/24 端口，连接 PC11 的网络端口与交换机的

Fa0/1 端口，连接 PC12 的网络端口与交换机的 Fa0/10 端口，连接 PC13 的网络端口与交换机的 Fa0/20 端口。

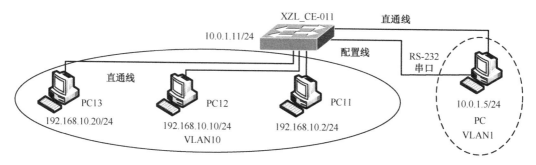

图 3-3　在一台交换机上划分一个 VLAN

步骤 2： 基础配置。

（1）配置超级终端。

（2）恢复交换机出厂设置。

Switch>enable	//进入特权用户配置模式
Switch#erase startup-config	//清空 startup-config 文件
Erasing the nvram filesystem will remove all configuration files! Continue? [confirm] [OK]	
Switch#reload	
Proceed with reload? [confirm]	//重新启动交换机

步骤 3： 配置管理 IP 地址和密码。

（1）使用【show running-config】命令，查看交换机当前配置。

```
Switch#show running-config
Building configuration...
Current configuration : 1033 bytes
version 12.1
no service timestamps log datetime msec
no service timestamps debug datetime msec
no service password-encryption
hostname Switch                              //交换机的默认名称
spanning-tree mode pvst
interface FastEthernet0/1
//省略
```

（2）配置交换机标识和管理 IP 地址。

使用【hostname】命令配置交换机的标识符，使用【interface vlan】命令进入相应的 VLAN，使用【ip address】命令为 VLAN 添加 IP 地址。

```
Switch(config)#hostname XZL_CE-011
XZL_CE-011(config)#interface vlan 1
XZL_CE-011(config-if)#ip address 10.0.1.11 255.255.255.0
XZL_CE-011(config-if)#no shutdown
```

使用【show running-config】命令，查看当前配置情况。

```
XZL_CE-011#show running-config
//省略
hostname XZL_CE-011                          //交换机的名称
//省略
interface GigabitEthernet1/2
interface Vlan1
  ip address 10.0.1.11 255.255.255.0         //配置的管理 IP 地址
line con 0
//省略
XZL_CE-011#
```

（3）配置 Telnet 登录。

① 配置虚拟终端接口，用于 Telnet 登录。使用【line vty】命令配置虚拟终端，允许连接的最大用户数是 5 个。

```
XZL_CE-011(config)#line vty 0 4
```

其中，【0 4】表示 0 到 4 共 5 条虚拟终端接口线路，也就是最多同时允许 5 个用户连接。

② 使用【password】命令，配置远程登录密码 "cisco"。

```
XZL_CE-011(config-line)#password cisco
```

③ 使用【login】命令，开启密码验证机制允许远程登录。

```
XZL_CE-011(config-line)#login
XZL_CE-011(config-line)#exit
```

④ 使用【enable password】命令配置特权模式密码 "123456"。

```
XZL_CE-011(config)#enable password 123456
XZL_CE-011(config)#exit
XZL_CE-011#
```

（4）测试 Telnet 登录。

① 根据表 3-2，配置 PC 的 IP 地址（10.0.1.5）和子网掩码（255.255.255.0）。

表 3-2　IP 地址分配表

设备名称	端口	IP 地址	子网掩码
XZL_CE-011		10.0.1.11	255.255.255.0
PC	Fa0/24 端口	10.0.1.5	255.255.255.0
PC11	Fa0/1	192.168.10.2	255.255.255.0
PC12	Fa0/10	192.168.10.10	255.255.255.0
PC13	Fa0/20	192.168.10.20	255.255.255.0

② 测试交换机与 PC 的连通性，在 PC 的【命令提示符】下，用 PC【ping】交换机，如果配置正确能【ping】通。

③ 使用【Telnet】登录。在 PC 的【命令提示符】下，使用【telnet 10.0.1.11】登录，输入密码 "cisco"，如果登录成功，说明配置正确。

```
C:\>telnet 10.0.1.11
```

```
Trying 10.0.1.11 ...Open
User Access Verification
Password:                                  //输入远程登录密码：cisco
XZL_CE-011>enable
Password:                                  //输入特权模式密码：123456
XZL_CE-011#
```

步骤 4： 划分 VLAN10 并添加端口。

在交换机上划分基于端口的 VLAN10，保留默认 VLAN1，如表 3-3 所示。

表 3-3　基于端口的 VLAN 划分

VLAN	端口成员	接入用户
VLAN10	Fa0/1～Fa0/8	大厅接待台
	Fa0/9～Fa0/18	办公室
	Fa0/19～Fa0/22	工会
VLAN1		管理 VLAN

（1）使用【show vlan】命令，查看当前 VLAN 配置情况，如图 3-4 所示。

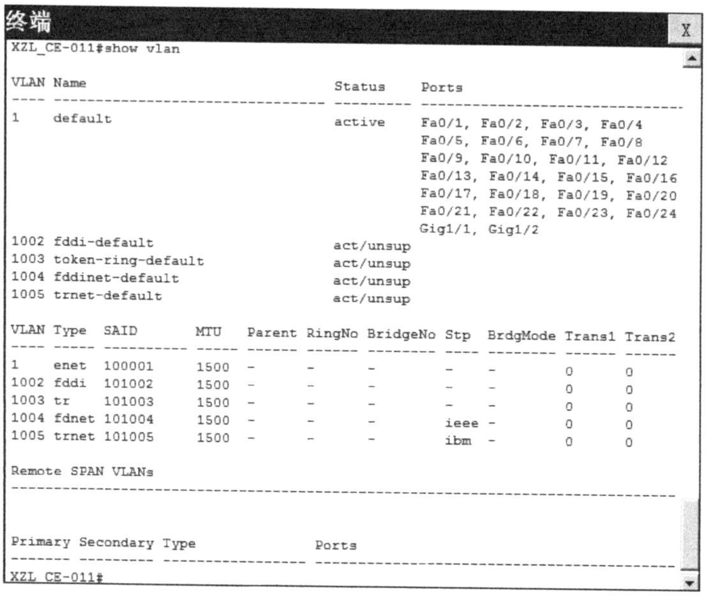

```
终端
XZL_CE-011#show vlan

VLAN Name                             Status    Ports
---- -------------------------------- --------- -------------------------------
1    default                          active    Fa0/1, Fa0/2, Fa0/3, Fa0/4
                                                Fa0/5, Fa0/6, Fa0/7, Fa0/8
                                                Fa0/9, Fa0/10, Fa0/11, Fa0/12
                                                Fa0/13, Fa0/14, Fa0/15, Fa0/16
                                                Fa0/17, Fa0/18, Fa0/19, Fa0/20
                                                Fa0/21, Fa0/22, Fa0/23, Fa0/24
                                                Gig1/1, Gig1/2
1002 fddi-default                     act/unsup
1003 token-ring-default               act/unsup
1004 fddinet-default                  act/unsup
1005 trnet-default                    act/unsup

VLAN Type  SAID       MTU   Parent RingNo BridgeNo Stp  BrdgMode Trans1 Trans2
---- ----- ---------- ----- ------ ------ -------- ---- -------- ------ ------
1    enet  100001     1500  -      -      -        -    -        0      0
1002 fddi  101002     1500  -      -      -        -    -        0      0
1003 tr    101003     1500  -      -      -        -    -        0      0
1004 fdnet 101004     1500  -      -      -        ieee -        0      0
1005 trnet 101005     1500  -      -      -        ibm  -        0      0

Remote SPAN VLANs
------------------------------------------------------------------------------


Primary Secondary Type              Ports
------- --------- ----------------- ------------------------------------------
XZL_CE-011#
```

图 3-4　查看当前 VLAN 的配置情况

（2）使用【vlan】命令，划分 VLAN10。

```
XZL_CE-011#configure terminal
XZL_CE-011(config)#vlan 10
XZL_CE-011(config-vlan)#end
```

（3）使用【show vlan】命令，查看配置后 VLAN 情况，如图 3-5 所示。

可以看到，已经创建了 VLAN10，其中没有端口。

（4）按照表 3-3 为 vlan10 添加端口。

```
XZL_CE-011#configure terminal
XZL_CE-011(config)#interface fastEthernet 0/1          //一次添加一个端口
XZL_CE-011(config-if)#switchport access vlan 10
XZL_CE-011(config-if)#exit
XZL_CE-011(config)#interface fastEthernet 0/2
XZL_CE-011(config-if)#switchport access vlan 10
XZL_CE-011(config-if)#exit
XZL_CE-011(config)#interface fastEthernet 0/3
XZL_CE-011(config-if)#switchport access vlan 10
XZL_CE-011(config-if)#exit
XZL_CE-011(config)#interface range fastEthernet 0/4-8   //使用 range 参数，一次添加多个端口
XZL_CE-011(config-if-range)#switchport access vlan 10
XZL_CE-011(config-if-range)#exit
XZL_CE-011(config)#interface range fastEthernet 0/9-18
XZL_CE-011(config-if-range)#switchport access vlan 10
XZL_CE-011(config-if-range)#exit
XZL_CE-011(config)#interface range fastEthernet 0/19-22
XZL_CE-011(config-if-range)#switchport access vlan 10
XZL_CE-011(config-if-range)#exit
XZL_CE-011(config)#exit
XZL_CE-011#
```

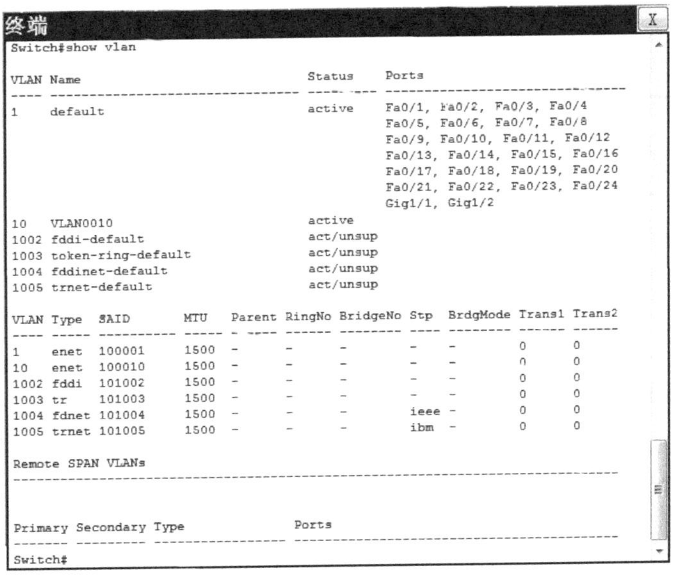

```
终端                                                              X
Switch#show vlan

VLAN Name                          Status    Ports
---- --------------------------    ------    -------------------------------
1    default                       active    Fa0/1, Fa0/2, Fa0/3, Fa0/4
                                             Fa0/5, Fa0/6, Fa0/7, Fa0/8
                                             Fa0/9, Fa0/10, Fa0/11, Fa0/12
                                             Fa0/13, Fa0/14, Fa0/15, Fa0/16
                                             Fa0/17, Fa0/18, Fa0/19, Fa0/20
                                             Fa0/21, Fa0/22, Fa0/23, Fa0/24
                                             Gig1/1, Gig1/2
10   VLAN0010                      active
1002 fddi-default                  act/unsup
1003 token-ring-default            act/unsup
1004 fddinet-default               act/unsup
1005 trnet-default                 act/unsup

VLAN Type  SAID    MTU   Parent RingNo BridgeNo Stp  BrdgMode Trans1 Trans2
---- ----- ------  ----- ------ ------ -------- ---- -------- ------ ------
1    enet  100001  1500  -      -      -        -    -        0      0
10   enet  100010  1500  -      -      -        -    -        0      0
1002 fddi  101002  1500  -      -      -        -    -        0      0
1003 tr    101003  1500  -      -      -        -    -        0      0
1004 fdnet 101004  1500  -      -      -        ieee -        0      0
1005 trnet 101005  1500  -      -      -        ibm  -        0      0

Remote SPAN VLANs
-------------------------------------------------------------------------------

Primary Secondary Type           Ports
------- --------- -------------- -------------------------------------------
Switch#
```

图 3-5 划分 VLAN10 显示的结果

（5）使用【show vlan】命令，查看配置后的 VLAN 结果，如图 3-6 所示。

可以看到，VLAN10 中已经加入了 Fa0/1~Fa0/22 共 22 个端口。没有分配的端口在 VLAN1
中。

步骤 5：验证本任务。

（1）按照 IP 地址分配表 3-2，配置 PC11、PC12 和 PC13 的 IP 地址；

（2）根据表 3-4 验证连通性。

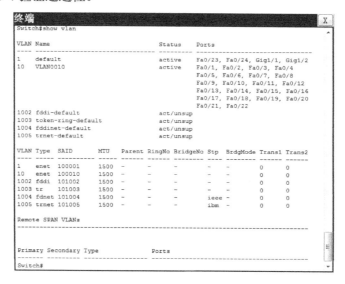

图 3-6　VLAN10 添加端口显示的结果

表 3-4　VLAN10 与默认 VLNA1 连通性的验证

PC 的位置	PC11 的位置	PC12 的位置	PC13 的位置	动作	结果
Fa0/24	Fa0/1	Fa0/10	Fa0/20	PC ping PC11	不通
				PC ping PC12	不通
				PC11 ping PC12	通
				PC11 ping PC13	通
				PC12 ping PC13	通

任务 2　为二楼交换机划分多个 VLAN 并添加端口

【任务描述】

本任务旨在为二楼一台 Cisco 交换机（型号为 2950，标识符为 XZL_CE-011）划分基于端口的 VLAN10、AN30、VLAN40，并添加相应科室的端口；为方便今后的远程管理，还需要配置管理 IP 地址和密码。

完成本任务后，你将能够：

➢ 深入理解 VLAN 技术；

➢ 在一台交换机上划分基于端口的多个 VLAN。

【必备知识】

1）二层交换机

二层交换机属于数据链路层设备，它能够识别数据包中的 MAC 地址，根据 MAC 地址进行数据转发，并将这些 MAC 地址与对应的端口记录在自己内部的一个地址表中。具体的转发流程如下：

（1）交换机从某个端口收到一个数据包后，它先读取包头中的源 MAC 地址，以便了解源 MAC 地址的计算机是连接在哪个端口上的；

（2）读取包头中的目的 MAC 地址，并在地址表中查找相应的端口；

（3）如果表中有与目的 MAC 地址对应的端口，就把数据包直接复制到这个端口上；

（4）如表中找不到相应的端口，就把数据包广播到所有端口上，当目的机器对源机器回应时，交换机又可以学习目的 MAC 地址与哪个端口对应，在下次转发数据时就不再需要对所有端口进行广播了。

通过这样不断循环地学习 MAC 地址的过程，全网的 MAC 地址都可以学习到。二层交换机就是这样建立和维护它自己的 MAC 地址表的。

2）广播风暴

一个数据包或帧被传输到本地网段（由广播域定义）的每个结点上，就是广播；由于网络拓扑的设计和连接问题，或其他原因导致广播在网段内大量复制，传播数据帧，导致网络性能下降，甚至造成网络瘫痪，这就是广播风暴。

3）VLAN 技术的优点

VLAN 技术的优点主要体现在以下几个方面：

（1）增加了网络连接的灵活性。使用 VLAN 技术，能够将不同地点、不同网络、不同用户组合在一起，形成一个虚拟的网络环境，就如同使用本地局域网一样方便、灵活、有效。VLAN 可以降低终端设备地理位置移动的管理费用。

（2）增加网络的安全性。一个 VLAN 就是一个单独的广播域，VLAN 之间相互隔离，大大提高了网络的安全性，确保了网络的隔离。

4）VLAN 的使用和管理

根据 VLAN 使用和管理方法的不同，可以把 VLAN 分为两种：静态 VLAN 和动态 VLAN。

静态 VLAN 是基于端口的 VLAN，是目前最常用的 VLAN 实现方法，需要手工配置。

动态 VLAN 的实现方法有多种，常用的方法是基于 MAC 地址的动态 VLAN。

【任务准备】

（1）学生 3～5 人一组；

（2）PC 7 台，Cisco 2950 交换机 1 台，配置线 1 根，直通线 7 根。

【任务实现】

步骤 1：连接硬件设备。

按照图 3-7 和表 3-5 连接计算机和交换机。

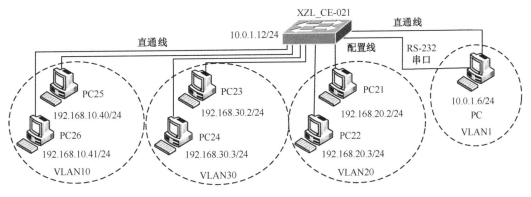

图 3-7 为交换机划分多个 VLAN

表 3-5 设备连接的端口

设备名称	连接端口	设备名称	连接端口
PC	Fa0/24	PC24	Fa0/8
PC21	Fa0/1	PC25	Fa0/15
PC22	Fa0/2	PC26	Fa0/16
PC23	Fa0/7		

步骤 2：基础配置。

（1）配置超级终端。

（2）使用【reload】命令，恢复交换机的出厂默认设置值。

```
Switch>enable                              //进入特权用户配置模式
Switch#erase startup-config                //清空 startup-config 文件
Erasing the nvram filesystem will remove all configuration files! Continue? [confirm] [OK]
Switch#reload
Proceed with reload? [confirm]             //重新启动交换机
```

步骤 3：设置管理 IP 和 Telnet 登录。

（1）使用【show running-config】命令，查看交换机当前配置。

```
Switch#show running-config
Building configuration...
Current configuration : 1033 bytes
version 12.1
no service timestamps log datetime msec
no service timestamps debug datetime msec
no service password-encryption
hostname Switch                     //交换机的默认名称
spanning-tree mode pvst
interface FastEthernet0/1
//省略
Switch#
```

（2）配置交换名称【XZL_CE-021】管理 IP【10.0.1.12/24】。

```
Switch(config)#hostname XZL_CE-021
XZL_CE-021(config)#interface vlan 1
XZL_CE-021(config-if)#ip address 10.0.1.12 255.255.255.0
XZL_CE-021(config-if)#no shutdown
XZL_CE-021(config-if)#end
XZL_CE-021#
```

（3）使用【show running-config】命令，查看当前配置。

```
XZL_CE-021#show running-config
Building configuration...
Current configuration : 1048 bytes
version 12.1
```

```
no service timestamps log datetime msec
no service timestamps debug datetime msec
no service password-encryption
hostname XZL_CE-021                      //交换机的名称
spanning-tree mode pvst
interface FastEthernet0/1
//省略
interface FastEthernet0/24
interface GigabitEthernet1/1
interface GigabitEthernet1/2
interface Vlan1
 ip address 10.0.1.12 255.255.255.0      //配置的管理 IP 地址
//省略
XZL_CE-021#
```

（4）配置 Telnet 登录。

```
XZL_CE-021#configure terminal
XZL_CE-021(config)#line vty 0 4
XZL_CE-021(config-line)#password cisco
XZL_CE-021(config-line)#login
XZL_CE-021(config-line)#exit
XZL_CE-021(config)#enable password 123456      //特权模式明文密码
XZL_CE-021(config)#exit
```

步骤 4：测试 telnet 登录。

（1）配置 PC 的 IP 地址：10.0.1.6，子网掩码：255.255.255.0。

（2）测试 PC 与交换机的连通性，在 PC 的【命令提示符】下，用 PC【ping】交换机，看是否连通。

```
XZL_CE-021#ping 10.0.1.12
Type escape sequence to abort.
Sending 5, 100-byte ICMP Echos to 10.0.1.12, timeout is 2 seconds:
!!!!!
Success rate is 100 percent (5/5), round-trip min/avg/max = 0/9/41 ms
XZL_CE-021#
```

（3）测试 Telnet 登录。在 PC 的【命令提示符】下，使用【telnet 10.0.1.12】登录，输入密码 "cisco"。登录成功后，输入特权模式口令 "123456"，进入特权配置模式。如果正确操作，顺利完成，说明配置正确。

```
PC>telnet 10.0.1.12
Trying 10.0.1.12 ...Open
User Access Verification
Password:                      //输入密码 "cisco"，密码不可见
XZL_CE-021>enable
Password:                      //输入密码 "123456"
XZL_CE-021#
```

步骤5：划分 VLAN 并添加端口。

按照表 3-6，在交换机 XZL_CE-021 上，划分基于端口的 VLAN：VLAN10、VLAN20 和 VLAN30。

表 3-6　二楼交换机 VLAN 及端口分配

VLAN	端口	备注
VLAN1		XZL_CE-012
VLAN10	Fa0/15-20	会议室
VLAN20	Fa0/1-6	人事部
VLAN30	Fa0/7-14	财务部

（1）创建 VLAN10、VLAN20 和 VLAN30。

```
XZL_CE-021#config
XZL_CE-021(Config)#vlan 10
XZL_CE-021(Config-Vlan10)#exit
XZL_CE-021(Config)#vlan 20
XZL_CE-021(Config-Vlan20)#exit
XZL_CE-021(Config)#vlan 30
XZL_CE-021(Config-Vlan30)#exit
XZL_CE-021(Config)#
```

（2）使用【show vlan】命令，查看创建的 VLAN 情况，如图 3-8 所示。

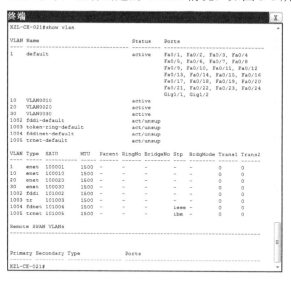

图 3-8　二楼交换机划分多个 VLAN 的配置结果

（3）根据表 3-6，为创建的 VLAN 添加相应的端口。

为 VLAN20 添加端口 Fa0/1~Fa0/6：

```
XZL-CE-021#configure terminal
XZL-CE-021(config)#interface range fastEthernet 0/1-6
XZL-CE-021(config-if-range)#switchport access vlan 20
```

XZL-CE-021(config-if-range)#exit

为 VLAN30 添加端口 Fa0/7～Fa0/14：

XZL-CE-021(config)#interface range fastEthernet 0/7-14
XZL-CE-021(config-if-range)#switchport access vlan 30
XZL-CE-021(config-if-range)#exit

为 VLAN10 添加端口 Fa0/15～Fa0/20：

XZL-CE-021(config)#interface range fastEthernet 0/15-20
XZL-CE-021(config-if-range)#switchport access vlan 10
XZL-CE-021(config-if-range)#exit
XZL-CE-021(config)#exit
XZL-CE-021#

步骤6：使用【show vlan】命令查看配置结果（如图 3-9 所示）。

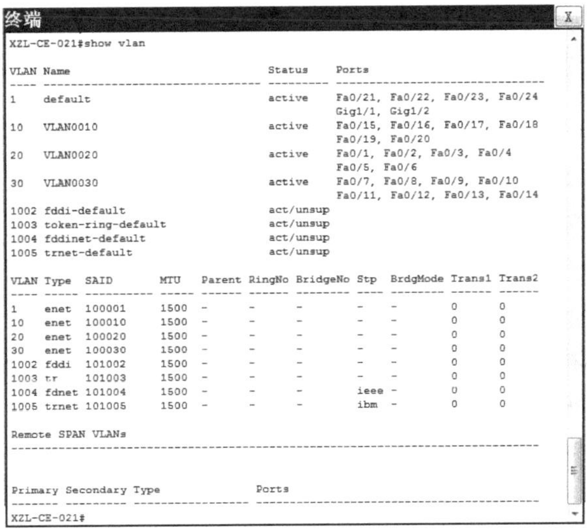

图 3-9　查看为 VLAN 添加的端口

步骤7：验证任务。

（1）按照表 3-7，配置 PC21、PC22、PC23、PC24、PC25 和 PC26 的 IP 地址。

（2）根据表 3-7 验证连通性。

表 3-7　VLAN10 与默认 VLAN1 连通性的验证

设备	IP	端口	VLAN	动 作	结果
XZL_CE-021	10.0.1.12/24		VLAN1	PC ping XZL_CE-021	通
PC	10.0.1.6/24	Fa0/24		PC ping PC21	不通
PC21	192.168.20.2/24	Fa0/1	VLAN20	PC21 ping PC22	通
PC22	192.168.20.3/24	Fa0/2		PC22 ping PC23	不通
PC23	192.168.30.2/24	Fa0/7	VLAN30	PC23 ping PC24	通
PC24	192.168.30.3/24	Fa0/8		PC24 ping PC25	不通
PC25	192.168.10.40/24	Fa0/15	VLAN10	PC25 ping PC26	通
PC26	192.168.10.41/24	Fa0/16		PC26 ping PC	不通

模块小结

通过本模块的学习，我们掌握了在一台交换机上如何创建 VLAN，如何向已经创建的 VLAN 中添加端口的方法。可通过下面几个问题来回顾一下所学的内容：

（1）什么是 VLAN？

（2）交换机为什么要划分 VLAN？

（3）如何为一台交换机划分 VLAN 并添加端口？

（4）交换机在划分 VLAN 后，它的端口模式有几种，各有什么特点？

（5）为交换机设置管理 IP 有什么优点？

（6）什么是广播风暴？

（7）根据工单，为三楼交换机划分 VLAN 并添加端口。

模块 2　汇聚交换机施工

任务 1　配置接入和汇聚交换机实现相同 VLAN 跨交换机通信

【任务描述】

接入交换机使用的是二层交换机，在二层交换机上根据连接用户的不同，划分了不同的 VLAN，有时候会出现同一个 VLAN 划分在不同的交换机上。例如，VLAN10 在交换机 XZL_CE-011 上存在，在交换机 XZL_CE-021 上也存在。这些二层交换机被一台三层交换机所汇聚，要实现相同 VLAN 跨交换机通信，就要使用 Trunk 技术。

完成本任务后，你将能够：

➢ 理解端口的 Trunk 模式和 Access 模式；

➢ 配置相同 VLAN 跨交换机通信；

➢ 熟练掌握 VLAN 的划分方法。

【必备知识】

1）交换机的端口模式

交换机的端口模式（switchport mode）有 Access 模式和 Trunk 模式两种。

工作在 Access 模式下的端口称为 Access 端口。Access 端口可以分配给一个 VLAN，并且只能分配给一个 VLAN，交换机的默认端口模式为 Access 模式。

工作在 Trunk 模式下的端口称为 Trunk 端口，Trunk 端口可以允许多个 VLAN 通信。通过 Trunk 端口之间的连接，可以实现不同交换机上相同 VLAN 的通信。

2）配置交换机的端口模式

配置交换机端口模式的命令如下：

```
switchport mode<trunk|access>
```

【switchport mode】命令是指定交换机的端口模式，使用该命令的【no】参数可以恢复该端口的默认值，即 Access 模式。可以使用 switchport access vlan 命令指定端口属于哪一个 VLAN，而使用 switchport trunk allowed 命令，则该端口可以属于多个 VLAN。

注意：在 Cisco 2950 二层交换机上，在端口模式下使用 switchport mode trunk 命令后，

802.1q 协议会自动配置。

3）ipconfig 命令

ipconfig 命令是调试计算机网络的常用命令，通常用来显示计算机中网络适配器的 IP 地址、子网掩码和默认网关。该命令的参数很多，常用的参数有：

➢ /all：显示所有网络适配器（网卡、拨号连接等）的完整 TCP/IP 配置信息。与不带参数的用法相比，它的信息更全更多，如 IP 是否动态分配、显示网卡的物理地址等。

➢ /release_all 和/release：N

释放全部（或指定）适配器的由 DHCP 分配的动态 IP 地址。此参数适用于 IP 地址非静态分配的网卡，通常和下述的 renew 参数结合使用。

➢ ipconfig /renew_all 或 ipconfig /renew N：为全部（或指定）适配器重新分配 IP 地址。此参数同样仅适用于 IP 地址非静态分配的网卡，通常和上述 release 参数结合使用。

【任务准备】

（1）学生 3～5 人一组。

（2）Cisco 2950 交换机 3 台，Cisco 3560 交换机 1 台，PC 8 台，直通线 7 根，交叉线 3 根，配置线 1 根。

【任务实现】

步骤 1：连接交换机和计算机。

（1）按照图 3-10 和表 3-8，使用配置线将 PC 与汇聚交换机 XZL-PE 连接，使用交叉线将汇聚交换机 XZL_PE 与一楼交换机 XZL_CE-011、二楼交换机 XZL_CE-021 和三楼交换机 XZL_CE-031 连接。

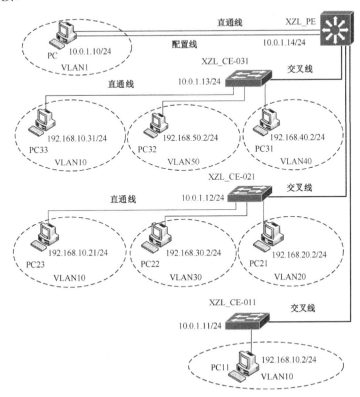

图 3-10　跨交换机相同 VLAN 通信

表 3-8 汇聚交换机与接入交换机连接端口

设备名称	端　　口		连接方向
汇聚交换机	下连端口	Fa0/1	TO-XZL_CE-011-Fa0/24
Cisco 3560		Fa0/2	TO-XZL_CE-021- Fa0/24
XZL_PE		Fa0/3	TO-XZL_CE-031- Fa0/24

（2）按照表 3-9 连接 PC 和接入交换机。

表 3-9 交换机和计算机的 IP 地址分配表

设备名称	端　　口	所属 VLAN	IP 地址	子网掩码
XZL_CE-011		VLAN1	10.0.1.11	255.255.255.0
XZL_CE-021		VLAN1	10.0.1.12	255.255.255.0
XZL_CE-031		VLAN1	10.0.1.13	255.255.255.0
XZL_PE		VLAN1	10.0.1.14	255.255.255.0
PC	网络接口	VLAN1	10.0.1.10	255.255.255.0
PC11	XZL_CE-011-Fa0/1	VLAN10	192.168. 10.2	255.255.255.0
PC21	XZL_CE-021-Fa0/1	VLAN20	192.168.20.2	255.255.255.0
PC22	XZL_CE-021-Fa0/7	VLAN30	192.168. 30.2	255.255.255.0
PC23	XZL_CE-021-Fa0/15	VLAN10	192.168.10.21	255.255.255.0
PC31	XZL_CE-031-Fa0/1	VLAN40	192.168.40.2	255.255.255.0
PC32	XZL_CE-031-Fa0/13	VLAN50	192.168.50.2	255.255.255.0
PC33	XZL_CE-031-Fa0/17	VLAN10	192.168.10.31	255.255.255.0

步骤 2：汇聚交换机基础配置。

（1）为汇聚交换机 XZL_PE 配置标识符、管理 IP 和密码。

打开交换机 XZL_PE 的【命令行】窗口。单击【Cisco 3560】交换机，单击【命令行】，弹出【IOS 命令行】窗口如图 3-11 所示。

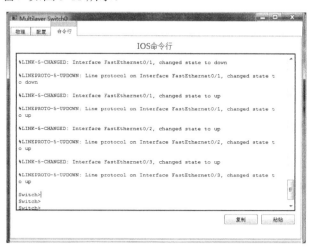

图 3-11 交换机的命令行窗口

（2）根据表 3-8，配置交换机 XZL_PE 的标识符、管理 IP。

在交换机的【命令行】窗口，配置汇聚交换机的标识符 XZL_PE 和管理 IP 地址。

Switch#config terminal
Switch(config)#hostname XZL_PE

```
XZL_PE(config)#interface vlan 1
XZL_PE(config-if)#ip address 10.0.1.14 255.255.255.0
XZL_PE(config-if)#no shutdown
```

（3）配置汇聚交换机 XZL_PE 的 Telnet 登录，远程登录密码为"cisco"，特权模式密码为"123456"。

```
XZL_PE(config)#line vty 0 4
XZL_PE(config-line)#password cisco
XZL_PE(config-line)#login
XZL_PE(config-line)#exit
XZL_PE(config)#enable password 123456
XZL_PE(config)#exit
XZL_PE#
```

（4）同样使用交换机的【命令行】窗口，按照表3-9，配置3台接入交换机的标识符和管理 IP 地址，远程登录密码为"cisco"，特权模式密码为"123456"。配置 XZL_CE-011 的标识符、管理 IP 和密码。

```
Switch>enable
Switch#configure terminal
Switch(config)#hostname XZL_CE-011
XZL_CE-011(config)#interface vlan 1
XZL_CE-011(config-if)#ip add
XZL_CE-011(config-if)#ip address 10.0.1.11 255.255.255.0
XZL_CE-011(config-if)#no shutdown
XZL_CE-011(config-if)#exit
XZL_CE-011(config)#line vty 0 4
XZL_CE-011(config-line)#password cisco
XZL_CE-011(config-line)#login
XZL_CE-011(config-line)#exit
XZL_CE-011(config)#enable password 123456
XZL_CE-011(config)#exit
XZL_CE-011#
```

用同样的方法配置 XZL_CE-021 和 XZL_CE-031 交换机。

步骤3：按照表3-10配置 Trunk 端口。

表 3-10 行政楼交换机 Trunk 配置

交换机	端口	连 接 方 向	配 置
XZL_PE	Fa0/1	TO-XZL_CE-011- Fa0/24	trunk
	Fa0/2	TO-XZL_CE-021- Fa0/24	trunk
	Fa0/3	TO-XZL_CE-031- Fa0/24	trunk
	管理 IP	10.0.1.14/24	
XZL_CE-011	Fa0/24	TO-XZL_PE-Fa0/1	trunk
XZL_CE-021	Fa0/24	TO-XZL_PE-Fa0/2	trunk
XZL_CE-031	Fa0/24	TO-XZL_PE-Fa0/3	trunk

（1）配置汇聚交换机 XZL_PE 的 Trunk 端口。

```
XZL_PE#configure terminal
XZL_PE(config)#interface fastEthernet 0/1
XZL_PE(config-if)#switchport trunk encapsulation dot1q //三层交换机端口封装 802.1q 协议
XZL_PE(config-if)#switchport trunk allowed vlan all
XZL_PE(config-if)#exit
XZL_PE(config)#interface fastEthernet 0/2
XZL_PE(config-if)#switchport trunk encapsulation dot1q
XZL_PE(config-if)#switchport trunk allowed vlan all
XZL_PE(config-if)#exit
XZL_PE(config)#interface fastEthernet 0/3
XZL_PE(config-if)#switchport trunk encapsulation dot1q
XZL_PE(config-if)#switchport trunk allowed vlan all
```

使用【show running-config】命令，查看汇聚交换机的 Trunk 配置情况。

```
XZL_PE# show running-config
Building configuration...
//省略
interface FastEthernet0/1
  switchport trunk encapsulation dot1q
  switchport mode trunk
!
interface FastEthernet0/2
  switchport trunk encapsulation dot1q
  switchport mode trunk
!
interface FastEthernet0/3
  switchport trunk encapsulation dot1q
  switchport mode trunk
//省略
XZL_PE#
```

（2）按照表 3-11 配置 PC 的 IP 地址，使用 PC 的 Telnet 登录，远程配置接入交换机的 Trunk 端口，按照工单创建 VLAN 并为其添加端口。

表 3-11　交换机 VLAN 及为其添加的端口

计算机	连接的端口	VLAN	IP	子网掩码
PC	网络接口	VLAN1	10.0.1.10	255.255.255.0
PC11	XZL_CE-011-Fa0/1	VLAN10	192.168.10.2	255.255.255.0
PC21	XZL_CE-021-Fa0/1	VLAN20	192.168.20.2	255.255.255.0
PC22	XZL_CE-021-Fa0/7	VLAN30	192.168.30.2	255.255.255.0
PC23	XZL_CE-021-Fa0/15	VLAN10	192.168.10.21	255.255.255.0
PC31	XZL_CE-031-Fa0/1	VLAN40	192.168.40.2	255.255.255.0
PC32	XZL_CE-031-Fa0/13	VLAN50	192.168.50.2	255.255.255.0
PC33	XZL_CE-031-Fa0/17	VLAN10	192.168.10.31	255.255.255.0

① 配置接入交换机 XZL_CE-011。在 PC 的命令提示符下，输入【Telnet 10.0.1.11】远程登录交换机 XZL_CE-011，按照表 3-10 配置 Trunk。

```
PC>telnet 10.0.1.11
Trying 10.0.1.11 ...Open
User Access Verification
Password:                              //输入虚拟终端登录用户密码：cisco
XZL_CE-011>enable
Password:                              //输入特权模式密码：123456
XZL_CE-011# configure terminal
XZL_CE-011(config)#interface fastEthernet 0/24
XZL_CE-011(config-if)#switchport mode trunk
XZL_CE-011(config-if)#exit
XZL_CE-011(config)#vlan 10
XZL_CE-011(config)#interface range fastEthernet 0/1-22
XZL_CE-011(config-if-range)#switchport access vlan 10
XZL_CE-011(config-if-range)#end
XZL_CE-011#exit
PC>
```

② 配置接入交换机 XZL_CE-021。在 PC 的命令提示符下，输入【Telnet 10.0.1.12】远程登录交换机，按照表 3-10 配置 Trunk 端口，创建 VLAN 并为其添加端口。

```
PC>telnet 10.0.1.12
Trying 10.0.1.12 ...Open
User Access Verification
Password:
XZL-CE-021>enable
Password:
XZL-CE-021#configure terminal
XZL-CE-021(config)# interface fastEthernet 0/24
XZL-CE-021(config-if)# switchport mode trunk
XZL_PE-031(config-if)#exit
XZL_CE-021(config)#vlan 10
XZL_CE-021(config-vlan)#exit
XZL_CE-021(config)#vlan 20
XZL_CE-021(config-vlan)#exit
XZL_CE-021(config)#vlan 30
XZL_CE-021(config-vlan)#exit
XZL_CE-021(config)#interface range fastEthernet 0/1-6
XZL_CE-021(config-if-range)#switchport access vlan 20
XZL_CE-021(config-if-range)#exit
XZL_CE-021(config)#interface range fastEthernet 0/7-14
XZL_CE-021(config-if-range)#switchport access vlan 30
XZL_CE-021(config-if-range)#exit
XZL_CE-021(config)#interface range fastEthernet 0/15-20
```

```
XZL_CE-021(config-if-range)#switchport access vlan 10
XZL_CE-021(config-if-range)#end
XZL-CE-021#exit
PC>
```

③ 配置接入交换机 XZL_CE-031。在 PC 的命令提示符下，输入【Telnet 10.0.1.13】远程登录交换机，按照表 3-10 配置 Trunk，创建 VLAN 并为其添加端口。

```
PC>telnet 10.0.1.13
Trying 10.0.1.13 ...Open
User Access Verification
Password:
XZL_CE-031>enable
Password:
XZL_CE-031#
XZL_CE-031#configure terminal
XZL_CE-031(config)# interface fastEthernet 0/24
XZL_CE-031(config-if)# switchport mode trunk
XZL_PE-031(config-if)#exit
XZL_CE-031(config)#vlan 40
XZL_CE-031(config-vlan)#exit
XZL_CE-031(config)#vlan 50
XZL_CE-031(config-vlan)#exit
XZL_CE-031(config)#vlan 10
XZL_CE-031(config-vlan)#exit
XZL_CE-031(config)#interface range fastEthernet 0/1-12
XZL_CE-031(config-if-range)#switchport access vlan 40
XZL_CE-031(config-if-range)#exit
XZL_CE-031(config)#interface range fastEthernet 0/13-16
XZL_CE-031(config-if-range)#switchport access vlan 50
XZL_CE-031(config-if-range)#exit
XZL_CE-031(config)#interface range fastEthernet 0/17-22
XZL_CE-031(config-if-range)#switchport access vlan 10
XZL_CE-031(config-if-range)#end
XZL_CE-031#
PC>
```

步骤 4：验证配置情况。

（1）按照表 3-11 配置 PC11、PC21、PC22、PC23、PC31、PC32 和 PC33 的 IP 地址。计算机之间的通信情况如表 3-12 所示。

表 3-12　跨交换机相同 VLAN 通信的验证

计算机	位置	VLAN	计算机	位置	VLAN	动作	结果
PC11	XZL_CE-011 Fa0/1	VLAN10	PC23	XZL_CE-021 Fa0/15	VLAN10	PC11 ping PC23	通

计算机	位置	VLAN	计算机	位置	VLAN	动作	结果
PC11	XZL_CE-011 Fa0/1	VLAN10	PC33	XZL_CE-031 fa0/17	VLAN10	PC11 ping PC33	通
			PC21	XZL_CE-021 Fa0/1	VLAN20	PC11 ping PC21	不通
PC31	XZL_CE-021 Fa0/1	VLAN40	同上	同上	VLAN20	PC11 ping PC31	不通

任务2 配置交换机的 DHCP 服务

【任务描述】

为计算机分配 IP 地址，可以手动分配，也可以使用 DHCP 服务自动分配。采用自动分配 IP 地址的方法，可以减轻网络管理员和用户的配置负担。承担 DHCP 服务的设备可以是服务器、具有 DHCP 功能的交换机或路由器等。大中型网络一般都采用 DHCP 服务器作为地址分配的方法。本任务旨在初步学会配置交换机的 DHCP 服务。

完成本任务后，你将能够：

➤ 初步学会 DHCP 服务的配置；

➤ 掌握配置跨交换机 VLAN 的通信；

➤ 熟练掌握 VLAN 的划分方法。

【必备知识】

1）DHCP 服务

动态主机设置协议（Dynamic Host Configuration Protocol，DIICP）是一个局域网协议。在一个使用 TCP/IP 的网络中，每一台计算机都必须至少有一个 IP 地址，才能与其他计算机进行通信。使用 DHCP 服务，有利于对企业网中客户机的 IP 地址进行有效管理，不需要一台一台地去手动配置 IP 地址。

使用 DHCP 服务，IP 地址是动态分配的，而不是固定给某一台计算机使用的。所以，只要有空余的 IP 地址可用，DHCP 客户机就可以从 DCHP 服务器获得 IP 地址；当客户机不需要使用此地址时，由 DHCP 服务器收回，以便提供给其他 DHCP 客户机使用。

2）配置 DHCP 服务的一般过程

（1）定义 DHCP 地址池。配置 DHCP 地址池命令如下：

```
ip dhcp pool <name>
```

该命令的 no 操作为删除该地址池：

```
no ip dhcp pool <name>
```

地址池名称最长不超过 255 个字符。例如，定义一个地址池，取名 caiwu。

```
Switch(config)#ip dhcp pool caiwu
Switch(dhcp-config)#
```

（2）配置地址池可分配的地址范围，其命令如下：

network-address <network-number> [<mask> | <prefix-length>]

该命令的 no 操作为取消该项配置：

no network-address

<network-number>为网络号码；<mask>为掩码，使用点分十进制格式；<prefix-length>为用前缀表示法，如掩码为 255.255.255.0 用前缀法表示为 "24"，掩码为 255.255.255.252 用前缀法表示为 "30"。

使用 "network-address" 命令配置可分配的 IP 地址范围，一个地址池只能对应一个网段。例如，地址池 "caiwu" 的可分配的地址为 10.1.128.0/24，命令如下：

Switch(dhcp-config)#network 192.168.1.0 255.255.255.0

（3）为 DHCP 客户机配置默认网关，其命令如下：

default-router <address1>[<address2>[…<address8>]]

该命令的 no 操作为删除默认网关：

no default-router

address1…address8 为 IP 地址，均为点分十进制格式。默认情况下，系统没有给 DHCP 客户机配置默认网关。默认网关的 IP 地址应当与 DHCP 客户机的 IP 地址在同一个子网网段内，交换机最多可支持 8 个网关地址，最先设置的网关地址优先级最高，因此 address1 优先级最高，依次为 address2、address3……例如，设置 DHCP 客户机的默认网关为 192.168.1.254，其命令为：

Switch(dhcp-config)#default-router 192.168.1.254

（4）配置 DHCP 服务中排除地址池中的不用于动态分配的地址，其命令如下：

ip dhcp excluded-address <low-address> [<high-address>]

这个命令的 no 操作为取消该项配置，如下所示：

no ip dhcp excluded-address <low-address> [<high-address>]

<low-address>为起始的 IP 地址，[<high-address>]为结束的 IP 地址。默认情况下仅排除单个地址。使用该命令可以将地址池中的一个地址或连续的几个地址排除，这些地址由系统管理员留作其他用途。例如，将 10.1.128.1 到 10.1.128.10 之间的地址保留，不用于动态分配：

switch(Config)#ip dhcp excluded-address 10.1.128.1 10.1.128.10

【任务准备】

（1）学生每 3～5 人一组；
（2）Cisco 2950 交换机 3 台，Cisco 3560 交换机 1 台；
（3）配置线 1 根，交叉线 3 根，直通线 15 根，计算机 16 台。

【任务实施】

步骤 1：连接硬件设备。
（1）按照图 3-12 和表 3-13、表 3-14，使用交叉线连接汇聚交换机和接入交换机。

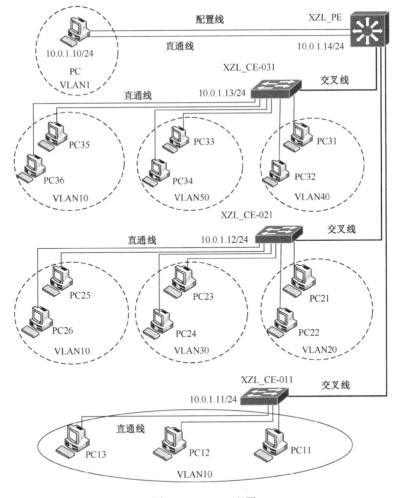

图 3-12 DHCP 配置

表 3-13 汇聚交换机与接入交换机连接

设备名称	端　　口		连接方向
汇聚交换机	下连端口	Fa0/1	TO-XZL_CE-011-Fa0/24
Cisco 3560		Fa0/2	TO-XZL_CE-021- Fa0/24
XZL_PE		Fa0/3	TO-XZL_CE-031- Fa0/24
PC	网络适配器端口		XZL_PE-Fa0/24
	RS-232		Console 端口

（2）根据表 3-14 的【接口】项，使用直通线连接计算机和交换机，使用配置线连接 PC 和交换机 XZL_PE。

表 3-14 交换机和计算机的 IP 地址分配表

设备名称	端　　口	所属 VLAN	IP 地址	子网掩码
XZL_CE-011		VLAN1	10.0.1.11	255.255.255.0
XZL_CE-021		VLAN1	10.0.1.12	255.255.255.0
XZL_CE-031		VLAN1	10.0.1.13	255.255.255.0
XZL_PE		VLAN1	10.0.1.14	255.255.255.0

设备名称	端口	所属 VLAN	IP 地址	子网掩码
PC	XZL_PE-Fa0/24	VLAN1	10.0.1.10	255.255.255.0
PC11	XZL_CE-011-Fa0/1	VLAN10		
PC12	XZL_CE-011-Fa0/9	VLAN10		
PC13	XZL_CE-011-Fa0/19	VLAN10		
PC21	XZL_CE-021-Fa0/1	VLAN20		
PC22	XZL_CE-021-Fa0/2	VLAN20		
PC23	XZL_CE-021-Fa0/7	VLAN30		
PC24	XZL_CE-021-Fa0/8	VLAN30		
PC25	XZL_CE-021-Fa0/15	VLAN10		
PC26	XZL_CE-021-Fa0/16	VLAN10		
PC31	XZL_CE-031-Fa0/1	VLAN40		
PC32	XZL_CE-031-Fa0/2	VLAN40		
PC33	XZL_CE-031-Fa0/13	VLAN50		
PC34	XZL_CE-031-Fa0/14	VLAN50		
PC35	XZL_CE-031-Fa0/17	VLAN10		
PC36	XZL_CE-031-Fa0/18	VLAN10		

步骤 2:配置交换机的标识符和管理 IP。

（1）配置接入交换机的管理 IP。按照表 3-14，使用交换机的【命令行】窗口，配置接入交换机的标识符、管理 IP 和密码。

① 配置接入交换机 XZL_CE-011 的管理 IP 和密码。

```
Switch>enable
Switch#configure terminal
Switch(config)#hostname XZL_CE-011
XZL_CE-011(config)#interface vlan 1
XZL_CE-011(config-if)#ip address 10.0.1.11 255.255.255.0
XZL_CE-011(config-if)#no shutdown
XZL_CE-011(config-if)#exit
XZL_CE-011(config)#line vty 0 4
XZL_CE-011(config-line)#password cisco
XZL_CE-011(config-line)#login
XZL_CE-011(config-line)#exit
XZL_CE-011(config)#enable password 123456
XZL_CE-011(config)#end
XZL_CE-011#
```

图 3-13　配置 PC 的 IP 地址

② 接入交换 XZL_CE-021、XZL_CE-031 和汇聚交换机 XZL_PE 的管理 IP、密码配置，参照接入交换机 XZL_CE-011。

步骤 3:在 PC 上，远程为接入交换机划分 VLAN 并添加端口。

（1）根据表 3-14 配置 PC 的 IP 地址。如图 3-13 所示。

（2）按照表 3-15，使用 PC 的【命令提示符】窗口，为接入交换机远程划分 VLAN 并添加端口。

表 3-15　交换机 VLAN 和端口分配

设　　备	VLAN	端　　口
XZL_PE	VLAN10、VLAN20、VLAN30、VLNA40、VLAN50	
XZL_CE-011	VLAN10	Fa0/1-22
XZL_CE-021	VLAN20	Fa0/1-6
	VLAN30	Fa0/7-14
	VLAN10	Fa0/15-20
XZL_CE-031	VLAN40	Fa0/1-12
	VLAN50	Fa0/13-16
	VLAN10	Fa0/17-22

① 为 XZL_CE-011 交换机划分 VLAN 并添加端口。在 PC 的【命令提示符】窗口，使用【Telnet】命令远程登录 XZL_CE-011 交换机进行操作。

```
PC>telnet 10.0.1.11
Trying 10.0.1.11 ...Open
Password:
XZL_CE-011>enable
Password:
XZL_CE-011#configure terminal
XZL_CE-011(config)#vlan 10
XZL_CE-011(config-vlan)#exit
XZL_CE-011(config)#interface range fastEthernet 0/1-22
XZL_CE-011(config-if-range)#switchport access vlan 10
XZL_CE-011(config-if-range)#end
XZL_CE-011#exit
PC>
```

使用【show vlan】命令查看 XZL_CE-011 交换机配置情况。

```
XZL_CE-011#show vlan
VLAN Name                            Status    Ports
---- -------------------------------- --------- -------------------------------
1    default                          active    Fa0/23, Fa0/24, Gig1/1, Gig1/2
10   VLAN0010                         active    Fa0/1, Fa0/2, Fa0/3, Fa0/4
                                                Fa0/5, Fa0/6, Fa0/7, Fa0/8
                                                Fa0/9, Fa0/10, Fa0/11, Fa0/12
                                                Fa0/13, Fa0/14, Fa0/15, Fa0/16
                                                Fa0/17, Fa0/18, Fa0/19, Fa0/20
                                                Fa0/21, Fa0/22
```

② 为 XZL_CE-021 交换机划分 VLAN 并添加端口。使用【Telnet】命令远程登录 XZL_CE-021 交换机进行操作。

```
PC>telnet 10.0.1.12
Trying 10.0.1.12 ...Open
```

```
User Access Verification
Password:
XZL_CE-021>enable
Password:
XZL_CE-021#configure terminal
XZL_CE-021(config)#vlan 20
XZL_CE-021(config-vlan)#exit
XZL_CE-021(config)#interface range fastEthernet 0/1-6
XZL_CE-021(config-if-range)#switchport access vlan 20
XZL_CE-021(config-if-range)#exit
XZL_CE-021(config)#vlan 30
XZL_CE-021(config-vlan)#exit
XZL_CE-021(config)#interface range fastEthernet 0/7-14
XZL_CE-021(config-if-range)#switchport access vlan 30
XZL_CE-021(config-if-range)#exit
XZL_CE-021(config)#vlan 10
XZL_CE-021(config-vlan)#exit
XZL_CE-021(config)#interface range fastEthernet 0/15-20
XZL_CE-021(config-if-range)#switchport access vlan 10
XZL_CE-021(config-if-range)#end
```

使用【show vlan】命令查看 XZL_CE-021 交换机配置情况。

```
XZL_CE-021#show vlan
VLAN Name                              Status    Ports
---- -------------------------------- --------- --------------------------------
1    default                          active    Fa0/21, Fa0/22, Fa0/23, Fa0/24
                                                Gig1/1, Gig1/2
10   VLAN0010                         active    Fa0/15, Fa0/16, Fa0/17, Fa0/18
                                                Fa0/19, Fa0/20
20   VLAN0020                         active    Fa0/1, Fa0/2, Fa0/3, Fa0/4
                                                Fa0/5, Fa0/6
30   VLAN0030                         active    Fa0/7, Fa0/8, Fa0/9, Fa0/10
                                                Fa0/11, Fa0/12, Fa0/13, Fa0/14
```

③ 为 XZL_CE-031 交换机划分 VLAN 并添加端口。

```
PC>telnet 10.0.1.13
Trying 10.0.1.13 ...Open
User Access Verification
Password:
XZL_CE-031>enable
Password:
XZL_CE-031#configure terminal
XZL_CE-031(config)#vlan 40
XZL_CE-031(config-vlan)#exit
XZL_CE-031(config)#interface range fastEthernet 0/1-12
```

```
XZL_CE-031(config-if-range)#switchport access vlan 40
XZL_CE-031(config-if-range)#exit
XZL_CE-031(config)#vlan 50
XZL_CE-031(config-vlan)#exit
XZL_CE-031(config)#interface range fastEthernet 0/13-16
XZL_CE-031(config-if-range)#switchport access vlan 50
XZL_CE-031(config-if-range)#exit
XZL_CE-031(config)#vlan 10
XZL_CE-031(config-vlan)#exit
XZL_CE-031(config)#interface range fastEthernet 0/17-22
XZL_CE-031(config-if-range)#switchport access vlan 10
XZL_CE-031(config-if-range)#end
XZL_CE-031#exit
PC>
```

使用【show vlan】命令查看 XZL_CE-031 交换机配置情况。

```
XZL_CE-031#show vlan
VLAN Name                                   Status    Ports
---- -------------------------------- --------- -------------------------------
1    default                                active    Fa0/23, Fa0/24, Gig1/1, Gig1/2
10   VLAN0010                               active    Fa0/17, Fa0/18, Fa0/19, Fa0/20
                                                      Fa0/21, Fa0/22
40   VLAN0040                               active    Fa0/1, Fa0/2, Fa0/3, Fa0/4
                                                      Fa0/5, Fa0/6, Fa0/7, Fa0/8
                                                      Fa0/9, Fa0/10, Fa0/11, Fa0/12
50   VLAN0050                               active    Fa0/13, Fa0/14, Fa0/15, Fa0/16
```

步骤 4：根据表 3-16 配置交换机的 Trunk 端口。

表 3-16　行政楼交换机 Trunk 配置

交换机	端口	连接方向	配置
XZL_PE	Fa0/1	TO-XZL_CE-011- Fa0/24	trunk
	Fa0/2	TO-XZL_CE-021- Fa0/24	trunk
	Fa0/3	TO-XZL_CE-031- Fa0/24	trunk

（1）配置交换机 XZL_PE 的 Fa0/1、Fa0/2 和 Fa0/3 端口为 Trunk 端口。

```
XZL_PE>enable
Password:
XZL_PE#configure terminal
XZL_PE(config)#interface range fastEthernet 0/1-3
XZL_PE(config-if-range)#switchport trunk encapsulation dot1q
XZL_PE(config-if-range)#switchport trunk allowed vlan all
XZL_PE(config-if-range)#exit
XZL_PE(config)#
```

（2）在 PC 的【命令提示符】窗口，使用【Telnet】命令远程登录交换机 XZL_CE-011，配置 Fa0/24 端口为 Trunk 端口。

```
PC>telnet 10.0.1.11
Trying 10.0.1.11 ...Open
User Access Verification
Password:
XZL_CE-011>enable
Password:
XZL_CE-011#configure terminal
XZL_CE-011(config)#interface fastEthernet 0/24
XZL_CE-011(config-if)#switchport mode trunk
XZL_CE-011(config-if)#end
XZL_CE-011#exit
PC>
```

（3）配置交换机 XZL_CE-021 的 Fa0/24 端口为 Trunk 端口。

```
PC>telnet 10.0.1.12
Trying 10.0.1.12 ...Open
User Access Verification
Password:
XZL_CE-021>enable
Password:
XZL_CE-021#configure terminal
XZL_CE-021(config)#interface fastEthernet 0/24
XZL_CE-011(config-if)#switchport mode trunk
XZL_CE-021(config-if)#end
XZL_CE-021#exit
PC>
```

（4）配置交换机 XZL_CE-031 的 Fa0/24 端口为 Trunk 端口。

```
PC>telnet 10.0.1.13
Trying 10.0.1.13 ...Open
User Access Verification
Password:
XZL_CE-031>enable
Password:
XZL_CE-031#configure terminal
XZL_CE-031(config)#interface fastEthernet 0/24
XZL_CE-031(config-if)#switchport mode trunk
XZL_CE-031(config-if)#end
XZL_CE-031#exit
PC>
```

步骤 5： 为汇聚交换机创建 VLAN 并配置 IP 地址。

在 PC 的【终端】窗口，按照表 3-16，为汇聚交换机 XZL_PE 划分 5 个基于端口的 VLAN：VLAN10，VLAN20，VLAN30，VLAN40 和 VLAN50，并为 VLAN 配置 IP 地址。

表 3-17　汇聚交换机 VLAN 划分及 IP 分配

VLAN	IP
VLAN10	192.168.10.254/24
VLAN20	192.168.20.254/24
VLAN30	192.168.30.254/24
VLAN40	192.168.40.254/24
VLAN1	10.0.1.14/24

配置命令如下：

```
XZL_PE(config)#vlan 10
XZL_PE(config)#interface vlan 10
XZL_PE(config-if)#ip address 192.168.10.254 255.255.255.0
XZL_PE(config-if)#no shutdown
XZL_PE(config-if)#exit
XZL_PE(config)#vlan 20
XZL_PE(config)#interface vlan 20
XZL_PE(config-if)#ip address 192.168.20.254 255.255.255.0
XZL_PE(config-if)#no shutdown
XZL_PE(config-if)#interface vlan 30
XZL_PE(config-if)#ip address 192.168.30.254 255.255.255.0
XZL_PE(config-if)#no shutdown
XZL_PE(config-if)#exit
XZL_PE(config)#vlan 40
XZL_PE(config)#interface vlan 40
XZL_PE(config-if)#ip address 192.168.40.254 255.255.255.0
XZL_PE(config-if)#no shutdown
XZL_PE(config-if)#exit
XZL_PE(config)#vlan 50
XZL_PE(config)#interface vlan 50
XZL_PE(config-if)#ip address 192.168.50.254 255.255.255.0
XZL_PE(config-if)#no shutdown
XZL_PE(config-if)#exit
XZL_PE(config)#interface vlan 1
XZL_PE(config-if)#ip address 10.0.1.14 255.255.255.0
XZL_PE(config-if)#no shutdown
XZL_PE(config-if)#end
XZL_PE#
```

步骤 6： 配置 DHCP 服务。

按照表 3-18，在交换机 XZL_PE 上配置 5 个地址池。

表 3-18　行政楼地址池

地址池名称	VLAN10	LAN20	VLAN30	VLAN40	VLAN50
网段	192.168.10.0	192.168.20.0	IP 地址	IP 地址	192.168.50.0
默认网关	192.168.10.254	192.168.20.254	192.168.30.254	192.168.40.254	192.168.50.254

地址池名称	VLAN10	LAN20	VLAN30	VLAN40	VLAN50
不分配的地址范围	192.168.10.100 至 192.168.10.254	192.168.20.100 至 192.168.20.254	192.168.30.100 至 192.168.30.254	192.168.40.100 至 192.168.40.254	192.168.60.60 至 192.168.50.254

（1）配置 VLAN10 的 DHCP 服务。在 PC 上使用超级终端登录，配置 VLAN10 的 DHCP 服务。

```
XZL_PE(config)#ip dhcp pool vlan10                                    //为 vlan10 创建的 DHCP
XZL_PE(dhcp-config)#network 192.168.10.0 255.255.255.0               //定义地址池，宣告可分配网段
XZL_PE(dhcp-config)#default-router192.168.10.254                    //默认网关
XZL_PE(config)#ip dhcp excluded-address 192.168.10.100 192.168.10.254   //排除的 IP 地址范围段
```

（2）配置 VLAN20 的 DHCP 服务。

```
XZL_PE(config)#ip dhcp pool vlan20
XZL_PE(dhcp-config)#network 192.168.20.0 255.255.255.0
XZL_PE(dhcp-config)#default-router 192.168.20.254
XZL_PE(config)#ip dhcp excluded-address 192.168.20.100 192.168.20.254
```

（3）配置 VLAN30 的 DHCP 服务。

```
XZL_PE(config)#ip dhcp pool vlan30
XZL_PE(dhcp-config)#network 192.168.30.0 255.255.255.0
XZL_PE(dhcp-config)#default-router 192.168.30.254
XZL_PE(config)#ip dhcp excluded-address 192.168.30.100 192.168.30.254
```

（4）配置 VLAN40 的 DHCP 服务。

```
XZL_PE(config)#ip dhcp pool vlan40
XZL_PE(dhcp-config)#network 192.168.40.0 255.255.255.0
XZL_PE(dhcp-config)#default-router 192.168.40.1
XZL_PE(config)#ip dhcp excluded-address 192.168.40.100 192.168.40.254
```

（5）配置 VLAN50 的 DHCP 服务。

```
XZL_PE(config)#ip dhcp pool vlan50
XZL_PE(dhcp-config)#network 192.168.50.0 255.255.255.0
XZL_PE(dhcp-config)#default-router 192.168.50.254
XZL_PE(config)#ip dhcp excluded-address 192.168.50.60 192.168.50.254
```

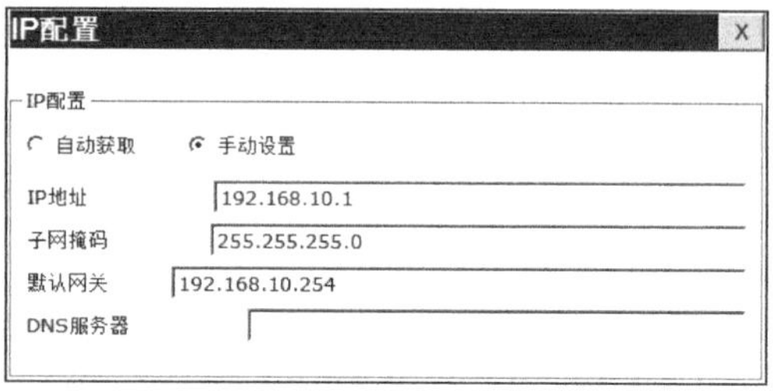

图 3-14 PC11 自动获得 IP 地址

（6）验证配置。在一楼 PC11 计算机上，打开【IP 地址配置】，点选【自动获取】，这时能够自动获取 IP 地址信息，如图 3-14 所示。行政楼在交换机上配置 DHCP 服务后，所有的计算机都能自动获得 IP 地址，如表 3-19 所示。

表 3-19 行政楼接入各 VLAN 计算机自动获得的 IP 情况

计算机	所属 VLAN	IP 网段	默认网关
PC11、PC12、PC13	VLAN10	192.168.10.0/24	192.168.10.254
PC25、PC26			
PC35、PC36			
PC21、PC22	VLAN20	192.168.20.0/24	192.168.20.254
PC23、PC24	VLAN30	192.168.30.0/24	192.168.30.254
PC31、PC32	VLAN40	192.168.40.0/24	192.168.40.254
PC33、PC34	VLAN50	192.168.50.0/24	192.168.50.254

使用【ipconfig/renew】命令在 PC 的 DOS 命令窗口中检查是否得到了正确的 IP 地址。

（7）使用【show running-config】命令，在汇聚交换机上查看 DHCP 的配置情况。

```
XZL_PE#show running-config
ip dhcp excluded-address 192.168.10.100 192.168.10.254
ip dhcp excluded-address192.168.20.100 192.168.20.254
ip dhcp excluded-address192.168.30.100 192.168.30.254
ip dhcp excluded-address 192.168.40.100 192.168.40.254
ip dhcp excluded-address 192.168.50.60 192.168.50.254
ip dhcp pool vlan10
  network 192.168.10.0 255.255.255.0
  default-router 192.168.10.254
ip dhcp pool vlan20
  network 192.168.20.0 255.255.255.0
  default-router 192.168.20.254
ip dhcp pool vlan30
  network 192.168.30.0 255.255.255.0
  default-router 192.168.30.254
ip dhcp pool vlan40
  network 192.168.40.0 255.255.255.0
  default-router 192.168.40.254
ip dhcp pool vlan50
  network 192.168.50.0 255.255.255.0
  default-router 192.168.50.254
```

模块小结

通过本模块的学习，我们知道了如何实现跨交换实现 VLAN 之间的通信，如何设置 Trunk 端口，同时也复习了 VLAN 的创建方法和如何将端口添加到 VLAN 中，学习了使用交换机配置 DHCP 服务。下面通过几个问题来回顾一下所学的内容：

（1）为多台交换机创建 VALN 时有什么要求？

（2）如何将端口设置为 Access 端口？

（3）Trunk 的作用是什么？

（4）如何将端口设置为 Trunk 端口？

（5）什么是静态分配 IP 地址，什么是动态分配 IP 地址？

（6）DHCP 服务的功能是什么？

（7）配置交换机 DHCP 服务的主要步骤有哪些?

（8）如何开启交换机的路由功能？

（9）排除 DHCP 不分配 IP 地址的命令是什么？

（10）如何指定 Trunk 端口允许或不允许 VLAN 信息通过？

项目4 科技楼网络施工

企业的技术核心部门在科技楼，有研发部、技术部和生产部。由于接入端口比较多，往往一台交换机的端口数量不足，需要两台或多台交换机，使用级联、堆叠来扩展端口。某些部门分散在几个地方办公，但是他们需要工作在同一个网段内，这就需要通过跨交换机实现相同VLAN内的通信，也需要VLAN之间数据通信。同一栋楼所有计算机的IP地址，根据工作需要，有静态IP和动态IP。配置动态IP需要配置DHCP服务来实现。通过本项目，进一步学习和掌握交换机的配置和管理方法。本项目的模块和具体任务如图4-1所示。

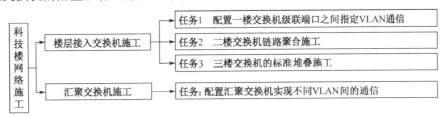

图4-1 项目4的模块和具体任务

科技楼网络施工拓扑如图4-2所示。

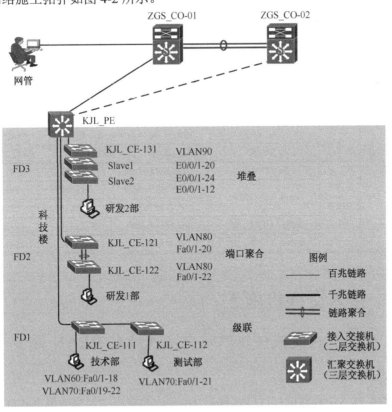

图4-2 科技楼网络施工拓扑

科技楼网络建设工单如表4-1所示。

表 4-1　科技楼网络建设工单

工程建设中心	工程名称	北方科技网络工程		工单号		003		流水号		201***06
	地址	沈阳		联系人		张伟		联系电话		131****8686
	三层交换机	Cisco 3560　1 台				二层交换机		Cisco 2950　7 台		
	经办人	王晓强			发件时间					
	施工单位	朝阳网络公司			设备厂家			红山网络设备公司		
	备注	所有设备远程登录密码		cisco		所有设备特权模式密码				123456

一楼接入交换机 Cisco 2950 KJL_CE_111 KJL_CE_112	管理 IP	KJL_CE_111		Vlan1		10.0.1.19/24		
		KJL_CE_112		Vlan1		10.0.1.20/24		
	上连端口	KJL_CE_111		Fa0/24		TO-KJL_PE- Fa0/1		trunk
	VLAN	KJL_CE_111		VLAN60	Fa0/1-18	Fa0/23	Trunk	级联
				VLAN70	Fa0/19-22			
		KJL_CE_112		VLAN70	Fa0/1-22	Fa0/23		

二楼接入交换机 Cisco 2950 KJL_CE-121 KJL_CE-122	管理 IP	KJL_CE-121	Vlan1	10.0.1.21/24	特权模式密码	123456
		KJL_CE-122		10.0.1.22/24		
	上连端口	KJL_CE-121	Fa0/24	TO-KJL_PE-Fa0/2		trunk
	VLAN	KJL_CE-121	VLAN80	Fa0/1-20	Fa0/22-23	聚合
		KJL_CE-122		Fa0/1-20	Fa0/22-23	

三楼接入交换机 Cisco 2950 KJL_CE-131 Slave1 Slave2	管理 IP	KJL_CE_131	Vlan1	10.0.1.31/24		
	上连端口	KJL_CE_131	E0/0/24	TO-KJL_PE- Fa0/3	trunk	
	VLAN	VLAN90	KJL_CE_131	E0/0/1-20		堆叠
			Slave1	E0/1/1-24		
			Slave2	E0/2/1-12		

汇聚交换机 Cisco 3560 KJL_PE	管理 IP	VLAN1		10.0.1.35/24		
	下连端口	Fa0/1		TO-KJL_CE-111- Fa0/24		trunk
		Fa0/2		TO-KJL_CE-121- Fa0/24		trunk
		Fa0/3		TO-KJL_CE-131-E0/0/24		trunk
	VLAN	Vlan60	技术部	Vlan70	测试部	
		Vlan80	研发 1 部	Vlan90	研发 2 部	
	DHCP	jishu（技术部）	192.168.60.0/24	默认网关	192.168.60.254	
		ceshi（测试部）	192.168.70.0/24	默认网关	192.168.70.254	
			静态 IP 范围	192.168.60.10～192.168.60.16		
		yanfayi（研发 1 部）	192.168.80.0/24	默认网关：	192.168.80.254	
		yanfaer（研发 2 部）	192.168.90.0/25	默认网关：	192.168.90.254	

模块 1　接入交换机施工

任务 1　配置一楼交换机级联端口之间指定 VLAN 通信

【任务描述】

科技楼一楼有技术部和测试部，技术部有 18 台计算机连接到交换机 KJL_CE-111 的端口上，测试部有 26 台计算机，其中有 4 台计算机连接到交换机 KJL_CE-111 端口一，其他计算机连接到交换机 KJL_CE-112 端口上，交换机 KJL_CE-111 与交换机 KJL_CE-112 通过级联的方式连接。本任务旨在通过级联的方式实现跨交换机 Trunk 端口之间指定 VLAN 通信，学会通过 Trunk 技术控制 VLAN 通信的方法，进一步熟练 VLAN 技术。

完成本任务后，你将能够：

➢ 理解级联技术；

➢ 熟练地在一台交换机上划分基于端口的多个 VLAN；

➢ 在交换机的 Trunk 端口指定 VLAN 通信。

【必备知识】

1）级联技术

当一台交换机能够提供的端口数量不足以满足接入计算机需求时，必须有两个以上的交换机提供相应数量的端口，这就涉及交换机之间连接的问题。目前广泛使用的扩展端口方式包括级联和堆叠两种技术。

级联是最直接的一种扩展端口方式，综合考虑不同交换机的转发性能和端口属性，通过一定的拓扑结构设计，可以实现大量用户端口接入。级联的典型结构如图 4-3 所示。

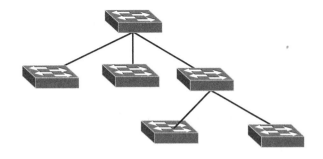

图 4-3　级联的典型结构

级联模式是组建 LAN 最理想的方式，通过级联可以综合利用各种拓扑技术和冗余技术，实现层次化网络结构。在级联模式下，为了保证网络的效率，一般建议级联层数不要超过四层。级联模式是组建结构化网络的最佳选择，级联使用通用电缆或光纤，可以在交换机的任意位置级联，非常有利于综合布线。一般级联时，用交叉线把某两个普通端口连起来就可以了，级联后交换机之间的数据交换链路带宽就是级联端口的带宽。

2）交换机之间指定 VLAN 通信

交换机之间指定 VLAN 通信，是使用 switchport trunk allowed vlan 命令来实现的，设置 Trunk 端口允许通过的 VLAN，其命令格式如下：

```
switchport trunk allowed vlan <vlan-list>|all
```

这个命令的 no 操作为恢复默认情况，命令格式如下：

```
no switchport trunk allowed vlan
```

参数说明：<vlan-list>是允许在该 Trunk 端口上通过的 VLAN 列表，all 关键字表示允许该 Trunk 端口通过所有 VLAN 的流量。Trunk 端口默认就是允许通过所有 VLAN。

通过这个命令可以设置允许哪些 VLAN 流量通过 Trunk 端口，没有包含的 VLAN 被禁止通过。例如，在二层交换机上配置 Trunk 端口 Fa0/5 允许 VLAN1、VLAN3 和 VLAN5 的流量通过。

```
Switch(config)#interface fastEthernet 0/5
Switch(config-if)#switchport mode trunk
Switch(config-if)#switchport trunk allowed vlan 1,3,5
```

【任务准备】

（1）学生 3～5 人分为一组。

（2）每组 Cisco 2950 交换机 2 台，计算机 4 台，配置线 2 根，直通线 4 根，交叉线 1 根。

【任务实现】

步骤 1： 连接硬件。

（1）按照图 4-4，将 PC1 和 PC4 使用 Console 端口配置方式与交换机连接。

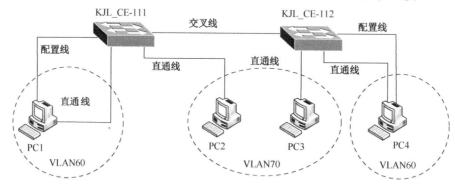

图 4-4 交换机之间指定 VLAN 通信

（2）按照表 4-2，使用直通线连接计算机和交换机，使用交叉线连接两台交换机，连接端口为 Fa0/23。

表 4-2 IP 地址分配表

设备名称	VLAN 或端口	IP 地址	子网掩码
KJL_CE-111	Vlan1	10.0.1.19	255.255.255.0
KJL_CE-112	Vlan1	10.0.1.20	255.255.255.0
PC1	KJL_CE-111:fa0/1	192.168.60.11	255.255.255.0
PC2	KJL_CE-111:fa0/19	192.168.70.11	255.255.255.0
PC3	KJL_CE-112:fa0/1	192.168.70.12	255.255.255.0
PC4	KJL_CE-112:fa0/24	192.168.60.12	255.255.255.0

步骤 2： 基础配置。

（1）分别在 PC1 和 PC4 计算机上，使用【超级终端】登录交换机并对其恢复出厂设置。

```
Switch>enable                                               //进入特权用户配置模式
Switch#erase startup-config                                 //清空 startup-config 文件
Erasing the nvram filesystem will remove all configuration files! Continue? [confirm] [OK]
Switch#reload
Proceed with reload? [confirm] y
```

（2）按照表 4-2，设置交换机标识符、管理 IP 和密码。

① 使用 PC1 的【超级终端】，按照图 4-4 设置交换机标识符【KJL_CE-111】，配置管理 IP，

远程登录的密码为"cisco"，特权模式密码为"123456"。

```
Switch(config)#hostname KJL_CE-111
KJL_CE-111(config)#interface vlan 1
KJL_CE-111(config-if)#ip address 10.0.1. 19 255.255.255.0
KJL_CE-111(config-if)#no shutdown
KJL_CE-111(config-if)#exit
KJL_CE-111(config)#line vty
KJL_CE-111(config)#line vty 0 4
KJL_CE-111(config-line)#password cisco
KJL_CE-111(config-line)#login
KJL_CE-111(config-line)#exit
KJL_CE-111(config)#enable password 123456
```

② 使用 PC4 的【超级终端】，设置交换机标识符【KJL_CE-112】、配置管理 IP、远程登录密码"cisco"和特权模式密码"123456"。

```
Switch(config)#hostname KJL_CE112
KJL_CE112(config)#interface vlan 1
KJL_CE112(config-if)#ip address 10.0.1.20 255.255.255.0
KJL_CE112(config-if)#no shutdown
KJL_CE112(config-if)#exit
KJL_CE112(config)#line vty 0 4
KJL_CE112(config-line)#password cisco
KJL_CE112(config-line)#login
KJL_CE112(config-line)#exit
KJL_CE112(config)#enable password 123456
```

（3）根据表 4-3，为两台交换机划分基于端口的 VLAN 并添加端口。

表 4-3　交换机的端口分配

交 换 机	VLAN	端　　口
KJL_CE-111	Vlan60	Fa0/1-18
	Vlan70	Fa0/19-22
	To KJL_CE-112-fa0/23	trunk
KJL_CE-112	Vlan70	Fa0/1-22
	Vlan60	Fa0/24
	To KJL_CE-111-fa0/23	Trunk

① 为交换机 KJL_CE-111 划分 VLAN 并添加端口。

```
KJL_CE-111(config)#vlan 60
KJL_CE-111(config-vlan)#exit
KJL_CE-111(config)#interface range fastEthernet 0/1-18
KJL_CE-111(config-if-range)#switchport access vlan 60
KJL_CE-111(config-if-range)#no shutdown
KJL_CE-111(config-if-range)#exit
KJL_CE-111(config)#vlan 70
```

```
KJL_CE-111(config-vlan)#exit
KJL_CE-111(config)#interface range fastEthernet 0/19-22
KJL_CE-111(config-if-range)#switchport access vlan 70
KJL_CE-111(config-if-range)#no shutdown
```

使用【show vlan】命令，查看交换机 KJL_CE-111 的 VLAN 划分情况，如图 4-5 所示。

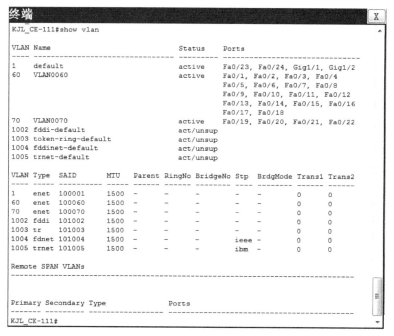

图 4-5　交换机 KJL_CE-111 划分的 VLAN 和添加的端口

② 为交换机 KJL_CE-112 划分 VLAN 并添加端口。

```
KJL_CE112>enable
Password:
KJL_CE112#configure terminal
KJL_CE112(config)#vlan 70
KJL_CE112(config-vlan)#exit
KJL_CE112(config)#interface range fastEthernet 0/1-22
KJL_CE112(config-if-range)#switchport access vlan 70
KJL_CE112(config-if-range)#exit
KJL_CE112(config)#vlan 60
KJL_CE112(config-vlan)#exit
KJL_CE112(config)#interface fastEthernet 0/24
KJL_CE112(config-if)#switchport access vlan 60
```

使用【show vlan】命令，查看交换机 KJL_CE-112 的 VLAN 划分情况。

步骤 3：根据表 4-3 为两台交换机设置 Trunk 端口并指定 VLAN 通信。

（1）设置交换机 KJL_CE-111 的 23 端口为 Trunk 模式并允许 VLAN70 通信。

```
KJL_CE-111>enable
Password:
```

```
KJL_CE-111#configure terminal
KJL_CE-111(config)#interface fastEthernet 0/23
KJL_CE-111(config-if)#switchport mode trunk
KJL_CE-111(config-if)#switchport trunk allowed vlan 70          //指定 VLAN70
```

使用【show running-config】命令，查看端口的 Trunk 配置情况。

```
KJL_CE-111# show running-config
//省略
interface FastEthernet0/23
switchport trunk allowed vlan 70
switchport mode trunk
//省略
```

（2）设置交换机 KJL_CE-112 的 Fa0/23 端口为 Trunk 并指定 VLAN70 通信。为了验证指定 VLAN 通信，配置 Fa0/24 端口属于 VLAN60。

```
KJL_CE112#configure terminal
KJL_CE112(config)#interface fastEthernet 0/23
KJL_CE112(config-if)#switchport mode trunk
KJL_CE112(config-if)#switchport trunk allowed vlan 70
KJL_CE112(config-if)#exit
KJL_CE112(config)#interface fastEthernet 0/24
KJL_CE112(config-if)#switchport access vlan 60
KJL_CE112(config-if)#end
```

步骤 4：验证跨交换机指定 VLAN 间的连通性。

（1）按照表 4-2，配置 PC 的 IP 地址。

（2）测试 PC2 与 PC3 的连通性（PC2 和 PC3 属于相同的 VLAN70）。

```
PC>ping 10.0.70.12
Pinging 10.0.70.12 with 32 bytes of data:
Reply from 10.0.70.12: bytes=32 time=0ms TTL=128
Reply from 10.0.70.12: bytes=32 time=0ms TTL=128
Reply from 10.0.70.12: bytes=32 time=1ms TTL=128
Reply from 10.0.70.12: bytes=32 time=0ms TTL=128
PC>
```

（3）测试 PC1 与 PC4 的连通性（PC1 属于和 PC4 属于相同的 VLAN60）。

```
PC>ping 10.0.60.12
Pinging 10.0.60.12 with 32 bytes of data:
Request timed out.
Request timed out.
Request timed out.
Request timed out.
Ping statistics for 10.0.60.12:
    Packets: Sent = 4, Received = 0, Lost = 4 (100% loss),
PC>
```

由于 KJL_CE-111 的 Fa0/23 端口到 KJL_CE-112 的 Fa0/23 端口配置的是 Trunk ，并且只允许 VLAN70 通信，所以 PC1 和 PC4 虽然处于同一网段 VLAN60，但也是不能通信的。

任务2　二楼交换机链路聚合施工

【任务描述】

研发 1 部是公司的重点研究部门之一，数据传输量大，为解决交换机之间级联造成的数据传输瓶颈，在两台交换机之间采用链路聚合技术。链路聚合是将几个端口的链路做聚合处理，实现几个端口相加的带宽。本任务旨在学习链路聚合的手工配置方法，实现二楼两台交换机之间的链路聚合。

完成本任务后，你将能够：
➤ 理解链路聚合技术；
➤ 配置链路聚合。

【必备知识】

1）链路聚合

以太网链路聚合简称链路聚合，也称为主干技术或捆绑技术。链路聚合通过将多条以太网物理链路捆绑在一起成为一条逻辑链路，从而实现增加链路带宽。同时，这些捆绑在一起的链路通过相互间的动态备份，可以有效提高链路的可靠性。链路聚合能在不升级硬件的情况下，提升设备间的连接带宽，并提供链路备份和负载均衡的功能。

实现链路聚合必须要满足的条件：

端口必须处于一个 VLAN，必须使用相同的传输介质，端口必须都处于全双工工作模式，端口必须是相同的传输速率，端口的类型必须一致，端口同为 access 端口并且属于同一个 vlan 或同为 Trunk 端口，如果端口为 Trunk 模式，则其 allowed vlan 和 native vlan 属性应该相同。

2）链路聚合的方式

链路聚合有两种方式，即手工聚合和动态聚合。
➤ 手工聚合：由管理员通过手工命令配置端口加入一个聚合组；
➤ 动态聚合：由协议动态确定端口加入聚合组，这种方式称为动态 LACP 聚合，由 LACP（Link Aggregation Control Protocol）来动态地确定端口加入或离开聚合组。

【任务准备】

（1）学生 3~5 人分为一组；
（2）Cisco 2950 交换机 2 台，PC 2 台，Console 线 2 根，直通线 2 根，交叉线 2 根。

【任务实现】

步骤 1：连接硬件。

（1）按照图 4-6 和表 4-4，用配置线将 PC1 与交换机 KJL_CE-121 连接，将 PC2 与交换机 KJL_CE-122 连接，用直通线将计算机与交换机连接。

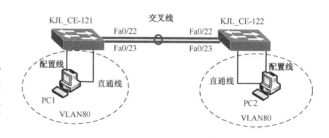

图 4-6　链路聚合拓扑

表 4-4　计算机和交换机相关端口的 IP 地址分配表

设备	端口	IP	子网掩码
KJL_CE_121	Vlan1	10.0.1.21	255.255.255.0
KJL_CE_122	Vlan1	10.0.1.22	255.255.255.0
PC1	KJL_CE_121-Fa0/5	192.168.80.2	255.255.255.0
PC2	KJL_CE_122-Fa0/5	192.168.80.3	255.255.255.0

（2）按照表 4-5，使用交叉线连接两台交换机。

注意：两根交叉线连接交换机后会出现广播风暴现象，所以应该先配置后连线。

表 4-5　交换机端口分配表

交换机	VLAN	端口	连接方式
KJL_CE_121	VLAN80	Fa0/1-20	
KJL_CE_122	VLAN80	Fa0/1-20	
KJL_CE_121		To KJL_CE-122-Fa0/22-23	端口聚合
KJL_CE_122		To KJL_CE-121-Fa0/22-23	

步骤 2：基础配置。

（1）使用 PC1 和 PC2 的【超级终端】分别登录交换机并对其恢复出厂设置。

```
Switch>enable                              //进入特权用户配置模式
Switch#erase startup-config                //清空 startup-config 文件
Erasing the nvram filesystem will remove all configuration files! Continue? [confirm] [OK]
Switch#reload
Proceed with reload? [confirm]
```

（2）设置交换机标识符，配置管理 IP 和密码。

① 使用 PC1 的【超级终端】，按照表 4-4 设置交换机 KJL_CE-121 标识符，配置管理 IP、远程登录密码"cisco"和特权模式密码"123456"。

```
witch(config)#hostname KJL_CE-121
KJL_CE-121(config)#interface vlan 1
KJL_CE-121(config-if)#ip address 10.0.1.21 255.255.255.0
KJL_CE-121(config-if)#no shutdown
KJL_CE-121(config-if)#exit
KJL_CE-121(config)#line vty 0 4
KJL_CE-121(config-line)#password    cisco
KJL_CE-121(config-line)#login
KJL_CE-121(config-line)#exit
KJL_CE-121(config)#enable password 123456
```

② 交换机 KJL_CE-122 的标识符、管理 IP、远程登录密码"cisco"和特权模式密码"123456"的配置方法与 KJL_CE-121 基本相同，参照 KJL_CE-121 配置。

（3）使用 PC1 的【超级终端】，按照表 4-5，为交换机 KJL_CE-121 创建 VLAN 并添加端口。

```
KJL_CE-121(config)#vlan 80
KJL_CE-121(config-vlan)#exit
```

```
KJL_CE-121(config)#interface range fastEthernet 0/1-20
KJL_CE-121(config-if-range)#switchport access vlan 80
KJL_CE-121(config-if-range)#no shutdown
KJL_CE-121(config-if-range)#end
KJL_CE-121#
```

（4）为交换机 KJL_CE-122 创建 VLAN 并添加端口的方法与交换机 KJL_121 基本相同，参照 KJL_CE-121 配置。

步骤 3：配置链路聚合。

（1）交换机 KJL_CE-121 配置链路聚合。

```
KJL-CE-121(config)#interface range fastEthernet 0/22-23
KJL_CE-121(config-if-range)#channel-group 1 mode on    //on 强制端口加入 port-channel
KJL_CE-121(config-if-range)#exit
KJL_CE-121(config)#exit
KJL-CE-121#
KJL-CE-121#configure terminal
KJL-CE-121(config)#interface port-channel 1    // port-channel 组号，范围是 1~16
KJL-CE-121(config-if)#switchport mode trunk
KJL-CE-121(config-if)#exit
```

使用【show running-config】命令查看配置情况。

```
KJL-CE-121#show running-config
//省略
interface FastEthernet0/22
channel-group 1 mode on
interface FastEthernet0/23
channel-group 1 mode on
//省略
interface Port-channel 1
  switchport mode trunk
```

（2）交换机 KJL_CE-122 配置链路聚合。

```
KJL_CE-122(config)#interface port-channel 1
KJL_CE-122(config-if)#switchport mode trunk
KJL_CE-122(config-if)#exit
KJL_CE-122(config)#interface range fastEthernet 0/22-23
KJL_CE-122(config-if-range)#channel-group 1 mode on
KJL_CE-122(config-if-range)#end
KJL_CE-122#
```

使用【show running-config】命令查看配置情况。

```
KJL_CE-122# show running-config
//省略
interface FastEthernet0/22
  switchport access vlan 80
  channel-group 1 mode on
interface FastEthernet0/23
```

```
channel-group 1 mode on
interface Port-channel 1
switchport mode trunk
//省略
```

步骤 4: 验证链路聚合配置。

按照表 4-4, 配置计算机的 IP 地址, 使用【ping】命令验证配置, 具体方法如表 4-6 所示。

表 4-6　链路聚合配置验证

PC1 KJL_CE-121	PC2 KJL_CE-122	PC1 ping PC2	说　明
Fa0/5	Fa0/5	通	链路聚合组连接成功
		通	断掉链路聚合中任意一根交叉线, 如 KJL_CE-122 端口 23 的网线, 短暂断线后, 能够自动连通

注意: 断掉 KJL_CE-122 的 fastEthernet 0/22 端口的方法:

```
KJL_CE-122(config)#interface fastEthernet 0/22
KJL_CE-122(config-if)#shutdown
```

任务 3　三楼交换机的标准堆叠施工

【任务描述】

根据项目要求, 科技楼三楼的三台接入交换机之间, 采用堆叠技术来扩展端口。本任务旨在学会交换机的堆叠技术, 完成三楼三台接入交换机之间的堆叠。本任务由神州数码交换机 DCS-3926S 实现。

完成本任务后, 你将能够:

➢ 理解堆叠技术;

➢ 配置标准堆叠。

【必备知识】

级联是通过交换机的某个端口(如: 普通端口或 uplink)与其他交换机直接相连, 不做任何管理或配置; 而堆叠是通过交换机的背板将交换机连接起来, 将一组交换机作为一个对象来管理。

级联只需一根双绞线, 堆叠需要使用专用的堆叠模块和堆叠线缆, 还需要对其进行堆叠配置。级联后每台交换机在逻辑上是多个被网管的设备, 而堆叠后数台交换机在逻辑上是一个被网管的设备。交换机之间的级联, 在理论上没有级联数的限制。但是, 叠堆可容纳的交换机数量, 各厂商都有明确的限制。多台交换机级联时会产生级联瓶颈, 并将导致较大的转发延迟。而多台交换机通过堆叠连接在一起, 堆叠线缆将能够提供更高的背板带宽, 从而实现所有交换机之间的高速连接。

层次较少的网络, 采用级联方式可以提供最优性能。对于计算机用户较多的企业网来说, 更适合采用堆叠技术来扩展交换机端口。由于堆叠线缆的限制, 堆叠组的设备必须安装在紧邻的位置, 一般不超过一个机柜, 这样才能保证堆叠的使用。因此, 在区域信息点数密集的场所(如: 机房、实验室、网吧等), 在接入交换机的选择上都优先选择可堆叠交换机, 使用堆叠技术进行端口扩充。

【任务准备】

（1）学生 3～5 人分为一组；

（2）PC 3 台，DCS-3926S 交换机 3 台，Console 线 1 根，直通线 2 根；

（3）堆叠模块 4 个，堆叠线 4 根。

【任务实施】

步骤 1：连接硬件。

（1）按照图 4-7 使用 Console 线将计算机与交换机连接。

（2）按照表 4-7 使用直通线将交换机与计算机连接，使用堆叠模块和专用堆叠线连接两台交换机。

步骤 2：基本配置。

（1）按照图 4-7 正确连线后，三台交换机的 M1、M2 灯应该是橙色常亮，link 和 act 灯不亮，Power 灯和 D./M./S.灯绿色常亮。使用 PC 的超级终端分别登录交换机并恢复出厂设置。

```
switch>enable
switch#set default
Are you sure? [Y/N] = y
switch#write
switch#reload
Process with reboot? [Y/N] y
```

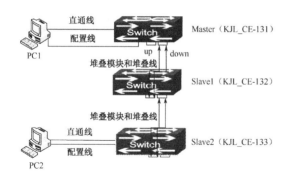

图 4-7 交换机的标准堆叠

表 4-7 计算机和交换机端口 IP 地址分配表

设 备	端 口	IP 地址	子网掩码
KJL_CE-131	Vlan1	10.0.1.31	255.255.255.0
KJL_CE-132	Vlan1	10.0.1.32	255.255.255.0
KJL_CE-133	Vlan1	10.0.1.33	255.255.255.0
PC1	KJL_CE-131- E0/0/5	10.0.1.100	255.255.255.0
PC2	KJL_CE-133- E0/0/5	10.0.1.200	255.255.255.0

（2）如果需要，清除原来 MASTER 交换机中的堆叠配置。

```
KJL_CE-131#config
KJL_CE-131(Config)#stacking disable
Please reload to take effect
KJL_CE-131(Config)#exit
KJL_CE-131#reload
```

（3）配置交换机标识符和管理 IP。

① 配置交换机 KJL_CE-131 的标识符和管理 IP。

```
switch(Config)#hostname KJL_CE-131
XZL_CE-131(Config)#interface vlan 1
XZL_CE-131(Config-If-Vlan1)#ip address 10.0.1.31   255.255.255.0
```

XZL_CE-131(Config-If-Vlan1)#no shutdown

XZL_CE-131(Config-If-Vlan1)#exit

XZL_CE-131(Config)#exit

XZL_CE-131#write

② 为交换机 KJL_CE-132 和 KJL_CE-133 配置标识符和管理 IP 的方法与交换机 KJL_CE-131 基本相同，参照 KJL_CE-131 完成配置。

（4）根据表 4-7，配置 PC 的 IP 地址，使用【ping】命令验证。

PC1 ping 10.0.1.31，通

PC2 ping 10.0.1.33，通

PC1 ping PC2 ，不通

步骤 3：配置交换机的标准堆叠。

（1）配置交换机 KJL_CE-131，命令如下：

JL_CE-131#config terminal

KJL_CE-131(Config)#stacking enable duplex interface ethernet 0/2/1

KJL_CE-131(Config)#stacking priority 80

使用【show stacking】命令检查 KJL_CE-131 交换机的配置情况。

KJL_CE-131#show stacking

Stand alone mode

Running:

   Mode: duplex

   Priority: 50

Flash config:

   Mode: duplex

   Priority: 80

   Port: Ethernet0/2/1

KJL_CE-120#

（2）配置 KJL_CE-132 交换机，命令如下：

switch(Config)#hostname KJL_CE-132

KJL_CE-132(Config)#stacking enable duplex interface ethernet 0/2/1 interface ethernet 0/1/1

KJL_CE-132(Config)#exit

KJL_CE-132#

使用【show stacking】命令检查 KJL_CE-132 交换机的配置情况。

KJL_CE-132#show stacking

Stand alone mode

Running:

   Mode: stacking disabled

Flash config:

   Mode: duplex

   Priority: 50

   Port: Ethernet0/1/1   Ethernet0/2/1

（3）配置 KJL_CE-133 交换机，命令如下：

```
switch(Config)#hostname KJL_CE-133
KJL_CE-133(Config)#stacking enable duplex interface ethernet 0/1/1
```

查看验证 KJL_CE-133 交换机的配置情况。

```
KJL_CE-133#show stacking
Stand alone mode
Running:
         Mode: stacking disabled
Flash config:
         Mode: duplex
         Priority: 50
         Port: Ethernet0/1/1
KJL_CE-133#
```

步骤 4：保存配置、重启动交换机并检查交换机的配置情况。

（1）保存配置、重启交换机。

① KJL_CE-131 交换机存盘重启命令。

```
KJL_CE-131#write
KJL_CE-131#reload
Process with reboot? [Y/N] y
```

② KJL_CE-132 交换机存盘重启命令。

```
KJL_CE-132#write
KJL_CE-132#reload
Process with reboot? [Y/N] y
```

③ KJL_CE-133 交换机存盘重启命令。

```
KJL_CE-133#write
KJL_CE-133#reload
Process with reboot? [Y/N] y
```

（2）检查交换机的配置情况。

① 使用【show stacking】命令，检查 KJL_CE-131 交换机的配置情况。

```
KJL_CE-131#show stacking
Running:
         Mode: duplex
         Priority: 80
Flash config:
         Mode: duplex
         Priority: 80
         Port: Ethernet0/2/1

DDP state : HB STATE, stack unit : 0
```

Advertise: send 21, rcvd 2. Advertise ACK: send 0, rcvd 38

Heart Beat: send 43, rcvd 0. Heart Beat ACK: send 0, rcvd 43

Total number of switches in stack : 3   //共 3 台交换机堆叠

My switch ID : 0 (master is 0)   //本台交换机 ID=0，是 master 交换机

Switch ID 2   //第二台 slave 交换机

Switch type DCS-3926S

Max number of:

   active vlan 255

   static mac 8191

   group mac 255

   L3 interface 1

Number of port 24

Left stack port: none

Right stack port: Ethernet0/1/1

Cpu Mac Addr: 0:3:f:1:eb:42

Priority 50

   number of chips 1 : (5615 modid 3)

Switch ID 1   //第一台 slave 交换机

Switch type DCS-3926S

//省略

③使用【show stacking】命令，检查 KJL_CE-133 交换机的配置情况。

Slave2#show stacking

Running:

   Mode: duplex

   Priority: 50

Flash config:

   Mode: duplex

   Priority: 50

   Port: Ethernet0/1/1

DDP state : HB STATE, stack unit : 0

Advertise: send 1, rcvd 19. Advertise ACK: send 19, rcvd 1

Heart Beat: send 0, rcvd 212. Heart Beat ACK: send 212, rcvd 0

Total number of switches in stack : 3

My switch ID : 2 (master is 0)

Switch ID 2   <---- self

Switch type DCS-3926S

Max number of:

   active vlan 255

   static mac 8191

   group mac 255

   L3 interface 1

Number of port 0

Left stack port: none

Right stack port: Ethernet0/1/1
Cpu Mac Addr: 0:3:f:1:eb:42
Priority 50
    number of chips 1 : (5615 modid 3)
Switch ID 1
Switch type
Max number of:
    active vlan 0
    static mac 0
    group mac 0
    L3 interface 0
Number of port 0
Left stack port: Ethernet0/0/0
Right stack port: Ethernet0/0/0
Cpu Mac Addr: 0:3:f:1:bb:d6
Priority 50
    number of chips 1 : (5615 modid 2)
Switch ID 0
Switch type
Max number of:
    active vlan 0
    static mac 0
    group mac 0
    L3 interface 0
Number of port 0
Left stack port: Ethernet0/0/0
Right stack port: Ethernet0/0/0
Cpu Mac Addr: 0:3:f:1:bb:c4
Priority 80
    number of chips 1 : (5615 modid 1)
Slave2#

使用【show running-config】命令,在交换机 KJL_CE-31 上查看 master 交换机端口情况。

KJL_CE-131#show running-config
//省略
Interface Ethernet0/0/1   //第一台堆叠交换机
//省略
Interface Ethernet0/0/24
!
Interface Ethernet1/0/1   //第二台堆叠交换机
//省略
Interface Ethernet1/0/24
!
Interface Ethernet2/0/1   //第三台堆叠交换机
//省略
Interface Ethernet2/0/24
KJL_CE-131#

步骤 5：按照表 4-8，在主交换机上划分 VLAN 并添加端口。

表 4-8　交换机的 VLAN 和端口分配

交换机	VLAN	端口
KJL_CE-131	Vlan90	E0/0/1-20
		E1/0/1-24
		E2/0/1-12

（1）划分 VLAN90 并添加端口。

> **KJL_CE-131(Config)#vlan 90**
> **KJL_CE-131(Config-Vlan90)#switchport interface ethernet 0/0/1-20**
> **KJL_CE-131(Config-Vlan90)#switchport interface ethernet 1/0/1-24**
> **KJL_CE-131(Config-Vlan90)#switchport interface ethernet 2/0/1-12**

（2）使用【show vlan】命令查看配置情况。

```
KJL_CE-131#show vlan
VLAN Name          Type       Media    Ports
---- ------------ ---------- -------- --------------------------------------
1    default      Static     ENET     Ethernet0/0/21      Ethernet0/0/22
                                       Ethernet0/0/23      Ethernet0/0/24
                                       Ethernet0/2/1(T)    Ethernet2/0/13
                                       Ethernet2/0/14      Ethernet2/0/15
                                       Ethernet2/0/16      Ethernet2/0/17
                                       Ethernet2/0/18      Ethernet2/0/19
                                       Ethernet2/0/20      Ethernet2/0/21
                                       Ethernet2/0/22      Ethernet2/0/23
                                       Ethernet2/0/24
90   VLAN0090     Static     ENET     Ethernet0/0/1       Ethernet0/0/2
                                       Ethernet0/0/3       Ethernet0/0/4
                                       Ethernet0/0/5       Ethernet0/0/6
                                       Ethernet0/0/7       Ethernet0/0/8
                                       Ethernet0/0/9       Ethernet0/0/10
                                       Ethernet0/0/11      Ethernet0/0/12
                                       Ethernet0/0/13      Ethernet0/0/14
                                       Ethernet0/0/15      Ethernet0/0/16
                                       Ethernet0/0/17      Ethernet0/0/18
                                       Ethernet0/0/19      Ethernet0/0/20
                                       Ethernet0/2/1(T)    Ethernet1/0/1
                                       Ethernet1/0/2       Ethernet1/0/3
                                       Ethernet1/0/4       Ethernet1/0/5
                                       Ethernet1/0/6       Ethernet1/0/7
                                       Ethernet1/0/8       Ethernet1/0/9
                                       Ethernet1/0/10      Ethernet1/0/11
                                       Ethernet1/0/12      Ethernet1/0/13
                                       Ethernet1/0/14      Ethernet1/0/15
                                       Ethernet1/0/16      Ethernet1/0/17
                                       Ethernet1/0/18      Ethernet1/0/19
```

Ethernet1/0/20	Ethernet1/0/21
Ethernet1/0/22	Ethernet1/0/23
Ethernet1/0/24	Ethernet2/0/1
Ethernet2/0/2	Ethernet2/0/3
Ethernet2/0/4	Ethernet2/0/5
Ethernet2/0/6	Ethernet2/0/7
Ethernet2/0/8	Ethernet2/0/9
Ethernet2/0/10	Ethernet2/0/11
Ethernet2/0/12	

KJL_CE-131#

步骤 6: 验证配置情况。

```
C:\>ping 10.0.1.200
Pinging 10.0.1.200 with 32 bytes of data:

Reply from 10.0.1.200: bytes=32 time=1ms TTL=128
Reply from 10.0.1.200: bytes=32 time<1ms TTL=128
Reply from 10.0.1.200: bytes=32 time<1ms TTL=128
Reply from 10.0.1.200: bytes=32 time<1ms TTL=128

Ping statistics for 10.0.1.200:
    Packets: Sent = 4, Received = 4, Lost = 0 (0% loss),
Approximate round trip times in milli-seconds:
    Minimum = 0ms, Maximum = 1ms, Average = 0ms
C:\>
```

模块小结

通过本模块的学习，我们理解了交换机端口扩充的三种方式：级联、堆叠和链路聚合。同时，也复习了 VLAN 的创建方法和如何将端口添加到 VLAN 中。我们通过下面几个问题来回顾一下所学的内容。

（1）链路聚合技术适用什么场合？

（2）使用 4 根网线做链路聚合，通过插拔线缆观察结果。

（3）堆叠适应什么场合？

（4）级联与堆叠有什么区别？

（5）如何取消堆叠组？

模块 2　汇聚交换机施工

任务：配置汇聚交换机实现不同 VLAN 间的通信

【任务描述】

通过 Trunk 方式，可以实现跨交换机的相同 VLAN 或不同 VLAN 之间的通信。当要禁止某些 VLAN 通过，或添加某些 VLAN 通信时，要对 Trunk 端口进行修剪。实现 VLAN 之间的通信要借助路由器或三层交换机来实现。本任务旨在开启三层交换机的路由功能，实现不同

VLAN 之间的通信，并对 Trunk 端口进行适当的修剪。

完成本任务后，你将能够：

➢ 理解二层交换机与三层交换机的区别；
➢ 理解 Trunk 端口修剪；
➢ 掌握开启三层交换机路由功能的方法；
➢ 配置 VLAN 间路由；
➢ 理解网关。

【必备知识】

1）三层交换机

许多企业网出于安全和管理方便等方面的考虑，大量应用 VLAN 技术。VLAN 技术可以逻辑隔离不同的网段、端口和主机，而不同 VLAN 间的通信需要经过路由器完成。为了解决企业网中数据流量大、路由器成为瓶颈的问题，很多企业网都采用了三层交换机。

传统交换技术是在 OSI 参考模型中的第二层，即数据链路层进行操作的；而三层交换技术是在 OSI 参考模型的第三层实现数据的高速转发。三层交换机就是一个带有第三层路由功能的交换机，它是将路由和交换两种功能有机结合的设备，但不是简单的硬件和软件叠加。简单地说，三层交换技术就是二层交换技术＋三层转发技术。

在三层交换机中，从二层交换接口转换成三层路由接口需要在接口模式下完成，其转换命令是：

```
Switch(config-if)#no switchport
```

如果要将三层路由接口还原成二层交换接口，则使用命令：

```
Switch(config-if)#switchport
```

2）SVI 技术

三层交换机实现 VLAN 互访的原理是，利用三层交换机的路由功能，通过识别数据包的 IP 地址，查找路由表进行选路转发，从而实现不同 VLAN 之间的互相访问。三层交换机为接口配置 IP 地址，采用 SVI（交换虚拟接口）的方式实现 VLAN 间的互联。SVI 是指为交换机 VLAN 创建虚拟接口和配置的 IP 地址。

3）三层交换机的直连路由

三层交换机的直连路由是指为三层设备的接口配置 IP 地址，并且激活该端口，三层设备会自动产生该接口 IP 所在网段的直连路由信息。通过这种方式，VLAN 之间就能够直接通信，而不需要配置其他路由协议。

开启三层交换机路由功能的命令是：

```
ZGS_CO-01(config)#ip routing
```

4）默认网关

网关（Gateway）就是一个网络连接到另一个网络的"关口"。 按照不同的分类标准，网关也有很多种。TCP/IP 里的网关是最常用的，这里所说的"网关"均指 TCP/IP 里的网关。那么网关到底是什么呢？网关实质上是一个网络通向其他网络的 IP 地址。比如有网络 A 和网络 B，网络 A 的 IP 地址范围为"192.168.1.1～192. 168.1.254"，子网掩码为 255.255.255.0；网络 B 的 IP 地址范围为"192.168.2.1～192.168.2.254"，子网掩码为 255.255.255.0。在没有路由器的情况下，两个网络之间是不能进行 TCP/IP 通信的，即使是两个网络连接在同一台交换机上，TCP/IP 也会根据子网掩码（255.255.255.0）判定两个网络中的主机处在不同的网络里。而要实现这两个网络之间的通信，则必须通过网关。如果网络 A 中的主机发现数据包的目的主机不在本地网络中，就把数据包转发给它自己的网关，再由网关转发给网络 B 的网关，网络 B 的网关再转发给网络 B 的某个主机。网络 B 向网络 A 转发数据包的过程也是如此。所以说，只有设置好网关的 IP 地址，TCP/IP 才能实现不同网络之间的相互通信。那么，这个 IP 地址是哪台机器的 IP 地址呢？网关的 IP 地址是具有路由功能的设备的 IP 地址，具有路由功能的设备有路由器、三层交换机、启用了路由协议的服务器（实质上相当于一台路由器）、代理服务器（也相当于一台路由器）等等。

默认网关是一台主机如果找不到可用的网关，就把数据包发给默认指定的网关，由这个网关来处理数据包。现在主机使用的网关，一般指的是默认网关。

【任务准备】

（1）学生 3~5 人一组。

（2）Cisco 2950 交换机 5 台，Cisco 3560 交换机 1 台，PC 7 台，直通线 6 根，交叉线 6 根。

【任务实现】

步骤 1：连接硬件。

（1）按照图 4-8 和表 4-9，使用交叉线连接交换机。使用配置线连接 PC 和交换机，使用直通线连接计算机和交换机。

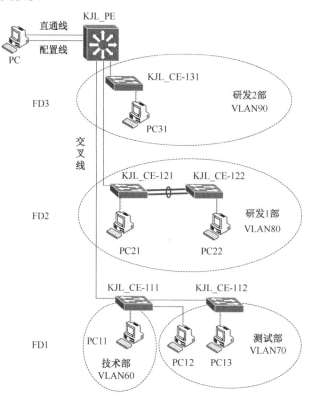

图 4-8　科技楼接入交换机与汇聚交换机连接拓扑

表 4-9　交换机连接方式和管理 IP 地址分配

交换机名称	端口	连接目标	连接方式	VLAN	IP 地址
KJL_PE	Fa0/1	To_KJL_CE-111-Fa0/24	Trunk	VLAN1	10.0.1.35/24
	Gig0/1	To_KJL_CE-121- Gig0/1	Trunk		
	Gig0/2	To_KJL_CE-131- Gig0/1	Trunk		
KJL_CE-111	Fa0/23	To_KJL_CE-122-Fa0/23	Trunk	VLAN1	10.0.1.19/24
KJL_CE-112				VLAN1	10.0.1.20/24
KJL_CE-121	Fa0/23-24	To_KJL_CE-122-Fa0/23-24	端口聚合	VLAN1	10.0.1.21/24
KJL_CE-122				VLAN1	10.0.1.22/24
KJL_CE-131				VLAN1	10.0.1.31/24
PC		KJL_PE-Fa0/5		VLAN1	10.0.1.5/24

步骤 2： 按照表 4-9，配置交换机的标识符，管理 IP、密码和 Trunk 端口。

（1）使用 PC 的【超级终端】，配置一楼交换机 KJL_CE-111 的标识符、管理 IP、远程登录密码"cisco"和特权模式密码"123456"，配置 Trunk 端口和允许通信的 VLAN。

```
Switch(config)#hostname KJL_CE-111
KJL_CE-111(config)#interface vlan 1                          //配置管理 IP 地址
KJL_CE-111(config-if)#ip address 10.0.1.19 255.255.255.0
KJL_CE-111(config-if)#no shutdown
KJL_CE-111(config-if)#exit
KJL_CE-111(config)#line vty 0 4                              //配置远程登录
KJL_CE-111(config-line)#password cisco
KJL_CE-111(config-line)#login
KJL_CE-111(config-line)#exit
KJL_CE-111(config)#enable password 123456                   //配置特权模式密码
KJL_CE-111(config)#interface fastEthernet 0/23              //配置 Fa0/23 端口为 Trunk 模式
KJL_CE-111(config-if)#switchport mode trunk
KJL_CE-111(config-if)#switchport trunk allowed vlan 1       //允许 VLAN1 通信
KJL_CE-111(config-if)#switchport trunk allowed vlan 70      //允许 VLAN70 通信
KJL_CE-111(config-if)#exit
KJL_CE-111(config)#interface fastEthernet 0/24
KJL_CE-111(config-if)#switchport mode trunk
KJL_CE-111(config-if)#switchport trunk allowed vlan 1,60,70
```

（2）使用 PC 的【超级终端】，配置一楼交换机 KJL_CE-112 的标识符，配置管理 IP、远程登录密码"cisco"和特权模式密码"123456"，配置 Trunk 端口和允许通信的 VLAN。

```
Switch(config)#hostname KJL_CE-112
KJL_CE-112(config)#interface vlan 1
KJL_CE-112(config-if)#ip address 10.0.1.20 255.255.255.0
KJL_CE-112(config-if)#no shutdown
KJL_CE-112(config-if)#exit
KJL_CE-112(config)#line vty 0 4
KJL_CE-112(config-line)#password cisco
KJL_CE-112(config-line)#login
KJL_CE-112(config-line)#exit
```

```
KJL_CE-112(config)#enable password 123456
KJL_CE-112(config)#interface fastEthernet 0/23          //配置 Fa0/23 端口为 Trunk 模式
KJL_CE-112(config-if)#switchport mode trunk
KJL_CE-112(config-if)#switchport trunk allowed vlan 1
KJL_CE-112(config-if)#switchport trunk allowed vlan 70
KJL_CE-112(config-if)#exit
KJL_CE-112(config)#interface fastEthernet 0/24
KJL_CE-112(config-if)#switchport mode trunk
```

（3）使用 PC 的【超级终端】，配置二楼交换机 KJL_CE-121 的标识符、配置管理 IP、远程登录密码"cisco"和特权模式密码"123456"，配置 Trunk 端口。

```
Switch(config)#hostname KJL_CE-121
KJL_CE-121(config)#interface vlan 1
KJL_CE-121(config-if)#ip address 10.0.1.21 255.255.255.0
KJL_CE-121(config-if)#no shutdown
KJL_CE-121(config-if)#exit
KJL_CE-121(config)#line vty 0 4
KJL_CE-121(config-line)#password cisco
KJL_CE-121(config-line)#login
KJL_CE-121(config-line)#exit
KJL_CE-121(config)#enable password 123456
KJL_CE-121(config)#interface gigabitEthernet 1/1          //配置 Trunk 端口
KJL_CE-121(config-if)#switchport mode trunk
KJL_CE-121(config-if)#exit
KJL_CE-121(config)#
```

（4）使用 PC 的【超级终端】，配置二楼交换机 KJL_CE-122 的标识符、配置管理 IP、远程登录密码"cisco"和特权模式密码"123456"。

```
Switch(config)#hostname KJL_CE-122
KJL_CE-122(config)#interface vlan 1
KJL_CE-122(config-if)#ip address 10.0.1.22 255.255.255.0
KJL_CE-122(config-if)#no shutdown
KJL_CE-122(config-if)#exit
KJL_CE-122(config)#line vty 0 4
KJL_CE-122(config-line)#password cisco
KJL_CE-122(config-line)#login
KJL_CE-122(config-line)#exit
KJL_CE-122(config)#enable password 123456
```

（5）使用 PC 的【超级终端】，配置三楼交换机 KJL_CE-131 的标识符、配置管理 IP、远程登录密码"cisco"、特权模式密码"123456"、Trunk 端口和允许通过的 VLAN。

```
Switch(config)#hostname KJL_CE-131
KJL_CE-131(config)#interface vlan 1
KJL_CE-131(config-if)#ip address 10.0.1.31 255.255.255.0
KJL_CE-131(config-if)#no shutdown
```

```
KJL_CE-131(config-if)#exit
KJL_CE-131(config)#line vty 0 4
KJL_CE-131(config-line)#password cisco
KJL_CE-131(config-line)#login
KJL_CE-131(config-line)#exit
KJL_CE-131(config)#enable password 123456
KJL_CE-131(config)#interface gigabitEthernet 0/1
KJL_CE-131(config-if)#switchport mode trunk
KJL_CE-131(config-if)#switchport trunk allowed vlan 1,90
KJL_CE-131(config-if)#end
```

（6）使用 PC 的【超级终端】，配置汇聚交换 KJL_PE 的标识符、配置管理 IP、远程登录密码"cisco"、特权模式密码"123456"、Trunk 端口和允许通过的 VLAN。

```
Switch(config)#hostname KJL_PE
KJL_PE(config)#interface vlan 1
KJL_PE(config-if)#ip address 10.0.1.35 255.255.255.0
KJL_PE(config-if)#no shutdown
KJL_PE(config-if)#exit
KJL_PE(config)#line vty 0 4
KJL_PE(config-line)#password cisco
KJL_PE(config-line)#login
KJL_PE(config-line)#exit
KJL_PE(config)#enable password 123456
KJL_PE(config)#interface range fastEthernet 0/1
KJL_PE(config-if-range)#switchport trunk encapsulation dot1q
KJL_PE(config-if-range)#switchport mode trunk
KJL_PE(config-if-range)#switchport trunk allowed vlan 1,60,70
KJL_PE(config-if-range)#exit
KJL_PE(config)#interface gigabitEthernet 0/1
KJL_PE(config-if)#switchport trunk encapsulation dot1q
KJL_PE(config-if)#switchport mode trunk
KJL_PE(config-if)#switchport trunk allowed vlan 1,80
KJL_PE(config-if)#exit
KJL_PE(config)#interface gigabitEthernet 0/2
KJL_PE(config-if)#switchport trunk encapsulation dot1q
KJL_PE(config-if)#switchport mode trunk
KJL_PE(config-if)#switchport trunk allowed vlan 1,90
```

（7）按照表 4-9 配置 PC 的 IP 地址：10.0.1.5，子网掩码：255.255.255.0。这时如果配置正确，PC 与交换机（KJL_CE-122 除外）都能【ping】通。例如，使用 PC【ping】交换机 KJL_CE-112。

```
PC>ping 10.0.1.19
Reply from 10.0.1.19: bytes=32 time=0ms TTL=255
Reply from 10.0.1.19: bytes=32 time=0ms TTL=255
Reply from 10.0.1.19: bytes=32 time=0ms TTL=255
```

步骤 3：远程管理交换机。

按照表 4-10 配置 PC 的 IP 地址（10.0.1.5）和子网掩码（255.255.255.0）。按照表 4-10 使

用 PC 的【命令提示符】窗口，远程登录交换机，创建 VLAN 并添加端口，并配置汇聚交换机 VLAN 的 IP 地址。

表 4-10　接入交换机上划分的 VLAN 和端口成员

交换机	VLAN	成员端口
KJL_CE-111	VLAN60	Fa0/1-18
	VLAN70	Fa0/19-22
KJL_CE-112	VLAN70	Fa0/1-22
KJL_CE-121	VLAN80	Fa0/1-20
KJL_CE-122	VLAN80	Fa0/1-18
KJL_CE-131	VLAN90	Fa0/1-20
KJL_PE	VLAN60	192.168.60.254/24
	VLAN70	192.168.70.254/24
	VLAN80	192.168.80.254/24
	VLAN90	192.168.90.254/24

（1）这时如果配置正确，PC 与所有交换机都能【ping】通。例如，使用 PC【ping】交换机 KJL_CE-112。

```
PC>ping 10.0.1.19
Reply from 10.0.1.19: bytes=32 time=0ms TTL=255
Reply from 10.0.1.19: bytes=32 time=0ms TTL=255
Reply from 10.0.1.19: bytes=32 time=0ms TTL=255
```

（2）打开 PC 的【命令提示符】窗口，远程登录 KJL_CE-112 交换机，根据表 4-10 创建 VLAN 并为其添加端口。

```
PC>telnet 10.0.1.20
Trying 10.0.1.20 ...Open
Password:                              //输入远程登录密码：cisco
KJL_CE-112>enable
Password:                              //输入特权模式密码：123456
KJL_CE-112#configure terminal
KJL_CE-112(config)#vlan 70
KJL_CE-112(config-vlan)#exit
KJL_CE-112(config)#interface range FastEthernet 0/1-22
KJL_CE-112(config-if-range)#switchport access vlan 70
KJL_CE-112(config-if-range)#end
KJL_CE-112#exit
PC>
```

（3）远程登录 KJL_CE-111 交换机，根据表 4-10 创建 VLAN 并为其添加端口。

```
PC>telnet 10.0.1.19
Password:
KJL_CE-111>enable
Password:
KJL_CE-111#configure terminal
```

```
KJL_CE-111(config)#vlan 60
KJL_CE-111(config-vlan)#exit
KJL_CE-111(config)#interface range fastEthernet 0/1-18
KJL_CE-111(config-if-range)#switchport access vlan 60
KJL_CE-111(config-if-range)#exit
KJL_CE-111(config)#vlan 70
KJL_CE-111(config-vlan)#exit
KJL_CE-111(config)#interface range fastEthernet 0/19-22
KJL_CE-111(config-if-range)#switchport access vlan 70
KJL_CE-111(config-if-range)#end
```

使用【show vlan】命令查看配置结果。

```
KJL_CE-111#show vlan
VLAN Name                              Status    Ports
---- -------------------------------- --------- --------------------------------
1    default                          active    Fa0/23, Fa0/24, Gig1/1, Gig1/2
60   VLAN0060                         active    Fa0/1, Fa0/2, Fa0/3, Fa0/4
                                                Fa0/5, Fa0/6, Fa0/7, Fa0/8
                                                Fa0/9, Fa0/10, Fa0/11, Fa0/12
                                                Fa0/13, Fa0/14, Fa0/15, Fa0/16
                                                Fa0/17, Fa0/18
70   VLAN0070                         active    Fa0/19, Fa0/20, Fa0/21, Fa0/22
```

步骤 4：配置二楼两台交换机之间的端口聚合。

（1）按照表 4-9，配置两台交换机之间的端口聚合。

①使用 PC 的【超级终端】，配置交换机 KJL_CE-121 的 Fa0/23-24 端口为端口聚合。

```
KJL_CE-121>enable
Password:                                          //输入特权模式密码
KJL_CE-121#configure terminal
KJL_CE-121(config)#interface port-channel 2
KJL_CE-121(config-if)#switchport mode trunk
KJL_CE-121(config-if)#switchport trunk allowed vlan 1,80
KJL_CE-121(config-if)#exit
KJL_CE-121(config)#interface range fastEthernet 0/23-24
KJL_CE-121(config-if-range)#channel-group 2 mode on
```

②在 PC 的【超级终端】窗口，配置交换机 KJL_CE-122 的 Fa0/23-24 端口为端口聚合。

```
KJL_CE-122>enable
Password:
KJL_CE-122#configure terminal
KJL_CE-122(config)#interface port-channel 2
KJL_CE-122(config-if)#switchport mode trunk
KJL_CE-122(config-if)#switchport trunk allowed vlan 1,80
KJL_CE-122(config-if)#exit
KJL_CE-122(config)#interface range fastEthernet 0/23-24
```

```
KJL_CE-122(config-if-range)#channel-group 2 mode on
```

在 PC 的【终端】端口使用【ping】命令检查配置。

```
KJL_PE#ping 10.0.1.20
Type escape sequence to abort.
Sending 5, 100-byte ICMP Echos to 10.0.1.20, timeout is 2 seconds:
!!!!!
Success rate is 100 percent (5/5), round-trip min/avg/max = 0/0/3 ms
KJL_PE#
```

步骤 5：在 PC 的【命令提示符】窗口远程登录二楼交换机，根据表 4-10 创建 VLAN 并为其添加端口。

① 为交换机 KJL_CE-122 划分 VLAN 并添加端口。

```
PC>telnet 10.0.1.22
Trying 10.0.1.22 ...Open
User Access Verification
Password:
KJL_CE-122>enable
Password:
KJL_CE-122#configure terminal
KJL_CE-122(config)#vlan 80
KJL_CE-122(config-vlan)#exit
KJL_CE-122(config)#interface range fastEthernet 0/1-20
KJL_CE-122(config-if-range)#switchport access vlan 80
KJL_CE-122(config-if-range)#end
KJL_CE-122#exit
PC>
```

② 为交换机 KJL_CE-121 划分 VLAN 并添加端口。

```
PC>telnet 10.0.1.21
Trying 10.0.1.21 ...Open
User Access Verification
Password:
KJL_CE-121>enable
Password:
KJL_CE-121#configure terminal
KJL_CE-121(config)#vlan 80
KJL_CE-121(config-vlan)#exit
KJL_CE-121(config)#interface range fastEthernet 0/1-18
KJL_CE-121(config-if-range)#switchport access vlan 80
KJL_CE-121(config-if-range)#end
KJL_CE-121#exit
PC>
```

使用 PC 的【ping】命令，测试 PC 与交换机 KJL_CE-122 的连通性。

```
PC>ping 10.0.1.22
Pinging 10.0.1.22 with 32 bytes of data:
Reply from 10.0.1.22: bytes=32 time=0ms TTL=255
Reply from 10.0.1.22: bytes=32 time=0ms TTL=255
Reply from 10.0.1.22: bytes=32 time=0ms TTL=255
Reply from 10.0.1.22: bytes=32 time=12ms TTL=255
PC>
```

步骤 6：配置三楼交换机。

（1）在 PC 的【命令提示符】窗口，远程登录 KJL_CE-131 交换机，根据表 4-10 划分 VLAN 并为其添加端口。

```
PC>telnet 10.0.1.31
Trying 10.0.1.31 ...Open
User Access Verification
Password:
KJL_CE-131>enable
Password:
KJL_CE-131#configure terminal
KJL_CE-131(config)#vlan 90
KJL_CE-131(config-vlan)#exit
KJL_CE-131(config)#interface range fastEthernet 0/1-20
KJL_CE-131(config-if-range)#switchport access vlan 90
KJL_CE-131(config-if-range)#end
KJL_CE-131#exit
PC>
```

步骤 7：开启三层交换机的路由功能，实现 不同 VLAN 之间的通信。

（1）开启三层交换机的路由功能。

```
KJL_PE#configure terminal
KJL_PE(config)#ip routing                //开启三层交换机的路由功能
```

（2）在 PC 的【命令提示符】窗口，远程登录交换机 KJL_PE，按照表 4-10 在三层交换机上创建 VLAN 并为其配置 IP 地址。

```
KJL_PE(config)#vlan 60
KJL_PE(config-vlan)#exit
KJL_PE(config)#vlan 70
KJL_PE(config-vlan)#exit
KJL_PE(config)#vlan 80
KJL_PE(config-vlan)#exit
KJL_PE(config)#vlan 90
KJL_PE(config-vlan)#exit
KJL_PE(config)#interface vlan 60
KJL_PE(config-if)#ip address 192.168.60.254 255.255.255.0
KJL_PE(config-if)#no shutdown
KJL_PE(config-if)#exit
```

```
KJL_PE(config)#interface vlan 70
KJL_PE(config-if)#ip address 192.168.70.254 255.255.255.0
KJL_PE(config-if)#no shutdown
KJL_PE(config-if)#exit
KJL_PE(config)#interface vlan 80
KJL_PE(config-if)#ip address 192.168.80.254 255.255.255.0
KJL_PE(config-if)#no shutdown
KJL_PE(config-if)#exit
KJL_PE(config)#interface vlan 90
KJL_PE(config-if)#ip address 192.168.90.254 255.255.255.0
KJL_PE(config-if)#no shutdown
```

（3）测试不同 VLAN 之间通信。按照表 4-11 配置计算机的 IP 地址。

表 4-11　计算机 IP 地址

计算机	连接交换机端口	IP 地址	默认网关
PC11	KJL_CE-111-Fa0/3	192.168.60.2/24	192.168.60.254
PC12	KJL_CE-111-Fa0/20	192.168.70.2/24	192.168.70.254
PC13	KJL_CE-112-Fa0/3	192.168.70.3/24	192.168.70.254
PC21	KJL_CE-121-Fa0/3	192.168.80.2/24	192.168.80.254
PC22	KJL_CE-122-Fa0/3	192.168.80.3/24	192.168.80.254
PC983198	KJL_CE-131-Fa0/3	192.168.90.2/24	192.168.90.254

这 6 台计算机之间，任意两两相【ping】都能通。例如，使用 PC31【ping】PC13，结果如下所示：

```
PC>ping 192.168.70.3
Pinging 192.168.70.3 with 32 bytes of data:
Reply from 192.168.70.3: bytes=32 time=12ms TTL=127
Reply from 192.168.70.3: bytes=32 time=0ms TTL=127
Reply from 192.168.70.3: bytes=32 time=0ms TTL=127
Reply from 192.168.70.3: bytes=32 time=0ms TTL=127
PC>
```

不同 VLAN 之间能够互相通信，是因为在三层交换上启用了路由功能。

模块小结

通过本模块的学习，我们知道了如何控制交换机之间的 VLAN 通信，如何开启三层交换机的路由功能，实现不同 VLAN 间的相互通信。下面通过几个问题来回顾一下所学的内容。

（1）如何开启交换机的路由功能？

（2）如何指定 Trunk 端口允许或不允许 VLAN 信息通过？

（3）三层交换机与二层交换机的区别是什么？

（4）什么是网关，什么是默认网关？

项目5 信息中心网络施工

信息中心是企业网的神经中枢，直接关系到企业网运行的稳定。为了保证企业网稳定高效地运行，采用双核心拓扑结构，以实现冗余备份和负载均衡两个目的。本项目模块和具体任务如图5-1所示。

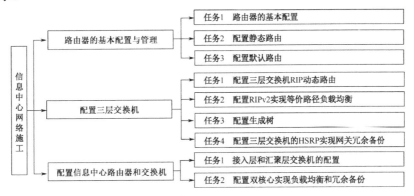

图5-1 项目5的模块和具体任务

信息中心网络拓扑（防火墙为透明模式）如图5-2所示。

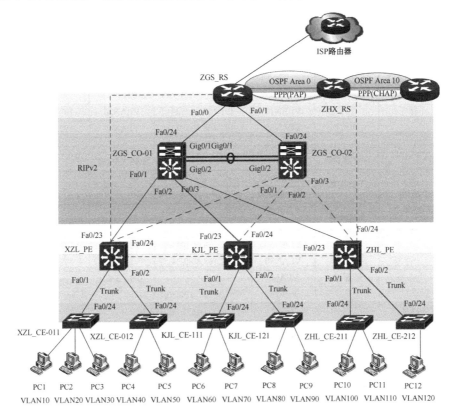

图5-2 信息中心网络拓扑

信息中心网络建设工单如表 5-1 所示。

表 5-1 信息中心网络建设工单

<table>
<tr><td rowspan="9">工
程
建
设
中
心</td><td>工程名称</td><td>北方科技网络工程</td><td colspan="2">工单号</td><td>005</td><td colspan="2">流水号</td><td colspan="2">201***08</td></tr>
<tr><td>地　　址</td><td>沈阳</td><td colspan="2">联系人</td><td>张伟</td><td colspan="2">联系电话</td><td colspan="2">131****8686</td></tr>
<tr><td>三层交换机</td><td>Cisco 3560</td><td colspan="2">5 台</td><td colspan="2">二层交换机</td><td colspan="2">Cisco 2960</td><td>6 台</td></tr>
<tr><td>路由器</td><td>Cisco 2811</td><td colspan="2">1 台</td><td></td><td></td><td></td><td></td></tr>
<tr><td>经办人</td><td>王晓强</td><td colspan="2">发件时间</td><td colspan="5"></td></tr>
<tr><td>施工单位</td><td>朝阳网络公司</td><td colspan="2">设备厂家</td><td colspan="5">红山网络设备公司</td></tr>
<tr><td>备注</td><td>所有设备特权模式密码</td><td colspan="2">123456</td><td colspan="2">远程登录密码</td><td colspan="3">cisco</td></tr>
</table>

<table>
<tr><td rowspan="3">路由器
Cisco 2811
ZGS_RS</td><td colspan="2">管理 IP</td><td>VLAN1</td><td colspan="2">10.0.1.43/24</td><td></td></tr>
<tr><td rowspan="2">下连端口</td><td>Fa0/0</td><td colspan="3">172.16.3.1/30</td><td rowspan="2">RIPv2</td></tr>
<tr><td>Fa0/1</td><td colspan="3">172.16.4.1/30</td></tr>
<tr><td rowspan="6">核心交换机
Cisco 3560
ZGS_CO-01</td><td colspan="2">管理 IP</td><td>VLAN1</td><td colspan="2">10.0.1.40/24</td><td></td></tr>
<tr><td>上连端口</td><td>Fa0/24</td><td colspan="3">172.16.3.2/30</td><td></td></tr>
<tr><td rowspan="3">下连端口</td><td>Fa0/1</td><td colspan="3">172.16.5.1/30</td><td rowspan="3">RIPv2</td></tr>
<tr><td>Fa0/2</td><td colspan="3">172.16.6.1/30</td></tr>
<tr><td>Fa0/3</td><td colspan="3">172.16.7.1/30</td></tr>
<tr><td>左连端口</td><td>Gig0/1-2</td><td colspan="4">端口聚合</td></tr>
<tr><td rowspan="6">核心交换机
Cisco 3560
ZGS_CO-02</td><td colspan="2">管理 IP</td><td>VLAN1</td><td colspan="2">10.0.1.41/24</td><td></td></tr>
<tr><td>上连端口</td><td>Fa0/24</td><td colspan="3">172.16.4.2/30</td><td></td></tr>
<tr><td rowspan="3">下连端口</td><td>Fa0/1</td><td colspan="3">172.16.8.1/30</td><td rowspan="3">RIPv2</td></tr>
<tr><td>Fa0/2</td><td colspan="3">172.16.9.1/30</td></tr>
<tr><td>Fa0/3</td><td colspan="3">172.16.10.1/30</td></tr>
<tr><td>右连端口</td><td>Gig0/1-2</td><td colspan="4">端口聚合</td></tr>
<tr><td rowspan="7">汇聚交换机
Cisco 3560
XZL_PE</td><td colspan="2">管理 IP</td><td>VLAN1</td><td colspan="3">10.0.1.14/24</td></tr>
<tr><td rowspan="2">上连端口</td><td>Fa0/23</td><td colspan="3">172.16.5.2/30</td><td rowspan="2">RIPv2</td></tr>
<tr><td>Fa0/24</td><td colspan="3">172.16.8.2/30</td></tr>
<tr><td rowspan="2">下连端口</td><td>Fa0/1</td><td colspan="3">TO-XZL_CE-011</td><td>Trunk</td></tr>
<tr><td>Fa0/2</td><td colspan="3">TO-XZL_CE-021</td><td>Trunk</td></tr>
<tr><td rowspan="3">DHCP</td><td>VLAN10</td><td colspan="2">192.168.10.0/24</td><td>VLAN20</td><td colspan="2">192.168.20.0/24</td></tr>
<tr><td>VLAN30</td><td colspan="2">192.168.30.0/24</td><td>VLAN40</td><td colspan="2">192.168.40.0/24</td></tr>
<tr><td>VLAN50</td><td colspan="2">192.168.50.0/24</td><td colspan="3"></td></tr>
<tr><td rowspan="6">汇聚交换机
Cisco 3560
KJL_PE</td><td colspan="2">管理 IP</td><td>VLAN1</td><td colspan="3">10.0.1.35/24</td></tr>
<tr><td rowspan="2">上连端口</td><td>Fa0/23</td><td colspan="3">172.16.6.2/30</td><td rowspan="2">RIPv2</td></tr>
<tr><td>Fa0/24</td><td colspan="3">172.16.9.2/30</td></tr>
<tr><td rowspan="2">下连端口</td><td>Fa0/1</td><td colspan="3">TO-KJL_CE-111</td><td>Trunk</td></tr>
<tr><td>Fa0/2</td><td colspan="3">TO-KJL_CE-121</td><td>Trunk</td></tr>
<tr><td rowspan="2">DHCP</td><td>VLAN60</td><td colspan="2">192.168.60.0/24</td><td>VLAN70</td><td colspan="2">192.168.70.0/24</td></tr>
<tr><td>VLAN80</td><td colspan="2">192.168.80.0/24</td><td>VLAN90</td><td colspan="2">192.168.90.0/24</td></tr>
<tr><td rowspan="6">汇聚交换机
Cisco 3560
ZHL_PE</td><td colspan="2">管理 IP</td><td>VLAN1</td><td colspan="3">10.0.1.36/24</td></tr>
<tr><td rowspan="2">上连端口</td><td>Fa0/23</td><td colspan="3">172.16.7.2/30</td><td rowspan="2">RIPv2</td></tr>
<tr><td>Fa0/24</td><td colspan="3">172.16.10.2/30</td></tr>
<tr><td rowspan="2">下连端口</td><td>Fa0/1</td><td colspan="3">TO-ZHL_CE-211</td><td>Trunk</td></tr>
<tr><td>Fa0/2</td><td colspan="3">TO-KJL_CE-221</td><td>Trunk</td></tr>
<tr><td rowspan="2">DHCP</td><td>VLAN100</td><td colspan="2">192.168.100.0/24</td><td>VLAN110</td><td colspan="2">172.168.15.0/24</td></tr>
<tr><td>VLAN120</td><td colspan="2">192.168.120.0/24</td><td colspan="3"></td></tr>
</table>

模块 1 路由器的基本配置与管理

任务 1 路由器的基本配置

【任务描述】

路由器是互联网的主要结点设备，路由器构成了 Internet 的骨架，路由器的性能影响着网络互联的质量。因此，在企业网、城域网乃至整个 Internet 领域中，路由器技术处于核心地位。

在使用路由器搭建企业网之前，首先要认识路由器，掌握路由器的基本配置。本任务旨在学习接口地址、特权模式、密码和基本封装类型等路由器的基本知识和基本操作。

完成本任务后，你将能够：

➢ 了解路由和路由器；

➢ 理解路由器的功能；

➢ 掌握路由器的基本配置方法。

【必备知识】

1）路由和路由器

路由是通过第 3 层设备（路由器或网关）在网络或子网之间转发数据包的过程。在路由过程中，使用路由表、协议和算法来确定转发 IP 数据的最有效路径。

路由器（Router）由 CPU、主板、RAM、ROM 组成，一般有控制台接口和网络接口。控制台接口连接管理终端、配置终端和控制终端，但并非所有的路由器都有控制台接口；网络接口包括不同的 LAN 或 WAN 接口。Cisco 2811 路由器如图 5-3 所示。

图 5-3 Cisco 2811 路由器

路由器的主要功能是确定路径和数据包转发。路由器通过维护路由表来保证路由器感知网络中的改变，路由表包括静态路由、动态路由和默认路由三种条目，它们用来选择到达目的网络的最佳路径。

路由表为每个网络保留一个条目。因为到达目的网络的路径可能有多个信息来源，所以路由过程是在路由表中选择能够使用的信息来源，这些信息来自正在运行的多种动态路由协议、静态路由或默认路由。路由协议根据信息来源分配的权重（又称管理距离），来衡量到达目的网络的路径和满意度，最佳且最可靠的信息来源权重最小。

2）路由器端口编号规则和常用模块

在低端小型路由器上，接口编号用数字表示。在中、高端大型路由器上，接口首先按照插槽的位置编号，然后是插槽的接口编号，中间用【/】隔开。编号的顺序是从右到左，从上到下。注意观察接口和模块上的标志，注意插槽的标号，从靠近电源开始，依次是 0，1，2，3，…，各接口也从 0 开始编号。图 5-4 所示是 Cisco 2811 路由器的插槽模块组位置编号。

掌握接口编号规则有助于在配置接口参数时正确找到接口。Cisco 2811 路由器的插槽接口如图 5-5 所示。

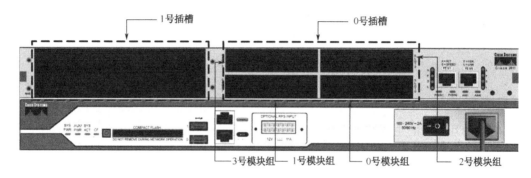

图 5-4 路由器插槽模块组位置编号

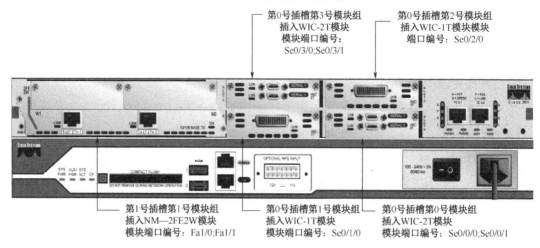

图 5-5 端口编号

一般路由器都有一个固定的 Console 端口，用于本地配置路由器或路由器的软件升级。分别有 10/100M 自适应的 RJ-45 以太网接口，主要用来连接以太网。有一个或多个模块扩展插槽，用于功能扩展。例如，WIC（WAN Interface Card 的缩写）模块就是一个广域网接口模块。

3）路由器的管理方式

路由器的管理方式与交换机相同，可以通过带内管理或带外管理进行管理。

4）使用路由器时要注意的问题和排错

➢ 加装和拆卸模块一定要先关闭电源；

➢ 串口一定不要带电插拔。

5）路由器接口 IP 地址的配置方法

路由器的各类接口在使用之前，必须在接口模式下配置 IP 地址。

（1）在全局模式下使用【interface】命令进入接口模式。

> Router(config)#interface<{type}><slot/number>

参数说明：

➢ type：接口类型，主要有 Ethernet（以太网接口）、FastEthernet（快速以太网接口）和 Serial（串口）等；

➢ slot/number：接口的编号。

（2）在接口模式下使用【ip address】命令配置 IP 地址。

Router(config-if)#ip address <ip-address><mask>

参数说明：

➢ ip-address：接口的 IP 地址；

➢ mask：子网掩码，用于识别 IP 地址中的网络号。

【任务准备】

（1）学生 3～5 人分为一组。

（2）PC 2 台，Cisco 2811 路由器 2 台， DCE 串口线 1 根，配置线 2 根，直通线 1 根。

【任务实施】

步骤 1：按照图 5-6 连接硬件。

通过 Console 端口配置路由器的方法与交换机基本相同，帮助的使用方法也基本相同。

（1）按照图 5-6，使用配置线连接 PC 和路由器，使用交叉线连接 PC 和路由器。

（2）按照表 5-2，关闭路由器的电源，为路由器 RA 添加 WIC-1T 模块，为路由器 RB 添加 WIC-2T 模块。使用 DCE 串口线连接两台路由器的串口。注意，添加模块时一定要先关闭电源。

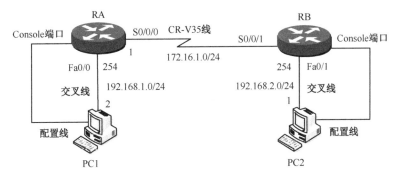

图 5-6　路由器的基本配置

表 5-2　计算机和路由器的 IP 地址分配表

设　备	接　口	IP 地址	子网掩码	模　块
路由器（RA）	Se0/0/0	172.16.1.1	255.255.255.0	WIC-1T
	Fa0/0	192.168.1.254	255.255.255.0	
路由器（RB）	Se0/0/1	197.16.1.2	255.255.255.0	WIC-2T
	Fa0/1	192.168.2.254	255.255.255.0	
PC1	网络接口	192.168.1.2	255.255.255.0	
PC2	网络接口	192.168.2.2	255.255.255.0	

步骤 2：路由器 RA 的基本配置。

（1）打开 PC 的【超级终端】，进入特权模式，使用【show running-config】命令，查看当前的配置。

```
Router>enable                          //进入路由器的特权模式
Router#show running-config             //查看当前配置
Building configuration...
Current configuration : 538 bytes
```

```
!
version 12.4
no service timestamps log datetime msec
no service timestamps debug datetime msec
no service password-encryption
!
hostname Router
!
spanning-tree mode pvst
!!
interface FastEthernet0/0
 no ip address
 duplex auto
 speed auto
 shutdown
!
interface FastEthernet0/1
 no ip address
 duplex auto
 speed auto
 shutdown
!
interface Serial0/0/0
 no ip address
 shutdown
!
interface Vlan1
 no ip address
 shutdown
!
ip classless
!
line con 0
!
line aux 0
!
line vty 0 4
login
end
Router#
```

（2）使用【write】命令保存当前配置。

Router#write
Building configuration...
[OK]

Router#

（3）使用【reload】命令重新启动路由器。

```
Router#reload
Proceed with reload? [confirm]y
```

步骤3：根据表5-2配置路由器的标识、接口 IP 地址和 DCE 的时钟频率。

（1）配置路由器（RA）的标识符、接口 IP 地址和 DCE 时钟频率。

```
Router#configure terminal                          //进入全局配置模式
Router(config)#hostname RA                         //修改机器标识
RA(config)#interface serial 0/0/0                   //进入接口模式
RA(config-if)#ip address 172.16.1.1 255.255.255.0  //配置接口的 IP 地址
RA(config-if)#clock rate 64000                      //配置 DCE 时钟频率
RA(config-if)#no shutdown
RA(config-if)#^Z                                    //在任何模式下按 Ctrl +Z 进入特权模式
```

使用【show interface】命令，查看配置情况。

```
RA#show interface serial 0/0/0                     //查看接口状态
Serial0/2 is down, line protocol is down           //对端没有配置，所以协议是 down
Mode=Sync DCE Speed=64000                          // DCE
    DTR=UP,DSR=DOWN,RTS=UP,CTS=DOWN,DCD=DOWN
    MTU 1500 bytes, BW 64 kbit, DLY 2000 usec
    Interface address is 172.16.1.1/24                 //IP 地址
    Encapsulation protocol HDLC, link check interval is 10 sec    //封装的 HDLC 协议
Octets   Received 0, Octets Sent 0
Frames Received 0, Frames Sent 0, Link-check Frames Received 0
Link-check Frames Sent 0, Loopback times 0
Frames Discarded 0, Unknown Protocols Frames Received 0, Sent failure 0
    Link-check Timeout 0, Queue Error 0, Link Error 0,
    60 second input rate 0 bits/sec, 0 packets/sec!
    60 second output rate 0 bits/sec, 0 packets/sec!
        0 packets input, 0 bytes, 8 unused_rx, 0 no buffer
        0 input errors, 0 CRC, 0 frame, 0 overrun, 0 ignored, 0 abort
        0 packets output, 0 bytes, 8 unused_tx, 0 underruns
    error:
        0 clock, 0 grace
    PowerQUICC SCC specific errors:
        0 recv allocb mblk fail        0 recv no buffer
        0 transmitter queue full       0 transmitter hwqueue_full
RA#
```

（2）配置 RA 路由器以太网端口的 IP 地址。

```
RA#configure terminal
RA(config)#interface fastEthernet 0/0
RA(config-if)#ip address 192.168.1.254 255.255.255.0
```

```
RA(config-if)#no shutdown
RA(config-if)#^Z
RA#
```

用【show interfaces】命令，查看配置情况。

```
A#show interfaces fastEthernet 0/0
FastEthernet0/0 is up, line protocol is down (disabled)
    Hardware is Lance, address is 0006.2a33.9901 (bia 0006.2a33.9901)
    Internet address is 192.168.1.254/24
    MTU 1500 bytes, BW 100000 Kbit, DLY 100 usec,
        reliability 255/255, txload 1/255, rxload 1/255
    Encapsulation ARPA, loopback not set
    ARP type: ARPA, ARP Timeout 04:00:00,
    Last input 00:00:08, output 00:00:05, output hang never
    Last clearing of "show interface" counters never
    Input queue: 0/75/0 (size/max/drops); Total output drops: 0
    Queueing strategy: fifo
    Output queue :0/40 (size/max)
    5 minute input rate 0 bits/sec, 0 packets/sec
    5 minute output rate 0 bits/sec, 0 packets/sec
        0 packets input, 0 bytes, 0 no buffer
        Received 0 broadcasts, 0 runts, 0 giants, 0 throttles
        0 input errors, 0 CRC, 0 frame, 0 overrun, 0 ignored, 0 abort
        0 input packets with dribble condition detected
        0 packets output, 0 bytes, 0 underruns
        0 output errors, 0 collisions, 2 interface resets
        0 babbles, 0 late collision, 0 deferred
        0 lost carrier, 0 no carrier
        0 output buffer failures, 0 output buffers swapped out
RA#
```

步骤 4：设置密码。

（1）设置进入特权模式的明文密码（password）"123456"，此密码只在没有密文密码时起作用。

```
RA(config)#enable password 123456        //密码区分大小写
```

使用【show running-config】命令，查看配置的明文密码。

```
Router#show running-config
//省略
enable password 123456
//省略
```

验证明文密码。

```
RA>enable
Password:                              //输入密码，密码不可见
```

```
RA#
```

（2）设置特权模式的密文（secret）密码"cisco"。

```
RA(config)#enable secret cisco        //设置进入特权模式的密文密码
RA(config)#exit
RA#exit
RA>enable                             //再次进入特权模式
Password:                             //需要输入密码"admin"，注意输入的密码不显示
RA#
```

使用【show running-config】命令，查看设置的密码。

```
//省略
enable secret 5 $1$mERr$hx5rVt7rPNoS4wqbXKX7m0        //密文密码
enable password 123456                                //明文密码
//省略
```

特权模式明文密码"123456"和特权密文密码"cisco"同时存在，则特权密文密码起作用。密文密码也称为密钥。

步骤 5：路由器 RB 的基本配置（命令解释参照路由器 RA）。

使用 PC1 的【超级终端】，配置路由器 RB，它的配置与路由器 RA 类似，只是各接口的 IP 地址设置不同，要注意路由器 RB 是 DTE 不需要配置时钟。

```
Router>enable                          //配置路由器 RB 的串口
Router#configure terminal
Router(config)#hostname RB
RB(config)#interface serial 0/0/0
RB(config-if)#ip address 172.16.1.2 255.255.255.0
RB(config-if)#no shutdown
RB(config)#interface fastEthernet 0/1  //配置路由器 RB 的以太网端口
RB(config-if)#ip address 192.168.2.254 255.255.255.0
RB(config-if)#no shutdown
RB(config)#enable secret admin         //为路由器 RB 配置密文密码"admin"
```

使用【show running-config】命令查看设置情况（结果略）。

步骤 6：检查配置情况。

在 PC1 的【超级终端】，使用【ping】命令，两台路由器之间能 ping 通，配置 PC2 的 IP 地址，测试 PC2 是否能【ping】通 PC1。

```
RA#ping 172.16.1.2
Type escape sequence to abort.
Sending 5, 100-byte ICMP Echos to 172.16.1.2, timeout is 2 seconds:
!!!!!
Success rate is 100 percent (5/5), round-trip min/avg/max = 6/7/11 ms
RA#
```

任务 2　配置静态路由

【任务描述】

在同一网段，数据包可以直接传输到目的地，在不同网段，就需要路由根据 IP 地址将数据包转发到正确的目的地。路由分为静态路由和动态路由两类，本任务旨在学习静态路由的配置。

完成本任务后，你将能够：

➢ 理解路由；

➢ 配置静态路由；

➢ 理解路由表。

【必备知识】

1）路由器和路由选择

路由是寻找从一个结点到另一个结点之间合理路径的过程。路由选择是指选择通过互联网络从源结点向目的结点传输信息的通道，而且信息至少通过一个中间结点。路由选择工作在 OSI 参考模型的网络层（第 3 层）。

路由选择包括两个基本操作，即判定最佳路径和网间信息包的传送（交换）。两者之间，路径的判定相对复杂。

在确定最佳路径的过程中，路由选择算法需要初始化和维护路由表（routing table）。路由表中包含的路由选择信息根据路由选择算法的不同而不同，一般在路由表中包括这样一些信息：目的网络地址，相关网络结点，对某条路径的满意程度，预期路径信息等。

为了进行路由，路由器必须知道下面三项内容：

➢ 确定是否激活了对该协议组的支持；

➢ 目的网络；

➢ 路由器必须知道哪个外出接口是到达目标的最佳路径。

根据路由表生成方式的不同，把路由分为静态路由和动态路由。

2）静态路由

静态路由是指人为指定的到某个网络或特定主机的路径，如图 5-7 所示。

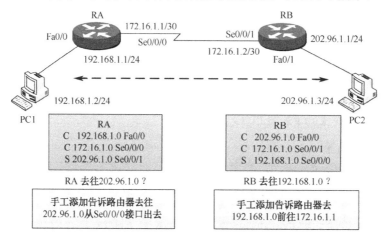

图 5-7　静态路由

静态路由的默认管理距离是【1】，而且它不包含在路由表中（直连网络除外）。

静态路由的优点是配置简单、稳定,能够禁止非法的路由改变,同时便于实现负载均衡和路由备份。

静态路由的缺点是:在大型和复杂的网络环境中,网络管理员不能全面地了解整个网络的拓扑结构,很难人为配置;当网络的拓扑结构和链路状态发生变化时,路由器中的静态路由信息需要大范围地调整,工作难度非常大。

3)静态路由的应用环境

静态路由开销小但不灵活,适用于相对稳定、小规模的网络环境。

4)静态路由的配置方法

要在路由器上配置静态路由,必须在全局模式下使用【ip route】命令。

Router(config)#ip route prefix mask<address | interface ><distance>

参数说明:
- ➤ prefix:目标网络的 IP 路由网络 ID;
- ➤ mask:目标网络的子网掩码;
- ➤ address:到达目标网络下一跳的 IP 地址;
- ➤ interface:要使用的网络设备的端口;
- ➤ distance:管理距离。

5)查看路由器上的路由表信息

在路由器上配置好正确的路由信息后,一般不需要更改。但是,在企业网的日常维护中,需要网络管理人员对运行中的路由信息进行检查与确认,以便发现问题及时解决,通过查看路由器上的路由表,可以检查输入的路由命令是否正确。

查看路由表信息,要在特权模式下使用【show ip route】命令或【running-config】命令。

【任务准备】

(1)学生 3～5 人分为一组。

(2)Cisco 2811 路由器 3 台,PC 3 台,配置线 3 根,DCE 串口线 1 根,交叉线 3 根。

【任务实施】

步骤 1:连接硬件设备。

(1)按照图 5-8 为路由器 RA、RB 添加 WIC-1T 模块,使用 DCE 串口线连接路由器 RA、RB 的串行端口。注意:为路由器添加模块前要关闭电源。

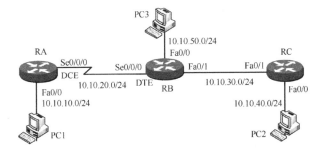

图 5-8 静态路由配置

(2)使用交叉线连接 PC 和路由器 RB、RC。

步骤 2：按照表 5-3 配置路由器标识符、IP 地址和时钟频率。

表 5-3　路由器端口 IP 地址分配表

路由器	端　口	IP 地址	子网掩码	模块
RA	Fa0/0	10.10.10.1	255.255.255.0	
	Se0/0/0	10.10.20.1	255.255.255.0	WIC-1T
RB	Fa0/0	10.10.50.1	255.255.255.0	
	Se0/0/0	10.10.20.2	255.255.255.0	WIC-1T
	Fa0/1	10.10.30.1	255.255.255.0	
RC	Fa0/0	10.10.40.1	255.255.255.0	
	Fa0/1	10.10.30.2	255.255.255.0	

（1）使用 PC1 的【超级终端】，配置路由器 RA 的标识符、特权模式密码（123456）、端口的 IP 地址和时钟频率（64000）。

```
Router(config)#hostname RA
RA(config)#enable password 123456                //交换机特权密码
RA(config)#interface fastEthernet 0/0
RA(config-if)#ip address 10.10.10.1 255.255.255.0
RA(config-if)#no shutdown
RA(config-if)#exit
RA(config)#interface serial 0/0/0
RA(config-if)#ip address 10.10.20.1 255.255.255.0
RA(config-if)#clock rate 64000                   // DCE 时钟频率
RA(config-if)#no shutdown
```

使用【show running-config】命令，查看路由器 RA 的配置情况。

```
RA#show running-config
hostname RA
enable password 123456                //特权模式密码
interface FastEthernet0/0
  ip address 10.10.10.1 255.255.255.0    // IP 地址
  duplex auto
  speed auto
interface Serial0/0/0
  ip address 10.10.20.1 255.255.255.0    // IP 地址
  clock rate 64000
```

（2）使用 PC3 的【超级终端】，配置路由器 RB 的标识符、特权模式密码（123456）和端口的 IP 地址。

```
Router(config)#hostname RB
RB(config)#enable password 123456
RB(config)#interface serial 0/0/0
RB(config-if)#ip address 10.10.20.2 255.255.255.0
RB(config-if)#no shutdown
```

```
RB(config-if)#exit
RB(config)#interface fastEthernet 0/0
RB(config-if)#ip address 10.10.50.1 255.255.255.0
RB(config-if)#no shutdown
RB(config-if)#exit
RB(config)#interface fastEthernet 0/1
RB(config-if)#ip address 10.10.30.1 255.255.255.0
RB(config-if)#no shutdown
```

使用【show running-config】命令，查看路由器 RB 的配置情况。

```
RB#show running-config
hostname RB
enable password 123456
interface FastEthernet0/0
 ip address 10.10.50.1 255.255.255.0
 duplex auto
 speed auto
interface FastEthernet0/1
 ip address 10.10.30.1 255.255.255.0
 duplex auto
 speed auto
interface Serial0/0/0
 ip address 10.10.20.2 255.255.255.0
```

（3）使用 PC2 的【超级终端】，配置路由器 RC 的标识符、特权模式密码（123456）和端口的 IP 地址。

```
Router(config)#hostname RC
RC(config)#interface fastEthernet 0/1
RC(config-if)#ip address 10.10.30.2 255.255.255.0
RC(config-if)#no shutdown
RC(config-if)#exit
RC(config)#interface fastEthernet 0/0
RC(config-if)#ip address 10.10.40.1 255.255.255.0
RC(config-if)#no shutdown
```

使用【show running-config】命令，查看路由器 RC 的配置情况。

```
RC#show running-config
hostname RC
interface FastEthernet0/0
 ip address 10.10.40.1 255.255.255.0
 duplex auto
 speed auto
interface FastEthernet0/1
 ip address 10.10.30.2 255.255.255.0
 duplex auto
 speed auto
```

步骤 3：按照表 5-4 配置计算机的 IP 地址，测试网络连通性。

表 5-4 计算机 IP 地址分配

计算机	连接的网络端口	IP 地址	子网掩码	默认网关
PC1	TO-RA-Fa0/0	10.10.10.2	255.255.255.0	10.10.10.1
PC2	TO-RC-Fa0/0	10.10.40.2	255.255.255.0	10.10.40.1
PC3	TO-RB-Fa0/0	10.10.50.2	255.255.255.0	10.10.50.1

（1）在 PC1 上使用【ping】命令，测试 PC1 与路由器 RA 的 Fa0/0 端口的连通性。

> **PC>ping 10.10.10.1**
> Pinging 10.10.10.1 with 32 bytes of data:
> Reply from 10.10.10.1: bytes=32 time=2ms TTL=255
> Reply from 10.10.10.1: bytes=32 time=0ms TTL=255
> Reply from 10.10.10.1: bytes=32 time=0ms TTL=255
> Reply from 10.10.10.1: bytes=32 time=0ms TTL=255
> PC>

可以看到 PC1 与路由器 RA 之间的网络是连通的。

（2）在 PC2 上【ping】PC1 和 PC3。

> **PC>ping 10.10.50.2**
> Pinging 10.10.50.2 with 32 bytes of data:
> Reply from 10.10.40.1: Destination host unreachable.
> Reply from 10.10.40.1: Destination host unreachable.
> Reply from 10.10.40.1: Destination host unreachable.
> Reply from 10.10.40.1: Destination host unreachable.
> Ping statistics for 10.10.50.2:
>   Packets: Sent = 4, Received = 0, Lost = 4 (100% loss)

结果都是主机不可达，反之 PC2 或 PC3【ping】PC1 结果相同。

步骤 4：查看路由表。

（1）在 PC1 的【超级终端】，使用【show ip route】命令，查看路由器 RA 的路由表。

> **RA#show ip route**
> Codes: C - connected, S - static, I - IGRP, R - RIP, M - mobile, B - BGP
>   D - EIGRP, EX - EIGRP external, O - OSPF, IA - OSPF inter area
>   N1 - OSPF NSSA external type 1, N2 - OSPF NSSA external type 2
>   E1 - OSPF external type 1, E2 - OSPF external type 2, E - EGP
>   i - IS-IS, L1 - IS-IS level-1, L2 - IS-IS level-2, ia - IS-IS inter area
>   * - candidate default, U - per-user static route, o - ODR
>   P - periodic downloaded static route
>
> Gateway of last resort is not set
>
>   10.0.0.0/24 is subnetted, 2 subnets
> C   10.10.10.0 is directly connected, FastEthernet0/0   //C 表示直连

```
C          10.10.20.0 is directly connected, Serial0/0/0
RA#
```

（2）在 PC3 的【超级终端】，使用【show ip route】命令，查看路由器 RB 的路由表。

```
RB#show ip route
Codes:  C - connected, S - static, I - IGRP, R - RIP, M - mobile, B - BGP
        D - EIGRP, EX - EIGRP external, O - OSPF, IA - OSPF inter area
        N1 - OSPF NSSA external type 1, N2 - OSPF NSSA external type 2
        E1 - OSPF external type 1, E2 - OSPF external type 2, E - EGP
        i - IS-IS, L1 - IS-IS level-1, L2 - IS-IS level-2, ia - IS-IS inter area
        * - candidate default, U - per-user static route, o - ODR
        P - periodic downloaded static route
Gateway of last resort is not set
        10.0.0.0/24 is subnetted, 3 subnets
C          10.10.20.0 is directly connected, Serial0/0/0
C          10.10.30.0 is directly connected, FastEthernet0/1
C          10.10.50.0 is directly connected, FastEthernet0/0
RB#
```

（3）在 PC2 的【超级终端】，使用【show ip route】命令，查看路由器 RC 的路由表。

```
RC#show ip route
Codes:  C - connected, S - static, I - IGRP, R - RIP, M - mobile, B - BGP
        D - EIGRP, EX - EIGRP external, O - OSPF, IA - OSPF inter area
        N1 - OSPF NSSA external type 1, N2 - OSPF NSSA external type 2
        E1 - OSPF external type 1, E2 - OSPF external type 2, E - EGP
        i - IS-IS, L1 - IS-IS level-1, L2 - IS-IS level-2, ia - IS-IS inter area
        * - candidate default, U - per-user static route, o - ODR
        P - periodic downloaded static route
Gateway of last resort is not set
        10.0.0.0/24 is subnetted, 2 subnets

C          10.10.30.0 is directly connected, FastEthernet0/1
C          10.10.40.0 is directly connected, FastEthernet0/0
RC#
```

从路由表可以看到：只有与路由器直接相连的网段出现在路由表中，而非直连网段没有出现。为了使非直连的网段也出现在路由表中，需要配置路由。

步骤 5：配置静态路由。

（1）使用 PC1 的【超级终端】，为路由器 RA 配置静态路由。

```
RA(config)#ip route 10.10.30.0 255.255.255.0 10.10.20.2      //下一跳 IP 地址
RA(config)#ip route 10.10.40.0 255.255.255.0 10.10.20.2
RA(config)#ip route 10.10.50.0 255.255.255.0 serial 0/0/0    //本地发送端口
```

（2）使用 PC2 的【超级终端】，为路由器 RC 配置静态路由。

```
RC(config)#ip route 10.10.10.0 255.255.255.0 10.10.30.1
RC(config)#ip route 10.10.20.0 255.255.255.0 10.10.30.1
RC(config)#ip route 10.10.50.0 255.255.255.0 10.10.30.1
```

（3）使用 PC3 的【超级终端】，为路由器 RB 配置静态路由。

```
RB(config)#ip route 10.10.10.0 255.255.255.0 10.10.20.1
RB(config)#ip route 10.10.40.0 255.255.255.0 10.10.30.2
```

在 PC1 的【超级终端】，使用【show ip route】命令查看路由器 RA 的路由表。

```
RA#show ip route
Gateway of last resort is not set
        10.0.0.0/24 is subnetted, 5 subnets
C          10.10.10.0 is directly connected, FastEthernet0/0
C          10.10.20.0 is directly connected, Serial0/0/0
S          10.10.30.0 [1/0] via 10.10.20.2                    //S 表示静态路由
S          10.10.40.0 [1/0] via 10.10.20.2
S          10.10.50.0 [1/0] via 10.10.20.2
                              is directly connected, Serial0/0/0
RA#
```

查看路由器 RB 和 RC 的路由表，会看到静态路由的出现。

步骤 6：验证静态路由配置情况。

（1）按照表 5-4，为 PC1、PC2 配置相应的 IP 地址、子网掩码，使用 PC1【ping】PC3，结果如下所示：

```
PC>ping 10.10.50.2
Pinging 10.10.50.2 with 32 bytes of data:
Request timed out.
Request timed out.
Request timed out.
Request timed out.
Ping statistics for 10.10.50.2:
        Packets: Sent = 4, Received = 0, Lost = 4 (100% loss),
PC>
```

（2）根据表 5-4，在 PC1、PC2 已经配置 IP 地址、子网掩码的情况下，配置默认网关，再使用 PC1【ping】PC3，结果如下所示：

```
PC>ping 10.10.50.2
Pinging 10.10.50.2 with 32 bytes of data:
Reply from 10.10.50.2: bytes=32 time=1ms TTL=126
Reply from 10.10.50.2: bytes=32 time=1ms TTL=126
Reply from 10.10.50.2: bytes=32 time=3ms TTL=126
Reply from 10.10.50.2: bytes=32 time=1ms TTL=126
PC>
```

任务 3　配置默认路由

【任务描述】

默认路由也叫缺省路由，是指路由器没有明确路由可用时所采纳的路由。默认路由不是路由器自动产生的，需要管理员配置，所以说默认路由是一种特殊的静态路由。

完成本任务后，你将能够：

➢ 理解默认路由；

➢ 掌握默认路由的配置方法。

【必备知识】

1）默认路由

如果路由表中没有明确到达目标网络的路径，需要使用默认路由。在路由表中，默认路由的目标 IP 地址是 0.0.0.0，子网掩码是 0.0.0.0。

默认路由在企业网中被广泛使用。例如，某企业的一台路由器，一端连接企业网内部，另一端和互联网连接。由于路由表不可能描述互联网上所有网络的路由，因此这种拓扑使用默认路由是最适合的状况。路由器收到的任何数据包，只要没找到具体匹配的路由表入口，它们都将通过默认路由接口发出。默认路由能够减少路由器中路由表的数目，降低路由器配置的复杂程度，缩小路由器更新路由表所占用的带宽。

2）配置默认路由器命令

ip route 0.0.0.0 0.0.0.0　　<next-hop-ip|interface><distance>

➢ next-hop-ip|interface：下一跳 IP 或接口；

➢ distance：管理距离；

➢ 0.0.0.0 0.0.0.0：任意地址和任意掩码。

3）分析路由表信息

使用【show ip route】命令显示的信息，如下所示：

```
RD#show ip route
Codes: C - connected, S - static, I - IGRP, R - RIP, M - mobile, B - BGP
        D - EIGRP, EX - EIGRP external, O - OSPF, IA - OSPF inter area
        N1 - OSPF NSSA external type 1, N2 - OSPF NSSA external type 2
        E1 - OSPF external type 1, E2 - OSPF external type 2, E - EGP
        i - IS-IS, L1 - IS-IS level-1, L2 - IS-IS level-2, ia - IS-IS inter area
        * - candidate default, U - per-user static route, o - ODR
        P - periodic downloaded static route
Gateway of last resort is 10.10.50.1 to network 0.0.0.0
        10.0.0.0/24 is subnetted, 2 subnets
C        10.10.50.0 is directly connected, FastEthernet0/0
C        10.10.60.0 is directly connected, FastEthernet0/1
S*    0.0.0.0/0 [1/0] via 10.10.50.1
RD#
```

第一部分显示的是路由表中字母标记的含义，如字母 C 表示直连路由，S 表示静态路由，R 表示 RIP，O 表示 OSPF 协议，等等。

第二部分是当前路由器正在运行的路由表：【C】表示当前路由器通过两个不同的端口连接的两个直连网段；【S】表示静态路由信息，说明当前路由器可以转发的目标网络及下一跳地址；【S*】表示这个静态路由是默认路由。

【任务准备】

（1）学生 3～5 人分为一组。

（2）Cisco 2811 路由器 4 台，PC 3 台，配置线 3 根，DCE 串口线 1 根，交叉线 3 根。

【任务实施】

步骤 1：连接硬件设备。

（1）按照图 5-9 为路由器 RB、RC 添加 WIC-1T 模块。使用 DCE 串口线连接路由器 RB、RC 的串行端口。

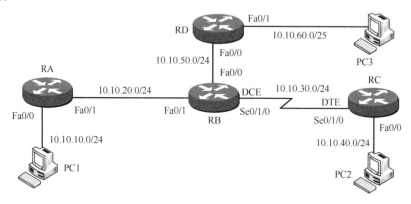

图 5-9　配置默认路由

（2）使用交叉线连接路由器 RA、RB、RD 和计算机。

步骤 2：按照表 5-5 配置路由器标识符、IP 地址和时钟频率。

表 5-5　IP 地址分配表

设备	端口	IP 地址	子网掩码	模块
路由器 RA	Fa0/0	10.10.10.1	255.255.255.0	
	Fa0/1	10.10.20.1	255.255.255.0	
路由器 RB	Fa0/1	10.10.20.2	255.255.255.0	
	Fa0/0	10.10.50.1	255.255.255.0	
	Se0/1/0	10.10.30.1	255.255.255.0	WIC-1T
路由器 RC	Se0/1/0	10.10.30.2	255.255.255.0	WIC-1T
	Fa0/0	10.10.40.1	255.255.255.0	
路由器 RD	Fa0/0	10.10.50.2	255.255.255.0	
	Fa0/1	10.10.60.1	255.255.255.0	

（1）使用 PC1 的【超级终端】，配置路由器 RA 的标识符、特权模式密码（123456）和 IP 地址。

```
Router(config)#hostname RA
RA(config)#enable password 123456
RA(config)#interface fastEthernet 0/0
RA(config-if)#ip address 10.10.10.1 255.255.255.0
RA(config-if)#no shutdown
RA(config-if)#exit
RA(config)#interface fastEthernet 0/1
```

```
RA(config-if)#ip address 10.10.20.1 255.255.255.0
RA(config-if)#no shutdown
```

（2）使用 PC1 的【超级终端】，配置路由器 RB 的标识符、特权模式密码（123456）、端口的 IP 地址和时钟频率（64000）。

```
Router(config)#hostname RB
RB(config)#enable password 123456
RB(config)#interface fastEthernet 0/1
RB(config-if)#ip address 10.10.20.2 255.255.255.0
RB(config-if)#no shutdown
RB(config-if)#exit
RB(config)#interface fastEthernet 0/0
RB(config-if)#ip address 10.10.50.1 255.255.255.0
RB(config-if)#no shutdown
RB(config-if)#exit
RB(config)#interface serial 0/1/0
RB(config-if)#ip address 10.10.30.1 255.255.255.0
RB(config-if)#clock rate 64000
RB(config-if)#no shutdown
```

（3）使用 PC2 的【超级终端】，配置路由器 RC 的标识符、特权模式密码（123456）和端口的 IP 地址。

```
Router(config)#hostname RC
RC(config)#enable password 123456
RC(config)#interface serial 0/1/0
RC(config-if)#ip address 10.10.30.2 255.255.255.0
RC(config-if)#no shutdown
RC(config-if)#exit
RC(config)#interface fastEthernet 0/0
RC(config-if)#ip address 10.10.40.1 255.255.255.0
RC(config-if)#no shutdown
```

（4）使用 PC3 的【超级终端】，配置路由器 RD 的标识符、特权模式密码（123456）和端口的 IP 地址。

```
Router(config)#hostname RD
RD(config)#enable password 123456
RD(config)#interface fastEthernet 0/0
RD(config-if)#ip address 10.10.50.2 255.255.255.0
RD(config-if)#no shutdown
RD(config-if)#exit
RD(config)#interface fastEthernet 0/1
RD(config-if)#ip address 10.10.60.1 255.255.255.0
RD(config-if)#no shutdown
```

步骤 3：配置路由器的默认路由。

（1）配置路由器 RA 的默认路由。

```
    RA(config)#ip route 0.0.0.0 0.0.0.0 10.10.20.2    //下一跳的 IP 地址
```

使用【show ip route】命令，查看路由器 RA 的默认路由配置。

```
RA#show ip route
//省略
        10.0.0.0/24 is subnetted, 2 subnets
C        10.10.10.0 is directly connected, FastEthernet0/0
C        10.10.20.0 is directly connected, FastEthernet0/1
S*    0.0.0.0/0 [1/0] via 10.10.20.2        //S*表示默认路由
RA#
```

（2）使用 PC1 的【超级终端】，配置路由器 RB 的静态路由。

```
    RB(config)#ip route 10.10.10.0 255.255.255.0 10.10.20.1
    RB(config)#ip route 10.10.40.0 255.255.255.0 10.10.30.2
    RB(config)#ip route 10.10.60.0 255.255.255.0 10.10.50.2
```

使用【show ip route】命令，查看路由器 RA 的默认路由配置。

```
RB#show ip route
//省略
Gateway of last resort is not set

        10.0.0.0/24 is subnetted, 6 subnets
S        10.10.10.0 [1/0] via 10.10.20.1
C        10.10.20.0 is directly connected, FastEthernet0/1
C        10.10.30.0 is directly connected, Serial0/1/0
S        10.10.40.0 [1/0] via 10.10.30.2
C        10.10.50.0 is directly connected, FastEthernet0/0
S        10.10.60.0 [1/0] via 10.10.50.2
RB#
```

（3）使用 PC2 的【超级终端】，配置路由器 RC 的静态路由。

```
    RC(config)#ip route 0.0.0.0 0.0.0.0 10.10.30.1
```

（4）使用 PC3 的【超级终端】窗口，配置路由器 RD 的静态路由。

```
    RD(config)#ip route    0.0.0.0 0.0.0.0 10.10.50.1
```

查看路由器 RC、RD 的默认路由，方法与查看路由器 RA 的相同。
在 PC1 的【超级终端】窗口，【ping】路由器 RC 的 10.10.40.1，结果如下：

```
RA#ping 10.10.40.1
Type escape sequence to abort.
Sending 5, 100-byte ICMP Echos to 10.10.40.1, timeout is 2 seconds:
!!!!!
Success rate is 100 percent (5/5), round-trip min/avg/max = 1/4/9 ms
RA#
```

模块小结

本模块我们学习了通过带内管理配置路由器的方法，理解了路由器、路由、静态路由和默认路由，掌握了静态路由和默认路由器的配置方法，能够查看路由表。下面通过几个问题来回顾一下所学的内容：

（1）使用什么命令查看路由表？

（2）什么是路由？

（3）什么是静态路由？

（4）什么是默认路由？

（5）静态路由与默认路由是什么关系？

（6）静态路由有什么特点，什么环境适合使用静态路由？

模块 2 配置三层交换机

任务 1 配置三层交换机的 RIP 动态路由

【任务描述】

通过前面学习静态路由，我们知道，在复杂的网络环境中，当网络的拓扑结构和链路状态发生变化时，路由器中的静态路由信息需要大范围调整，这个工作的难度非常大。这时，就要考虑使用动态路由。

完成本任务后，你将能够：

➢ 理解静态路由与动态路由的区别；

➢ 掌握 RIP 的基本配置方法；

➢ 配置 VLAN 间路由。

【必备知识】

1）动态路由协议

动态路由是指路由器之间通过路由协议动态地构建路由表。在动态路由中，管理员不再需要像配置静态路由一样——手工对路由器上的路由表进行维护，而是在每台路由器上运行动态路由协议，通过路由协议来维护路由表。路由协议会根据路由器的接口配置和连接链路的状态自动生成路由表。路由器之间通过相互连接的网络，动态地交换路由信息。通过这种机制，网络上的路由器会知道网络中其他网段中的路由信息及链路的变化情况，动态地生成、维护相应的路由表。

根据路由协议工作原理的不同，路由协议可分为距离矢量（Distance Vector）型路由协议和链路状态（Link State）型路由协议。在 IP 协议族中，典型的距离矢量路由协议有 RIP、RIPv2、IGRP 等，典型的链路状态路由协议有 OSPF 等。

静态路由和动态路由的目的都是为了非直连路由进入路由表，直连路由自动进入路由表，这是一切动态路由通告信息的起始点。

2）RIP

RIP（Routing Information Protocol，路由信息协议）采用距离矢量算法（Distance Vector Algorithms，DVA），是一个应用较早、配置简单、使用较普遍的内部网关协议（Interior Gateway

Protocol，IGP），它使用"跳数"（即 metric）来衡量到达目标地址的路由距离，而不考虑链路的带宽、延迟等复杂因素，适用于小型网络路由信息的传递。

RIP 通过广播 UDP 报文来交换路由信息，每 30 s 发送一次路由更新信息。它以跳数作为选取路由的标准，到同一目标网络优先选取跳数最小的路由路径。跳数的最大值为 16，所以 RIP 适合较小的自治系统。

3）启用 RIP 动态路由协议的主要步骤

第一步：启用 RIP 动态路由协议；

```
RA(config)#router rip
```

第二步：向邻居通告网络号，并启用相应的接口参数与动态路由协议的运行进程。

```
RA(config-router)#network < network    网络地址>。
```

4）RIPv2 基本配置命令

① 启动 RIP：

```
R1(config)#router rip
```

② 配置 RIP 的版本：

```
R1(config-router)#version 2
```

③ 关闭路由自动汇总：

```
R1(config-router)#no auto-summary
```

④ 发布直连接口主网号：

```
R1(config-router)#network    主网号
```

⑤ 查看端口配置：

```
R1#show ip protocols
```

⑥ 显示路由表信息：

```
R1#show ip route
```

⑦ 清除 IP 路由表的信息：

```
Router#clear ip route
```

⑧ 在控制台显示 RIP 的工作状态：

```
Router#debug ip rip
```

【任务准备】

（1）学生 2~5 人一组；

（2）Cisco 2811 路由器 3 台，Cisco 2960 交换机 1 台，PC 4 台，配置线 3 根，DCE 串口线 2 根，交叉线 5 根。

【任务实施】

步骤 1：连接硬件设备。

（1）为路由器 RA、RC 添加 WIC-1T 模块，为路由器 RB 添加 WIC-2T 模块。按照图 5-10 使用 DCE 串口线连接路由器 RA、RB 和 RC 的串行接口。

（2）按照图 5-10 和表 5-6，使用交叉线连接计算机和路由器。

表 5-6　路由器的 IP 地址分配

设　　备	端　　口	IP 地址	子网掩码	模　　块
路由器 RA	Fa0/0	10.65.1.1	255.255.0.0	
	Fa0/1	10.66.1.1	255.255.0.0	
	Se0/0/0	10.67.1.1	255.255.0.0	WIC-1T
路由器 RB	Se0/0/0（DTE）	10.67.1.2	255.255.0.0	WIC-2T
	Se0/0/1（DCE）	10.78.1.1	255.255.0.0	
路由器 RC	Se0/0/0（DTE）	10.78.1.2	255.255.0.0	WIC-1T
	Fa0/1	10.70.1.1	255.255.0.0	
	Fa0/0	10.69.1.1	255.255.0.0	

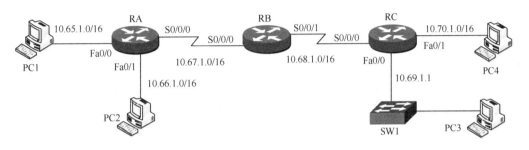

图 5-10　配置动态路由

步骤 2：按照表 5-6 配置路由器标识符、IP 地址和时钟频率。

（1）使用 PC1 的【超级终端】，配置路由器的标识符 RA、远程登录密码"cisco"、特权模式密码"123456"、端口的 IP 地址和时钟频率（64000）。

```
Router>enable
Router#configure terminal
Router(config)#hostname RA                          //标识符
RA(config)#line vty 0 4                              //远程登录最大在线用户数
RA(config-line)#password cisco                       //远程登录密码
RA(config-line)#login
RA(config-line)#exit
RA(config)#enable secret 123456                      //特权模式密码
RA(config)#interface fastEthernet 0/0                //接口的 IP 地址
RA(config-if)#ip address 10.65.1.1 255.255.0.0
RA(config-if)#no shutdown
RA(config-if)#exit
RA(config)#interface fastEthernet 0/1
RA(config-if)#ip address 10.66.1.1 255.255.0.0
RA(config-if)#no shutdown
```

```
RA(config-if)#exit
RA(config)#interface serial 0/0/0
RA(config-if)#ip address 10.67.1.1 255.255.0.0
RA(config-if)#clock rate 64000
RA(config-if)#no shutdown
```

使用【show running-config】命令，查看配置情况。

```
RA#show running-config
//省略
interface FastEthernet0/0
 ip address 10.65.1.1 255.255.0.0
 duplex auto
 speed auto
interface FastEthernet0/1
 ip address 10.66.1.1 255.255.0.0
 duplex auto
 speed auto
interface Serial0/0/0
 ip address 10.67.1.1 255.255.0.0
 clock rate 64000
//省略
```

（2）使用 PC1 的【超级终端】，配置路由器 RB 的标识符、特权模式密码（123456）、端口的 IP 地址和时钟频率（64000）。

```
Router>enable
Router#configure terminal
Router(config)#hostname RB
RB(config)#line vty 0 4
RB(config-line)#password cisco
RB(config-line)#login
RB(config-line)#exit
RB(config)#enable secret 123456
RB(config)#interface serial 0/0/0
RB(config-if)#ip address 10.67.1.2 255.255.0.0
RB(config-if)#no shutdown
RB(config-if)#interface serial 0/0/1
RB(config-if)#ip address 10.68.1.1 255.255.0.0
RB(config-if)#clock rate 64000
RB(config-if)#no shutdown
```

（3）使用 PC4 的【超级终端】，配置路由器 RC 的标识符、特权模式密码（123456）和端口的 IP 地址。

```
Router>enable
Router#configure terminal
Router(config)#hostname RC
```

```
RC(config)#line vty 0 4
RC(config-line)#password cisco
RC(config-line)#login
RC(config-line)#exit
RC(config)#enable secret 123456
RC(config)#interface serial 0/0/0
RC(config-if)#ip address 10.68.1.2 255.255.0.0
RC(config-if)#no shutdown
RC(config-if)#exit
RC(config)#interface fastEthernet 0/1
RC(config-if)#ip address 10.70.1.1 255.255.0.0
RC(config-if)#no shutdown
RC(config-if)#exit
RC(config)#interface fastEthernet 0/0
RC(config-if)#ip address 10.69.1.1 255.255.0.0
RC(config-if)#no shutdown
```

步骤 3：配置 RIP 动态路由。

（1）使用 PC1 的【超级终端】，配置 RA 的动态路由。

```
RA(config)#router rip
RA(config-router)#network 10.65.1.0
RA(config-router)#network 10.65.1.0
RA(config-router)#network 10.67.1.0
```

（2）使用 PC1 的【超级终端】，配置 RB 的动态路由。

```
RB#configure terminal
RB(config)#router rip
RB(config-router)#network 10.67.1.0
RB(config-router)#network 10.68.1.0
```

（3）使用 PC4 的【超级终端】，配置 RC 的动态路由。

```
RC#configure terminal
RC(config)#router rip
RC(config-router)#network 10.68.1.0
RC(config-router)#network 10.69.1.0
RC(config-router)#network 10.70.1.0
```

步骤 4：查看路由器动态路由协议的配置情况。

（1）使用【show ip route】命令，查看路由器 RA 的动态路由配置情况。

```
RA#show ip route
//省略
Gateway of last resort is not set

     10.0.0.0/16 is subnetted, 6 subnets
C        10.65.0.0 is directly connected, FastEthernet0/0
```

```
C          10.66.0.0 is directly connected, FastEthernet0/1
C          10.67.0.0 is directly connected, Serial0/0/0
R          10.68.0.0 [120/1] via 10.67.1.2, 00:00:14, Serial0/0/0        //R 表示 RIP
R          10.69.0.0 [120/2] via 10.67.1.2, 00:00:14, Serial0/0/0
R          10.70.0.0 [120/2] via 10.67.1.2, 00:00:14, Serial0/0/0
RA#
```

（2）使用【show ip route rip】命令，查看路由器 RA 的 RIP 配置情况。

```
RA#show ip route rip
       10.0.0.0/16 is subnetted, 6 subnets
R          10.68.0.0 [120/1] via 10.67.1.2, 00:00:02, Serial0/0/0
R          10.69.0.0 [120/2] via 10.67.1.2, 00:00:02, Serial0/0/0
R          10.70.0.0 [120/2] via 10.67.1.2, 00:00:02, Serial0/0/0
RA#
```

（3）使用【show ip protocols】命令，查看路由器 RA 上路由协议配置的详细信息。

```
RA#show ip protocols
Routing Protocol is "rip"                                              //运行的路由协议是 RIP
Sending updates every 30 seconds, next due in 20 seconds              //更新间隔 30 秒
Invalid after 180 seconds, hold down 180, flushed after 240           //失效时间 180 秒、刷新时间 240 秒
Outgoing update filter list for all interfaces is not set
Incoming update filter list for all interfaces is not set
Redistributing: rip
Default version control: send version 1, receive any version
    Interface           Send  Recv  Triggered RIP  Key-chain
    FastEthernet0/0      1     2 1                            //端口发布 RIPv2，接收 RIPv2 和 RIP
    FastEthernet0/1      1     2 1
    Serial0/0/0          1     2 1
Automatic network summarization is in effect
Maximum path: 4
Routing for Networks:
    10.0.0.0                                                  //通告的网络
Passive Interface(s):
Routing Information Sources:                                  //路由信息来源
    Gateway          Distance     Last Update
    10.67.1.2        120          00:00:02                    //管理距离
Distance: (default is 120)
RA#
```

步骤 5：测试连通性。

按照表 5-7，配置计算机的 IP 地址。

表 5-7 计算机 IP 地址

计算机	端口	IP 地址	子网掩码	默认网关
PC1	RA：F0/0	10.65.1.2	255.255.0.0	10.65.1.1
PC2	RA：F0/1	10.66.1.2	255.255.0.0	10.66.1.1
PC3	SW1:F0/1	10.69.1.2	255.255.0.0	10.69.1.1
PC4	RC：F0/1	10.70.1.2	255.255.0.0	10.70.1.1

PC1 分别【ping】PC2、PC3 和 PC4 都通，反之亦然。PC1 ping PC3 的结果如下：

```
PC>ping 10.69.1.2
Pinging 10.69.1.2 with 32 bytes of data:
Reply from 10.69.1.2: bytes=32 time=6ms TTL=125
Reply from 10.69.1.2: bytes=32 time=3ms TTL=125
Reply from 10.69.1.2: bytes=32 time=11ms TTL=125
Reply from 10.69.1.2: bytes=32 time=12ms TTL=125
PC>
```

任务 2　配置 RIPv2 实现等价路径负载均衡

【任务描述】

RIP 是一种在中小型 TCP/IP 网络中使用的路由选择协议，它采用跳数作为度量值，它的负载均衡功能是默认启用的。本任务旨在配置 RIPv2 的等价路径负载均衡。

完成本任务后，你将能够：

➤ 理解负载均衡；

➤ 掌握使用 RIP 实现负载均衡的方法；

➤ 配置 RIP 的负载均衡。

【必备知识】

1）等价路由

等价路由是到达同一个目的 IP 或者目的网段，有多条 Cost 值相等的不同路由路径的路由。当设备支持等价路由时，发往目的 IP 或者目的网段的三层转发流量就可以通过不同的路径分担，实现网络的负载均衡，并在其中某些路径出现故障时，由其他路径代替完成转发处理，实现路由冗余备份功能。

2）负载均衡

负载均衡又称为负载分担，即：将负载（工作任务）进行平衡，分摊到多个操作单元上进行执行，共同完成工作任务。

【任务实现】

步骤 1： 按照图 5-11 连接硬件。

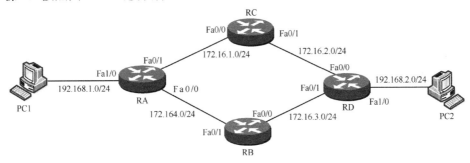

图 5-11　等价路由的配置

使用交叉线连接计算机和路由器，为路由器 RA 和 RD 添加 NM-2FE2W 模块。

步骤 2：按照表 5-8 配置路由器接口的 IP 信息。

表 5-8　路由器 IP 地址分配

设　　备	端口	IP	添 加 模 块
路由器 RA	Fa0/1	172.16.1.1/24	
	Fa0/0	172.16.4.1/24	
	Fa1/0	192.168.1.254/24	NM-2FE2W 模块
路由器 RB	Fa0/1	172.16.4.2/24	
	Fa0/0	172.16.3.2/24	
路由器 RC	Fa0/0	172.16.1.2/24	
	Fa0/1	172.16.2.2/24	
路由器 RD	Fa0/0	172.16.2.1/24	
	Fa0/1	172.16.3.1/24	
	Fa1/0	192.168.2.254/24	NM-2FE2W 模块

（1）配置路由器 RA 端口的 IP 信息。

```
Router(config)#hostname RA
RA(config)#interface fastEthernet 0/1
RA(config-if)#ip address 172.16.1.1 255.255.255.0
RA(config-if)#no shutdown
RA(config-if)#exit
RA(config)#interface fastEthernet 0/0
RA(config-if)#ip address 172.16.4.1 255.255.255.0
RA(config-if)#no shutdown
RA(config-if)#exit
RA(config)#interface fastEthernet 1/0
RA(config-if)#ip address 192.168.1.254 255.255.255.0
RA(config-if)#no shutdown
RA(config-if)#end
```

（2）配置路由器 RB 端口的 IP 信息。

```
Router(config)#hostname RB
RB(config)#interface fastEthernet 0/1
RB(config-if)#ip address 172.16.4.2 255.255.255.0
RB(config-if)#no shutdown
RB(config-if)#exit
RB(config)#interface fastEthernet 0/0
RB(config-if)#ip address 172.16.3.2 255.255.255.0
RB(config-if)#no shutdown
```

（3）配置路由器 RC 端口的 IP 信息。

```
Router(config)#hostname RC
RC(config)#interface fastEthernet 0/0
RC(config-if)#ip address 172.16.1.2 255.255.255.0
```

```
RC(config-if)#no shutdown
RC(config-if)#exit
RC(config)#interface fastEthernet 0/1
RC(config-if)#ip address 172.16.2.2 255.255.255.0
RC(config-if)#no shutdown
```

（4）配置路由器 RD 端口的 IP 信息。

```
Router(config)#hostname RD
RD(config)#interface fastEthernet 0/0
RD(config-if)#ip address 172.16.2.1 255.255.255.0
RD(config-if)#no shutdown
RD(config-if)#exit
RD(config)#interface fastEthernet 0/1
RD(config-if)#ip address 172.16.3.1 255.255.255.0
RD(config-if)#no shutdown
RD(config-if)#exit
RD(config)#interface fastEthernet 1/0
RD(config-if)#ip address 192.168.2.254 255.255.255.0
RD(config-if)#no shutdown
```

（5）检查配置情况，如果配置正确，则在路由器上使用【show ip route】命令能看到直连网段。路由器 RA 的路由表如下所示：

```
RA#show ip route
//省略
Gateway of last resort is not set

        172.16.0.0/24 is subnetted, 2 subnets
C       172.16.1.0 is directly connected, FastEthernet0/1
C       172.16.4.0 is directly connected, FastEthernet0/0
C    192.168.1.0/24 is directly connected, FastEthernet1/0
RA#
```

步骤 3：为路由器配置 RIPv2。

（1）为路由器 RA 配置 RIPv2。

```
RA(config)#router rip
RA(config-router)#version 2
RA(config-router)#network 172.16.1.0
RA(config-router)#network 172.16.4.0
RA(config-router)#network 192.168.1.0
RA(config-router)#end
RA#
```

（2）为路由器 RB 配置 RIPv2。

```
RB(config)#router rip
RB(config-router)#version 2
```

```
RB(config-router)#network 172.16.4.0
RB(config-router)#network 172.16.3.0
```

（3）为路由器 RC 配置 RIPv2。

```
RC(config)#router rip
RC(config-router)#version 2
RC(config-router)#network 172.16.1.0
RC(config-router)#network 172.16.2.0
```

（4）为路由器 RD 配置 RIPv2。

```
RD(config)#router rip
RD(config-router)#version 2
RD(config-router)#network 172.16.2.0
RD(config-router)#network 172.16.3.0
RD(config-router)#network 192.168.2.0
```

使用【show ip route】命令查看路由器 RA 的路由表。

```
RA#show ip route
//省略
Gateway of last resort is not set

     172.16.0.0/24 is subnetted, 4 subnets
C        172.16.1.0 is directly connected, FastEthernet0/1
R        172.16.2.0 [120/2] via 172.16.4.2, 00:00:01, FastEthernet0/0
R        172.16.3.0 [120/1] via 172.16.4.2, 00:00:01, FastEthernet0/0
C        172.16.4.0 is directly connected, FastEthernet0/0
C     192.168.1.0/24 is directly connected, FastEthernet1/0
R     192.168.2.0/24 [120/2] via 172.16.4.2, 00:00:01, FastEthernet0/0
RA#
```

步骤 4：验证等价路径的负载均衡。

（1）按照表 5-9，配置计算机的 IP 信息。

表 5-9 计算机的 IP 地址

计算机	IP	子网掩码	默认网关
PC1	192.168.1.2	255.255.255.0	192.168.1.254
PC2	192.168.2.2	255.255.255.0	192.168.2.254

（2）使用 PC1【ping】PC2，结果如下：

```
PC>ping 192.168.2.254
Pinging 192.168.2.254 with 32 bytes of data:
Reply from 192.168.2.254: bytes=32 time=13ms TTL=253
Reply from 192.168.2.254: bytes=32 time=0ms TTL=253
Reply from 192.168.2.254: bytes=32 time=0ms TTL=253
Reply from 192.168.2.254: bytes=32 time=0ms TTL=253
PC>
```

（3）关掉 RC 的 Fa0/1 端口。

```
RC(config)#interface fastEthernet 0/1
RC(config-if)#shutdown
```

（4）使用 PC1【ping】PC2，结果如下：

```
PC>ping 192.168.2.254
Pinging 192.168.2.254 with 32 bytes of data:

Reply from 192.168.2.254: bytes=32 time=0ms TTL=253
Reply from 192.168.2.254: bytes=32 time=0ms TTL=253
Reply from 192.168.2.254: bytes=32 time=1ms TTL=253
Reply from 192.168.2.254: bytes=32 time=0ms TTL=253
PC>
```

任务 3　配置生成树

【任务描述】

交换机之间具有冗余链路本来是一件很好的事情。但是，如果准备两条以上的路，就必然形成了一个环路；而交换机并不知道如何处理环路，只是周而复始地转发帧，形成一个"死循环"：这个死循环会造成整个网络处于阻塞状态，导致网络瘫痪。生成树协议可以避免环路，实现负载均衡。本任务旨在使用三层交换机，熟悉生成树协议的配置。

完成本任务后，你将能够：

➢ 理解生成树；

➢ 理解网络环路及其危害；

➢ 配置生成树协议。

【必备知识】

1）生成树协议

生成树协议（Spanning Tree Protocol，STP）的作用是在交换网络中提供冗余备份链路的时候，解决交换网络中的环路问题，防止产生广播风暴。

生成树协议是由 Sun 微系统公司著名工程师拉迪亚·珀尔曼博士发明的。生成树协议的主要功能有两个：一是利用生成树算法在以太网络中创建一个以某台交换机的某个端口为根的生成树（spanning-tree），避免环路；另一个功能是在以太网拓扑发生变化时通过生成树协议达到收敛保护的目的。

2）生成树的四种状态

在运行生成树协议的情况下，为了避免路径回环，生成树协议使交换机的端口经历不同的状态。共有四种不同的状态：

➢ 阻塞（Blocking）状态：端口处于只能接收的状态，不能转发数据包，但能收听网络上的 BPDU 帧。

➢ 监听（Listening）状态：STP 算法开始或初始化时交换机所进入的状态，不转发数据，不学习地址，只监听帧；交换机端口已经可以转发数据，但交换机必须先确定在转发数据前没有回路发生。

➢ 学习（Learning）状态：与监听状态相似，仍不转发数据包，但学习 MAC 地址且建立地址表。

➢ 转发（Forwarding）状态：转发所有数据帧，且学习 MAC 地址。

在默认情况下交换机开机时所有端口都处于阻塞状态；经过 20 s 后，交换机端口进入监听状态；再经过 15 s 后进入学习状态；再经过 15 s 后一部分端口进入转发状态，而另一部分端口进入阻塞状态。

3）生成树操作

STP 通过三个步骤实现无环路的逻辑网络：

（1）选择一个根桥：在一个给定网络中，仅有一个根桥。根桥中的所有端口都是指定端口，指定的端口通常处于转发状态。

（2）选择非根桥上的根端口：STP 在每个非根桥上确定一个根端口，这个根端口是从非根桥到根桥的最低开销路径。根端口通常处于转发状态，生成树的路径开销是根据带宽计算出来的累计开销。

（3）选择每个网段上的指定端口：在每个网段上，STP 都会确定一个指定端口，这个指定端口从到达根桥路径开销最低的网桥上选择，指定端口通常处于转发状态，为该网段转发流量。非指定端口通常处于阻塞状态，以便在逻辑上断开环路。端口处于阻塞状态时，不能转发流量，但可以接收流量。

【任务准备】

（1）学生 3～5 人分为一组；

（2）Cisco 2960 路由器 2 台，配置线 1 根，交叉线 2 根，直通线 2 根，计算机 2 台。

【任务实施】

步骤 1：连接硬件。

（1）按照图 5-12，使用交叉线连接交换机，使用直通线连接计算机和交换机。

（2）按照图 5-12，配置 PC1、PC2 的 IP 地址。

步骤 2：查看交换机生成树的默认配置。

使用【show spanning-tree】命令在交换机 SW_A 上，查看交换机 SW_A 当前的默认配置。

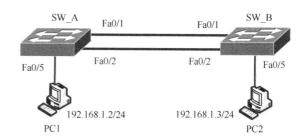

图 5-12   生成树

```
Switch#show spanning-tree
VLAN0001
  Spanning tree enabled protocol ieee
  Root ID     Priority     32769
              Address      0002.4A83.4610
              This bridge is the root
              Hello Time   2 sec   Max Age 20 sec   Forward Delay 15 sec

  Bridge ID   Priority     32769   (priority 32768 sys-id-ext 1)
```

```
                Address       0002.4A83.4610
                Hello Time   2 sec   Max Age 20 sec   Forward Delay 15 sec
                Aging Time   20


Interface          Role Sts Cost        Prio.Nbr Type
---------------- ---- --- --------- -------- --------------------------------
Fa0/6              Desg FWD 19          128.6    P2p
Fa0/2              Desg FWD 19          128.2    P2p
Fa0/1              Desg FWD 19          128.1    P2p


Switch#
```

可以看出交换机生成树协议默认是开启的。

步骤 3：交换机的基础配置。

（1）交换机 SW_A 的基础配置。

```
Switch(config)#hostname SW_A
SW_A(config)#vlan 3              //创建 VLAN3 并为其添加端口
SW_A(config-vlan)#exit
SW_A(config)#interface fastEthernet 0/5
SW_A(config-if)#switchport access vlan 3
SW_A(config-if)#exit
SW_A(config)#interface range fastEthernet 0/1-2     //配置 Trunk
SW_A(config-if-range)#switchport mode trunk
```

（2）交换机 SW_B 的基础配置。

```
Switch(config)#hostname SW_B
SW_B(config)#vlan 3
SW_B(config-vlan)#exit
SW_B(config)#interface fastEthernet 0/5
SW_B(config-if)#switchport access vlan 3
SW_B(config-if)#exit
SW_B(config)#interface range fastEthernet 0/1-3
SW_B(config-if-range)#switchport mode trunk
```

步骤 4：配置生成树协议。

（1）配置交换机 SW_A 的生成树。

```
SW_A(config)#spanning-tree mode pvst
```

（2）配置交换机 SW_B 的生成树协议。

```
SW_B(config)#spanning-tree mode pvst
```

使用【show spanning-tree】命令，查看交换机 SW_B 的生成树状态。

```
SW_B#show spanning-tree
Interface          Role Sts Cost        Prio.Nbr Type
```

Fa0/1	Root FWD 19		128.1	P2p	//转发状态
Fa0/2	Altn BLK 19		128.2	P2p	//阻塞状态

（3）在 PC1 上使用【ping】命令，测试与 PC2 的连通性。【ping】的同时停掉 SW_B 的 Fa0/1 端口。观察 ping 的状态。

停掉 SW_B 的 Fa0/1 端口。

> **SW_B(config)#interface fastEthernet 0/1**
> **SW_B(config-if)#shutdown**

在 PC1 上使用【ping】命令，测试与 PC2 的连通性。

> **PC>ping -t 192.168.1.3**
> Pinging 192.168.1.3 with 32 bytes of data:
>
> Reply from 192.168.1.3: bytes=32 time=0ms TTL=128
> Reply from 192.168.1.3: bytes=32 time=2ms TTL=128
> Request timed out.
> Request timed out.
> Request timed out.
> Reply from 192.168.1.3: bytes=32 time=0ms TTL=128
> Reply from 192.168.1.3: bytes=32 time=1ms TTL=128
> Reply from 192.168.1.3: bytes=32 time=0ms TTL=128
> Reply from 192.168.1.3: bytes=32 time=0ms TTL=128
> ^C
> PC>

连续使用【ping】命令，在中断约 30 秒后再次【ping】通。

使用【show spanning-tree】命令，查看 SW_B 交换机的 Fa0/2 端口，已经由阻塞状态转为转发状态。

> **SW_B#show spanning-tree interface fastEthernet 0/2**
>
> | Vlan | Role Sts Cost | | Prio.Nbr Type | |
> |---|---|---|---|---|
> | VLAN0001 | Root FWD 19 | | 128.2 | P2p |
> | VLAN0003 | Root FWD 19 | | 128.2 | P2p |
> | SW_B# | | | | |

任务 4 配置三层交换机的 HSRP 实现网关冗余备份

【任务描述】

企业网中的大部分计算机都是指定默认网关的，计算机通过默认网关达到上网的目的。如果作为默认网关的交换机损坏，则所有使用该网关的通信必然要中断。即使配置了多个默认网关，但如果不重新启动计算机，也不能切换到新的网关。HSRP 很好地解决了这个问题。本任务旨在理解 HSRP 的适用场合，熟悉 HSRP 的使用方式和配置方法。

完成本任务后，你将能够：

> 理解 HSRP；
> 理解网关冗余备份；
> 初步学会配置 HSRP。

【必备知识】

1）HSRP

HSRP（Hot Standby Routing Protocol）是一种路由容错协议，也叫作备份路由协议。它是指在网络中有至少两台路由器（或三层交换机）作为计算机的网关存在，并且由这两台设备虚拟出一个相同的 IP 地址作为计算机的网关，客户端将网关指向该虚拟路由器。使用 HSRP 的路由器能够相互监视对方的运行状态，其中任何一台设备失效，另一台就能接替它，继续完成路由器功能，从而保证计算机的正常通信。

HSRP 组内的每个路由器都有指定的优先级，用来衡量路由器在活跃路由器选择中的优先程度，默认优先级是 100。组中有最高优先级的路由器将成为活跃路由器，如果优先级相同，IP 地址大的路由器就成为活跃路由器。

2）虚拟路由器

一台虚拟路由器由一台活跃路由器和若干台备份路由器组成，活跃路由器实现真正转发功能。当活跃路由器出现故障时，备份路由器将成为新的活跃路由器，接替它的工作。例如，路由器 A 和路由器 B 组成一个虚拟路由器，如图 5-13 所示。

虚拟路由器拥有自己的 IP 地址 192.168.10.254（IP 地址可以和某个路由器的接口地址相同），虚拟 MAC 地址为：0000.0C9F.F000。同时，物理路由器 A 和 B 也有自己的 IP 地址 192.168.10.252 和 192.168.10.253。局域网内的计算机仅仅知道这个虚拟路由器的 IP 地址 192.168.10.254，而不必知道具体的交换机 A 的 IP 地址和交换机 B 的 IP 地址，如图 5-14 所示。

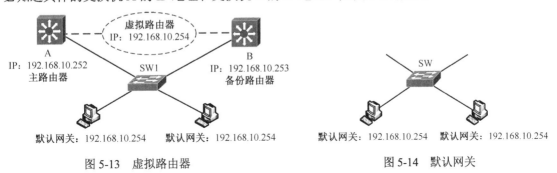

图 5-13　虚拟路由器　　　　　　　图 5-14　默认网关

局域网内的主机通过这个虚拟路由器的默认网关来与其他网络进行通信。

3）配置 HSRP

（1）配置 HSRP 优先级，抢先权和抢先权延迟，使用【standby】接口配置命令。

```
standby[proup-number][priority priority ]
standby[group-number]preempt[delay delay]
```

为了恢复其默认值，使用 no 格式命令。优先级的高低顺序按阿拉伯数字大小来确定，数字越大的优先级越高。

```
no standby[proup-number]priority
no standby[group-number]preempt
```

参数说明：

> group-number：接口的组号。
> priority priority：优先级值，给备份路由器设置优先级。其范围是 1～255，默认值为 100。
> Preempt：为路由器配置成有抢先权，当备份路由器优先级高于当前活跃路由器时，备份路由器就抢占控制权而成为活跃路由器。如果没有配置 preempt，备份路由器只有在接收到当前没有路由器处于活跃状态的信息时，才将自己转换为活跃路由器。
> delay delay：用秒表示的时间。Delay 参数是为备份路由器取代活跃路由器的过程延迟指定时间，范围是 0～3600 秒，默认值为 0（没有延迟）。

指定的优先级用来选择活跃路由器和备份路由器。假定抢占有效，具有最高优先级的路由器就成为指定的活跃路由器。如果优先级相等，则比较主 IP 地址，有较高 IP 地址的具有优先权。

注意：当一个接口配置了 standby stack 命令并且被跟踪的接口无效时，设备的优先级可以动态改变。

（2）VLAN 虚拟接口模式下配置 HSRP 端口跟踪。

Standby group-number track interface-type mod/num interface-priority

参数说明：

> interface-priority：当端口失效时路由器的热备份优先级将降低的数值，默认为 10。

（3）检查 HSRP 的状态。特权模式下，使用"show standby"命令检查 HSRP 的状态。

show standby brief

【任务准备】

（1）学生 3～5 人一组；

（2）Cisco 2950 交换机 1 台，Cisco 3560 交换机 2 台，PC 1 台，直通线 1 根，交叉线 2 根。

【任务实施】

步骤 1：连接硬件。

根据图 5-15 和表 5-10，使用交叉线连接交换机，使用直通线连接计算机和交换机。

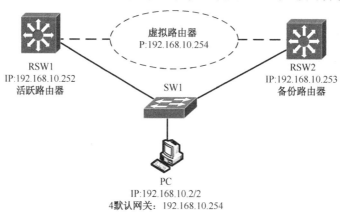

图 5-15　HSRP 配置

表 5-10 端口的 IP 地址及连接方式

设备名称	端口	连接端口	连接方式
RSW1	Gig0/1	To-SW1- Gig0/1	Trunk
RSW2	Gig0/1	To-SW1- Gig0/2	Trunk
PC		SW-Fa0/1	

步骤 2：根据表 5-10 配置交换机之间的 Trunk 端口。

（1）配置三层交换机 RSW1 的 Trunk 端口。

```
Switch(config)#hostname RSW1
RSW1(config)#interface gigabitEthernet 0/1
RSW1(config-if)#switchport trunk encapsulation dot1q
RSW1(config-if)#switchport mode trunk
```

（2）配置三层交换机 RSW2 的 Trunk 端口。

```
RSW2(config)#interface gigabitEthernet 0/1
RSW2(config-if)#switchport trunk encapsulation dot1q
RSW2(config-if)#switchport mode trunk
```

（3）配置二层交换机 SW1 的 Trunk 端口。

```
SW1(config)#interface range gigabitEthernet 0/1-2
SW1(config-if-range)#switchport mode trunk
```

使用【show interfaces trunk】命令，查看 Trunk 端口的配置情况。

```
RSW1#show interfaces trunk
Port        Mode        Encapsulation   Status        Native vlan
Gig0/1      on          802.1q          trunking      1
RSW1#
```

步骤 3：配置 HSRP。

按照图 5-15 配置接口的 IP 地址和 HSRP。RSW1 为虚拟路由器的活跃路由器，RSW2 为虚拟路由器的备份路由器。

（1）配置 RSW1 的 IP 地址和 HSRP。

```
RSW1(config)#interface gigabitEthernet 0/1
RSW1(config-if)#no switchport
RSW1(config-if)#ip address 192.168.10.252 255.255.255.0
RSW1(config-if)#no shutdown
RSW1(config-if)#standby priority 200        //优先级
RSW1(config-if)#standby preempt             //抢先权
RSW1(config-if)#standby ip 192.168.10.254   //指定虚拟路由
```

（2）配置 RSW2 的 IP 地址和 HSRP。

```
SW2(config)#interface gigabitEthernet 0/1
RSW2(config-if)#no switchport
```

```
RSW2(config-if)#ip address 192.168.10.253 255.255.255.0
RSW2(config-if)#no shutdown
RSW2(config-if)#standby   priority 100
RSW1(config-if)#standby preempt
RSW2(config-if)#standby ip 192.168.10.254
```

步骤 4： 按照图 5-15 配置计算机的 IP 地址和网关，查看配置情况。

（1）使用 PC【ping】虚拟网关。

```
PC>ping 192.168.10.254
Pinging 192.168.10.254 with 32 bytes of data:
Reply from 192.168.10.254: bytes=32 time=24ms TTL=255
Reply from 192.168.10.254: bytes=32 time=1ms TTL=255
Reply from 192.168.10.254: bytes=32 time=0ms TTL=255
Reply from 192.168.10.254: bytes=32 time=0ms TTL=255
Ping statistics for 192.168.10.254:
    Packets: Sent = 4, Received = 4, Lost = 0 (0% loss),
Approximate round trip times in milli-seconds:
    Minimum = 0ms, Maximum = 24ms, Average = 6ms
```

（2）使用【show standby】命令，查看路由器 RSW1 的 HSRP 配置。

```
RSW1#show standby
GigabitEthernet0/1 - Group 0 (version 2)
  State is Active
    24 state changes, last state change 01:40:42
  Virtual IP address is 192.168.10.254              //虚拟路由器的 IP 地址
  Active virtual MAC address is 0000.0C9F.F000
    Local virtual MAC address is 0000.0C9F.F000 (v2 default)
  Hello time 3 sec, hold time 10 sec
    Next hello sent in 0.517 secs
  Preemption enabled
  Active router is local                            //活跃路由器
  Standby router is 192.168.10.253, priority 200 (expires in 7 sec)
  Priority 200 (configured 200)
  Group name is hsrp-Gig0/1-0 (default)
RSW1#
```

（3）使用【show standby】命令，查看路由器 RSW2 的 HSRP 配置。

```
RSW2#show standby
GigabitEthernet0/1 - Group 0 (version 2)
  State is Standby
    18 state changes, last state change 01:40:49
  Virtual IP address is 192.168.10.254              //虚拟路由器的 IP 地址
  Active virtual MAC address is 0000.0C9F.F000
    Local virtual MAC address is 0000.0C9F.F000 (v2 default)
  Hello time 3 sec, hold time 10 sec
```

```
Next hello sent in 1.267 secs
Preemption enabled
Active router is 192.168.10.252, priority 100 (expires in 9 sec)
    MAC address is 0000.0C9F.F000
Standby router is local                    //备份路由器
Priority 100 (default 100)
Group name is hsrp-Gig0/1-0 (default)
RSW2#
```

（4）停掉路由器 RSW1，观察 RSW2 是否由备份路由器转变成活跃路由器。
停掉路由器 RSW1 的 Gig0/1 端口。

RSW1(config)#interface gigabitEthernet 0/1
RSW1(config-if)#shutdown

使用【how standby】命令，观察 RSW2 的配置情况。

```
RSW2#show standby
GigabitEthernet0/1 - Group 0 (version 2)
  State is Active
    19 state changes, last state change 02:35:39
  Virtual IP address is 192.168.10.254
  Active virtual MAC address is 0000.0C9F.F000
    Local virtual MAC address is 0000.0C9F.F000 (v2 default)
  Hello time 3 sec, hold time 10 sec
    Next hello sent in 2.335 secs
  Preemption enabled
        Active router is local          //备份路由器变为活跃路由器
  Standby router is unknown, priority 100
  Priority 100 (default 100)
  Group name is hsrp-Gig0/1-0 (default)
RSW2#
```

模块小结

通过本模块的学习，我们对三层交换机和路由配置有了一个基本的认识，学习了距离矢量路由协议的工作过程，学会了在路由器上配置 RIP 动态路由，同时学习了使用 RIP 实现等价路径负载均衡的配置，学会了配置 HSRP 实现网关冗余备份的方法。通过下面几个问题来回顾一下所学的内容：

（1）动态路由协议有什么优点？
（2）动态路由有什么特点？
（3）简述 RIP。
（4）HSRP 的作用是什么？
（5）什么是等价路径？
（6）什么是负载均衡？

（7）生成树的作用是什么？

模块 3　配置信息中心路由器和交换机

任务 1　接入层和汇聚层交换机的配置

【任务描述】

基础配置是完成高级设置的前提。本任务旨在掌握信息中心交换机的基础配置，包括为交换机设置标识符，配置管理 IP 地址、远程管理密码和特权模式密码，配置接入层交换机和汇聚层交换机的连接。（防火墙为透明模式，在本模块中不考虑防火墙。）

通过完成本任务后，你将能够：

➢ 熟练配置交换机的 IP 地址和密码；

➢ 熟练掌握配置二层交换机和三层交换机的 Trunk 连接方法；

➢ 熟练掌握端口聚合的配置方法。

【任务准备】

（1）学生每 2 人分为一组。

（2）每组交换机 1 台，计算机 1 台，Console 线 1 根。

（3）Cisco 2960 交换机 6 台，Cisco 3560 交换机 3 台，计算机 12 台，直通线 12 根，交叉线 6 根。

【任务实施】

步骤 1：连接硬件。

按照图 5-16，使用交叉线连接交换机，使用直通线连接计算机与交换机。

步骤 2：按照表 5-11，配置接入交换机和汇聚交换机的标识符、管理 IP 地址、远程登录密码和特权模式密码。

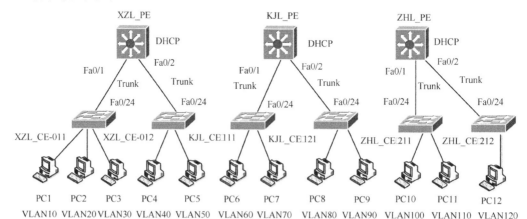

图 5-16　接入层和汇聚层交换机基本配置

表 5-11　交换机的 IP 地址和登录密码

设备名称	VLAN	IP 地址	远程登录密码	特权模式密码
XZL_PE	VLAN1	10.0.1.1424	cisco	123456

设备名称	VLAN	IP 地址	远程登录密码	特权模式密码
KJL_PE	VLAN1	10.0.1.35/24	cisco	123456
ZHL_PE	VLAN1	10.0.1.36/24	cisco	123456
XZL_CE-011	VLAN1	10.0.1.11/24	cisco	123456
XZL_CE-012	VLAN1	10.0.1.12/24	cisco	123456
KJL_CE-111	VLAN1	10.0.1.20/24	cisco	123456
KJL_CE-121	VLAN1	10.0.1.21/24	cisco	123456
ZHL_CE-211	VLAN1	10.0.1.37/24	cisco	123456
ZHL_CE-221	VLAN1	10.0.1.38/24	cisco	123456

（1）使用【终端】登录汇聚交换机 XZL_PE，对其初始化。

```
Switch>enable
Switch#erase startup-config
Switch#reload
Proceed with reload? [confirm]
```

（2）按照表 5-11，为交换机 XZL_PE 配置标识符、管理 IP 地址和密码。

```
Switch(config)#hostname XZL_PE
XZL_PE(config)#interface vlan 1
XZL_PE(config-if)#ip address 10.0.1.14 255.255.255.0
XZL_PE(config-if)#no shutdown
XZL_PE(config-if)#exit
XZL_PE(config)#line vty 0 4
XZL_PE(config-line)#password cisco
XZL_PE(config-line)#login
XZL_PE(config-line)#exit
XZL_PE(config)#enable password 123456
```

为汇聚交换机 KJL_PE 和 ZHL_PE 配置标识符、管理 IP 地址和密码的方法，与配置交换机 XZL_PE 的方法基本相同，所以可参照交换机 XZL_PE 完成配置。

（3）按照表 5-11，为接入交换机 XZL_CE-011 配置标识符、管理 IP 地址和密码。

```
Switch(config)#hostname XZL_CE-011
XZL_CE-011(config)#interface vlan 1
XZL_CE-011(config-if)#ip address 10.0.1.11 255.255.255.0
XZL_CE-011(config-if)#no shutdown
XZL_CE-011(config-if)#exit
XZL_CE-011(config)#line vty 0 4
XZL_CE-011(config-line)#password cisco
XZL_CE-011(config-line)#login
XZL_CE-011(config-line)#exit
XZL_CE-011(config)#enable password 123456
```

接入交换机 XZL_012、交换机 KJL_111、交换机 KJL_121、交换机 ZHL_211 和交换机 ZHL_212，按照表 5-11，除设备标识符和管理 IP 地址不同外，做相同的配置。

步骤 3：按照图 5-16 配置接入交换机和汇聚交换机之间的 Trunk 端口。

（1）使用【超级终端】配置汇聚交换机 XZL_PE 的 Trunk 端口。

> **XZL_PE(config)#interface range fastEthernet 0/1-2**
> **XZL_PE(config-if-range)#switchport trunk encapsulation dot1q**
> **XZL_PE(config-if-range)#switchport mode trunk**

汇聚交换机 KJL_PE 和 ZHL_PE 做相同的配置。

（2）使用【超级终端】配置接入交换机 XZL_CE-011 的 Trunk 端口。

> **XZL_CE-011(config)#interface fastEthernet 0/24**
> **XZL_CE-011(config-if)#switchport mode trunk**

接入交换机 XZL_CE-012、KJL_111、KJL_121、ZHL_211 和交换机 ZHL_212，做相同的配置。

步骤 4：按照表 5-12 为接入交换机划分 VLAN 并添加端口。

表 5-12　设备的 IP 地址分配

交换机	VLAN	端口	接入 PC
XZL_CE-011	VLAN10	Fa0/1-6	PC1
	VLAN20	Fa0/7-14	PC2
	VLAN30	Fa0/15-20	PC3
XZL_CE-012	VLAN40	Fa0/1-12	PC4
	VLAN50	Fa0/13-16	PC5
KJL_CE-111	VLAN60	Fa0/1-18	PC6
	VLAN70	Fa0/19-22	PC7
KJL_CE-121	VLAN80	Fa0/1-10	PC8
	VLAN90	Fa0/11-22	PC9
ZHL_CE-211	VLAN100	Fa0/1	PC10
	VLAN110	Fa0/2	PC11
ZHL_CE-212	VLAN120	Fa0/1	PC12

（1）为交换机 XZL_011 划分 VLAN 并添加端口。

> **XZL_CE-011(config)#vlan 10**
> **XZL_CE-011(config-vlan)#exit**
> **XZL_CE-011(config)#vlan 20**
> **XZL_CE-011(config-vlan)#exit**
> **XZL_CE-011(config)#vlan 30**
> **XZL_CE-011(config-vlan)#exit**
> **XZL_CE-011(config)#interface range fastEthernet 0/1-6**
> **XZL_CE-011(config-if-range)#switchport access vlan 10**
> **XZL_CE-011(config-if-range)#exit**
> **XZL_CE-011(config)#interface range fastEthernet 0/7-14**
> **XZL_CE-011(config-if-range)#switchport access vlan 20**
> **XZL_CE-011(config-if-range)#exit**
> **XZL_CE-011(config)#interface range fastEthernet 0/15-20**
> **XZL_CE-011(config-if-range)#switchport access vlan 30**

（2）按照表 5-12，为接入交换机 XZL_CE-012、KJL_111、KJL_121、ZHL_211 和交换机 ZHL_212 划分 VLAN 并添加端口，其方法与 XZL_011 基本相同，请完成配置。

步骤 5：按照表 5-13 为汇聚交换机开启三层路由功能，创建 VLAN 并为其添加 IP 地址。

表 5-13   VLAN 的 IP 地址

交换机	VLAN	IP 地址
XZL_PE	VLAN10	192.168.10.254/24
	VLAN20	192.168.20.254/24
	VLAN30	192.168.30.254/24
	VLAN40	192.168.40.254/24
	VLAN50	192.168.50.254/24
KJL_PE	VLAN60	192.168.60.254/24
	VLAN70	192.168.70.254/24
	VLAN80	192.168.80.254/24
	VLAN90	192.168.90.254/24
ZHL_PE	VLAN100	192.168.100.254/24
	VLAN110	192.168.110.254/24
	VLAN120	172.16.20.254/24

（1）配置交换机 XZL_PE，开启三层路由功能，创建 VLAN 并为其配置 IP 地址。

（2）在汇聚交换机上启用三层路由功能可以实现 VLAN 之间的通信，减轻核心交换机的负担。

```
XZL_PE(config)#ip routing                //开启三层路由功能
XZL_PE(config)#vlan 10
XZL_PE(config-vlan)#exit
XZL_PE(config)#vlan 20
XZL_PE(config-vlan)#exit
XZL_PE(config)#vlan 30
XZL_PE(config-vlan)#exit
XZL_PE(config)#vlan 40
XZL_PE(config-vlan)#exit
XZL_PE(config)#vlan 50
XZL_PE(config-vlan)#exit
XZL_PE(config)#interface vlan 10
XZL_PE(config-if)#ip address 192.168.10.254 255.255.255.0
XZL_PE(config-if)#no shutdown
XZL_PE(config-if)#exit
XZL_PE(config)#interface vlan 20
XZL_PE(config-if)#ip address 192.168.20.254 255.255.255.0
XZL_PE(config-if)#no shutdown
XZL_PE(config-if)#exit
XZL_PE(config)#interface vlan 30
XZL_PE(config-if)#ip address 192.168.30.254 255.255.255.0
XZL_PE(config-if)#no shutdown
XZL_PE(config-if)#exit
XZL_PE(config)#interface vlan 40
XZL_PE(config-if)#ip address 192.168.40.254 255.255.255.0
```

```
XZL_PE(config-if)#no shutdown
XZL_PE(config-if)#exit
XZL_PE(config)#interface vlan 50
XZL_PE(config-if)#ip address 192.168.50.254 255.255.255.0
XZL_PE(config-if)#no shutdown
```

（3）为汇聚交换机 KJL_PE 和 ZHL_PE 开启三层路由功能，创建 VLAN 并为其配置 IP 地址，其方法与配置交换机 XZL_PE 基本相同，请完成配置。

步骤 6：按照表 5-14 在汇聚交换机上配置 DHCP 服务。

表 5-14　DHCP 服务 IP 地址信息

交换机	地址池	IP 地址段	网　关	排除的 IP 范围
XZL_PE	VLAN10	192.168.10.0/24	192.168.10.254	192.168.10.51～192.168.10.254
	VLAN20	192.168.20.0/24	192.168.20.254	192.168.20.51～192.168.20.254
	VLAN30	192.168.30.0/24	192.168.30.254	192.168.30.51～192.168.30.254
	VLAN40	192.168.40.0/24	192.168.40.254	192.168.40.51～192.168.40.254
	VLAN50	192.168.50.0/24	192.168.50.254	192.168.50.51～192.168.50.254
KJL_PE	VLAN60	192.168.60.0/24	192.168.60.254	192.168.60.41～192.168.60.254
	VLAN70	192.168.70.0/24	192.168.70.254	192.168.70.101～192.168.70.254
	VLAN80	192.168.80.0/24	192.168.80.254	192.168.80.101～192.168.80.254
	VLAN90	192.168.90.0/24	192.168.90.254	192.168.90.91～192.168.90.254
ZHL_PE	VLAN100	192.168.100.0/24	192.168.100.254	192.168.100.21～192.168.100.254
	VLAN110	192.168.110.0/24	192.168.110.254	192.168.110.51～192.168.110.254
	VLAN120	172.16.20.0/24	172.16.20.254	172.16.20.11～172.16.20.254

按照 ISP 提供的 DNS 信息，全网 DNS 为【202.96.64.68】。

（1）为汇聚交换机 XZL_PE 配置 DHCP 服务。

```
XZL_PE(config)#ip dhcp pool vlan10
XZL_PE(dhcp-config)#network 192.168.10.0 255.255.255.0
XZL_PE(dhcp-config)#default-router 192.168.10.254
XZL_PE(dhcp-config)#dns-server 202.96.64.68
XZL_PE(dhcp-config)#exit
XZL_PE(config)#ip dhcp excluded-address 192.168.10.51 192.168.10.254
XZL_PE(config)#ip dhcp pool vlan20
XZL_PE(dhcp-config)#network 192.168.20.0 255.255.255.0
XZL_PE(dhcp-config)#default-router 192.168.20.254
XZL_PE(dhcp-config)#dns-server 202.96.64.68
XZL_PE(dhcp-config)#exit
XZL_PE(config)#ip dhcp excluded-address 192.168.20.51 192.168.20.254
XZL_PE(config)#ip dhcp pool vlan30
XZL_PE(dhcp-config)#network 192.168.30.0 255.255.255.0
XZL_PE(dhcp-config)#default-router 192.168.30.254
XZL_PE(dhcp-config)#dns-server 202.96.64.68
XZL_PE(dhcp-config)#exit
XZL_PE(config)#ip dhcp excluded-address 192.168.30.51 192.168.30.254
```

```
XZL_PE(config)#ip dhcp pool vlan40
XZL_PE(dhcp-config)#network 192.168.40.0 255.255.255.0
XZL_PE(dhcp-config)#default-router 192.168.40.254
XZL_PE(dhcp-config)#dns-server 202.96.64.68
XZL_PE(dhcp-config)#exit
XZL_PE(config)#ip dhcp excluded-address 192.168.40.51 192.168.40.254
XZL_PE(config)#ip dhcp pool vlan50
XZL_PE(dhcp-config)#network 192.168.50.0 255.255.255.0
XZL_PE(dhcp-config)#default-router 196.168.50.254
XZL_PE(dhcp-config)#dns-server 202.96.64.68
XZL_PE(dhcp-config)#exit
XZL_PE(config)#ip dhcp excluded-address 192.168.50.51 192.168.50.254
```

为汇聚交换机 KJL_PE 和汇聚交换机 ZHL_PE 配置 DHCP 服务的方法与配置汇聚交换机 XZL_PE 的方法相同，请完成配置。

（2）检查 DHCP 配置情况，在 PC1 上点选【IP 配置】的【自动获取】，如果配置正确，就会出现如图 5-17 所示的对话框。

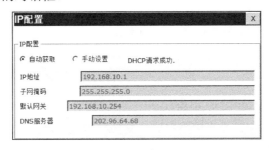

图 5-17　自动获取 IP 信息

任务 2　配置双核心实现负载均衡和冗余备份

【任务描述】

要使双核心设备实现负载均衡和冗余备份，需要对汇聚设备和核心设备进行配置。使用 RIPv2 能够实现这个功能。本任务在本模块任务 1 完成的基础上继续进行配置。

通过完成本任务后，你将能够：

➤ 熟练配置 RIPv2；

➤ 配置中小企业局域网。

【必备知识】

1）RIP 的规则

RIP 定义了路由器在与相邻路由器通信时使用的规则。RIP 具有如下规则：

➤ RIP 是一个距离矢量路由协议；

➤ 以跳数作为选择路径的度量；

➤ 允许的最大跳数为 15；

➤ 默认情况下，每 30 秒广播发送一次路由更新；

➤ RIP 可在最多 16 条等价路径上进行负载均衡。

2）无类路由和有类路由（如表 5-15 所示）

表 5-15　无类路由和有类路由

有　类　路　由	无　类　路　由
在路由通告中不包含子网掩码	在路由通告中包含子网掩码
在相同的网络中，可以假设子网掩码是一致的	支持可变长子网掩码（VLSM）
在外部网络之间交换总结路由	可以在网络中手动控制总结路由
RIPv1、IGRP	RIPv2、OSPF

3）环路问题和路由汇总

现在的可网管交换机，生成树一般是默认打开的，所以不考虑环路问题。

路由汇总是把一组路由汇聚为单一的路由，其优点是缩小网络上路由表的尺寸。RIP 配置中关闭自动汇总，是因为 RIP 要对外通告路由条目，不需要对路由条目进行汇总。

【任务准备】

（1）学生 3~5 人一组。

（2）Cisco 2960 交换机 6 台，Cisco 3560 交换机 5 台，Cisco 2811 路由器 1 台，计算机 12 台，Web 服务器 1 台，直通线 14 根，交叉线 15 根。

【任务实施】

步骤 1：连接硬件。

（1）为路由器添加 NM-2FE2W 模块；

（2）按照图 5-18 使用交叉线连接路由器、交换机和服务器。

步骤 2：按照表 5-16 配置路由器的 IP 地址并配置 RIPv2。

表 5-16　IP 地址分配

设　　备	接口	IP 信息
路由器 ZGS_RS	Fa1/0	192.168.1.254/24
	Fa0/0	172.16.3.1/30
	Fa0/1	172.16.4.1/30
交换机 ZGS_CO-01	Fa0/24	172.16.3.2/30
	Fa0/1	172.16.5.1/30
	Fa0/2	172.16.6.1/30
交换机 ZGS_CO-01	Fa0/3	172.16.7.1/30
	Gig0/1	端口聚合
	Gig0/2	
交换机 ZGS_CO-02	Gig0/1	
	Gig0/2	
	Fa0/24	172.16.4.2/30
	Fa0/1	172.16.8.1/30
	Fa0/2	172.16.9.1/30
	Fa0/3	172.16.10.1/30
交换机 XZL_PE	Fa0/23	172.16.5.2/30
	Fa0/24	172.16.8.2/30

设　　备	接口	IP 信息
交换机 KJL_PE	Fa0/23	172.16.6.2/30
	Fa0/24	172.16.9.2/30
交换机 ZHL_PE	Fa0/23	172.16.7.2/30
	Fa0/24	172.16.10.2/30

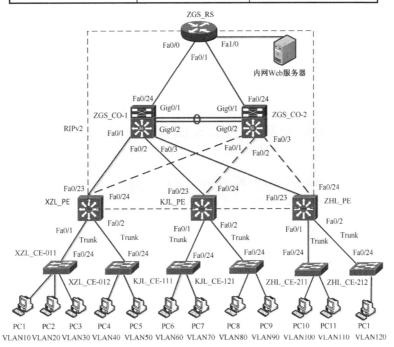

图 5-18　配置负载均衡

（1）配置路由器 ZGS_RS 接口的 IP 地址。

```
Router(config)#hostname ZGS_RS
ZGS_RS(config)#interface fastEthernet 1/0          //配置接口的 IP 地址
ZGS_RS(config-if)#ip address 192.168.1.254 255.255.255.0
ZGS_RS(config-if)#no shutdown
ZGS_RS(config-if)#exit
ZGS_RS(config)#interface fastEthernet 0/0
ZGS_RS(config-if)#ip address 172.16.3.1 255.255.255.252
ZGS_RS(config-if)#no shutdown
ZGS_RS(config-if)#exit
ZGS_RS(config)#interface fastEthernet 0/1
ZGS_RS(config-if)#ip address 172.16.4.1 255.255.255.252
ZGS_RS(config-if)#no shutdown
ZGS_RS(config-if)#exit
ZGS_RS(config)#router rip                           //配置 RIPv2
ZGS_RS(config-router)#version 2
ZGS_RS(config-router)#no auto-summary
ZGS_RS(config-router)#network 192.168.1.0
ZGS_RS(config-router)#network 172.16.3.0
ZGS_RS(config-router)#network 172.16.4.0
```

（2）使用【show ip route】命令，查看配置的路由协议。

```
ZGS_RS#show ip route
//省略
Gateway of last resort is not set


        172.16.0.0/30 is subnetted, 2 subnets
C          172.16.3.0 is directly connected, FastEthernet0/0
C          172.16.4.0 is directly connected, FastEthernet0/1
C       192.168.1.0/24 is directly connected, FastEthernet1/0
ZGS_RS#conf
```

步骤 3：配置核心交换机端口的 IP 地址、端口聚合和 RIPv2。

（1）按照工单和表 5-16，配置交换机 ZGS_CO-01 的管理 IP、远程登录密码"cisco"、特权模式密码"123456"、端口 IP 地址和端口聚合，配置 RIPv2。

```
Switch(config)#hostname ZGS_CO-01
ZGS_CO-01(config)#interface vlan 1
ZGS_CO-01(config-if)#ip address 10.0.1.40 255.255.255.0
ZGS_CO-01(config-if)#no shutdown
ZGS_CO-01(config)#line vty 0 4
ZGS_CO-01(config-line)#password cisco              //远程登录密码
ZGS_CO-01(config-line)#login
ZGS_CO-01(config-line)#exit
ZGS_CO-01(config)#enable secret 123456             //特权模式密钥
ZGS_CO-01(config)#ip routing                       //开启三层交换机的路由功能
ZGS_CO-01(config)#interface fastEthernet 0/24      //配置端口的 IP 地址
ZGS_CO-01(config-if)#no switchport
ZGS_CO-01(config-if)#ip address 172.16.3.2 255.255.255.252
ZGS_CO-01(config-if)#no shutdown
ZGS_CO-01(config-if)#exit
ZGS_CO-01(config)#interface fastEthernet 0/1
ZGS_CO-01(config-if)#no switchport
ZGS_CO-01(config-if)#ip address 17.16.5.1 255.255.255.252
ZGS_CO-01(config-if)#no shutdown
ZGS_CO-01(config-if)#exit
ZGS_CO-01(config)#interface fastEthernet 0/2
ZGS_CO-01(config-if)#no switchport
ZGS_CO-01(config-if)#ip address 172.16.6.1 255.255.255.252
ZGS_CO-01(config-if)#no shutdown
ZGS_CO-01(config-if)#exit
ZGS_CO-01(config)#interface fastEthernet 0/3
ZGS_CO-01(config-if)#no switchport
ZGS_CO-01(config-if)#ip address 172.16.7.1 255.255.255.252
ZGS_CO-01(config-if)#no shutdown
ZGS_CO-01(config-if)#exit
```

```
ZGS_CO-01(config)#router rip                              //配置 RIPv2
ZGS_CO-01(config-router)#version 2
ZGS_CO-01(config-router)#no auto-summary
ZGS_CO-01(config-router)#network 172.16.3.0
ZGS_CO-01(config-router)#network 172.16.5.0
ZGS_CO-01(config-router)#network 172.16.6.0
ZGS_CO-01(config-router)#network 172.16.7.0
ZGS_CO-01(config-router)#exit
ZGS_CO-01(config)#interface port-channel 1               //配置端口聚合
ZGS_CO-01(config-if)#switchport trunk encapsulation dot1q
ZGS_CO-01(config-if)#switchport mode trunk
ZGS_CO-01(config-if)#exit
ZGS_CO-01(config)#interface range gigabitEthernet 0/1-2
ZGS_CO-01(config-if-range)#channel-group 1 mode on
```

使用【show ip route】命令，查看配置的路由协议。

（2）按照工单和表 5-16，配置交换机 ZGS_CO-02 的管理 IP、远程登录密码 "cisco"、特权模式密码 "123456"、端口 IP 地址和端口聚合，配置 RIPv2。

```
Switch(config)#hostname ZGS_CO-02
ZGS_CO-02(config)#interface vlan 1
ZGS_CO-02(config-if)#ip address 10.0.1.41 255.255.255.0
ZGS_CO-02(config-if)#no shutdown
ZGS_CO-02(config)#line vty 0 4
ZGS_CO-02(config-line)#password cisco
ZGS_CO-02(config-line)#login
ZGS_CO-02(config-line)#exit
ZGS_CO-02(config)#enable secret 123456
ZGS_CO-02(config)#ip routing
ZGS_CO-02(config)#interface fastEthernet 0/24
ZGS_CO-02(config-if)#no switchport
ZGS_CO-02(config-if)#ip address 172.16.4.2 255.255.255.252
ZGS_CO-02(config-if)#no shutdown
ZGS_CO-02(config-if)#exit
ZGS_CO-02(config)#interface fastEthernet 0/1
ZGS_CO-02(config-if)#no switchport
ZGS_CO-02(config-if)#ip address 172.16.8.1 255.255.255.252
ZGS_CO-02(config-if)#no shutdown
ZGS_CO-02(config-if)#exit
ZGS_CO-02(config)#interface fastEthernet 0/2
ZGS_CO-02(config-if)#no switchport
ZGS_CO-02(config-if)#ip address 172.16.9.1 255.255.255.252
ZGS_CO-02(config-if)#no shutdown
ZGS_CO-02(config-if)#exit
ZGS_CO-02(config)#interface fastEthernet 0/3
ZGS_CO-02(config-if)#no switchport
ZGS_CO-02(config-if)#ip address 172.16.10.1 255.255.255.252
ZGS_CO-02(config-if)#no shutdown
```

```
ZGS_CO-02(config-if)#exit
ZGS_CO-02(config)#interface port-channel 1              //配置端口聚合
ZGS_CO-02(config-if)#switchport trunk encapsulation dot1q
ZGS_CO-02(config-if)#switchport mode trunk
ZGS_CO-02(config-if)#exit
ZGS_CO-02(config)#interface range gigabitEthernet 0/1-2
ZGS_CO-02(config-if-range)#channel-group 1 mode on
ZGS_CO-02(config-if-range)#exit
ZGS_CO-02(config)#router rip                            //配置 RIPv2
ZGS_CO-02(config-router)#version 2
ZGS_CO-02(config-router)#no auto-summary
ZGS_CO-02(config-router)#network 172.16.4.0
ZGS_CO-02(config-router)#network 172.16.8.0
ZGS_CO-02(config-router)#network 172.16.9.0
ZGS_CO-02(config-router)#network 172.16.10.0
```

使用【show ip route】命令，查看配置的路由协议。

步骤 4：配置汇聚交换机端口的 IP 地址和 RIPv2。

（1）配置交换机 XZL_PE 端口的 IP 地址和 RIPv2。

```
XZL_PE(config)#interface fastEthernet 0/23
XZL_PE(config-if)#no switchport
XZL_PE(config-if)#ip address 172.16.5.2 255.255.255.252
XZL_PE(config-if)#no shutdown
XZL_PE(config-if)#exit
XZL_PE(config)#interface fastEthernet 0/24
XZL_PE(config-if)#no switchport
XZL_PE(config-if)#ip address 172.16.8.2 255.255.255.252
XZL_PE(config-if)#no shutdown
XZL_PE(config-if)#exit
XZL_PE(config)#router rip
XZL_PE(config-router)#version 2
ZGS_CO-02(config-router)#no auto-summary
XZL_PE(config-router)#network 172.16.5.0
XZL_PE(config-router)#network 172.16.8.0
XZL_PE(config-router)#network 192.168.10.0
XZL_PE(config-router)#network 192.168.20.0
XZL_PE(config-router)#network 192.168.30.0
XZL_PE(config-router)#network 192.168.40.0
XZL_PE(config-router)#network 192.168.50.0
```

使用【show ip route】命令，查看配置的路由协议。

（2）配置交换机 KJL_PE 端口的 IP 地址。

```
KJL_PE(config)#interface fastEthernet 0/23
KJL_PE(config-if)#no switchport
KJL_PE(config-if)#ip address 172.16.6.2 255.255.255.252
KJL_PE(config-if)#no shutdown
```

```
KJL_PE(config-if)#exit
KJL_PE(config)#interface fastEthernet 0/24
KJL_PE(config-if)#no switchport
KJL_PE(config-if)#ip address 172.16.9.2 255.255.255.252
KJL_PE(config-if)#no shutdown
KJL_PE(config-if)#exit
KJL_PE(config)#router rip
KJL_PE(config-router)#version 2
ZGS_CO-02(config-router)#no auto-summary
KJL_PE(config-router)#network 172.16.6.0
KJL_PE(config-router)#network 172.16.9.0
KJL_PE(config-router)#network 192.168.60.0
KJL_PE(config-router)#network 192.168.70.0
KJL_PE(config-router)#network 192.168.80.0
KJL_PE(config-router)#network 192.168.90.0
```

使用【show ip route】命令，查看配置的路由协议。

（3）配置交换机 ZHL_PE 端口的 IP 地址。

```
ZHL_PE(config)#interface fastEthernet 0/23
ZHL_PE(config-if)#no switchport
ZHL_PE(config-if)#ip address 172.16.7.2 255.255.255.252
ZHL_PE(config-if)#no shutdown
ZHL_PE(config-if)#exit
ZHL_PE(config)#interface fastEthernet 0/24
ZHL_PE(config-if)#no switchport
ZHL_PE(config-if)#ip address 172.16.10.2 255.255.255.252
ZHL_PE(config-if)#no shutdown
ZHL_PE(config-if)#exit
ZHL_PE(config)#router rip
ZHL_PE(config-router)#version 2
ZHL_PE(config-router)#no auto-summary
ZHL_PE(config-router)#network 172.16.7.0
ZHL_PE(config-router)#network 172.16.10.0
ZHL_PE(config-router)#network 192.168.100.0
ZHL_PE(config-router)#network 192.168.110.0
ZHL_PE(config-router)#network 192.168.120.0
```

使用【show ip route】命令，查看路由器 ZGS_RS 的路由表，下一跳地址是【172.16.4.2】，如下所示：

```
ZGS_RS#show ip route
//省略
Gateway of last resort is not set
        172.16.0.0/16 is variably subnetted, 8 subnets, 2 masks
C          172.16.3.0/30 is directly connected, FastEthernet0/0
C          172.16.4.0/24 is directly connected, FastEthernet0/1
```

R	172.16.5.0/30 [120/2] via 172.16.4.2, 00:00:07, FastEthernet0/1
R	172.16.6.0/30 [120/2] via 172.16.4.2, 00:00:07, FastEthernet0/1
R	172.16.7.0/30 [120/2] via 172.16.4.2, 00:00:07, FastEthernet0/1
R	172.16.8.0/30 [120/1] via 172.16.4.2, 00:00:07, FastEthernet0/1
R	172.16.9.0/30 [120/1] via 172.16.4.2, 00:00:07, FastEthernet0/1
//省略

步骤 5： 验证负载均衡。

（1）配置内网服务器的 IP 地址（192.168.1.2/24）和默认网关（192.168.1.254）。打开 PC2 的浏览器，如图 5-19 所示。

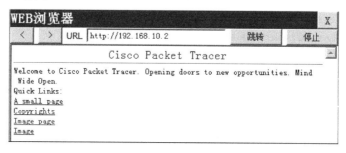

图 5-19　浏览内网 Web 服务器

（2）断开核心交换机 ZGS_CO-01 与路由器的端口。

```
ZGS_CO-01(config)#interface fastEthernet 0/24
ZGS_CO-01(config-if)#shutdown
```

（3）用 PC2【ping】Web 服务器的 IP 地址，仍然是通的。

```
PC>ping 192.168.1.2
Pinging 192.168.1.2 with 32 bytes of data:
Reply from 192.168.1.2: bytes=32 time=1ms TTL=125
Reply from 192.168.1.2: bytes=32 time=0ms TTL=125
Reply from 192.168.1.2: bytes=32 time=0ms TTL=125
Reply from 192.168.1.2: bytes=32 time=0ms TTL=125
//省略
PC>
```

（4）使用【show ip route】命令，查看路由器 ZGS_RS 的路由表，下一跳地址是【172.16.3.2】。

模块小结

通过本模块的学习，我们学会了在企业网中使用 Trunk 方式和 RIPv2 动态路由协议，配置路由器和交换机，熟练使用 DHCP 服务为每一栋楼的计算机自动分配 IP 地址。通过下面几个问题来回顾一下所学的内容：

（1）为什么在使用 RIPv2 动态路由协议配置等价路径负载均衡时，不需要考虑网络环路问题？

（2）什么是路由汇总？

项目 6 分公司网络施工

本项目是上海分公司网络施工，主要完成分公司网络的搭建。接入到网络中的大部分计算机由 DHCP 自动分配地址，分公司出口通过 PAT（端口地址转换）技术与网络供应商相联系。为了更精准地控制网络中的数据包，在标准访问控制列表基础上，需要配置扩展访问控制列表，它允许用户根据源地址、目的地址、协议、源端口号、目的端口号以及其他选项控制数据包。上海分公司既是独立的网络体系，又是总公司的一个分支，搭建的网络既要考虑独立性又要考虑与总公司的相关性。

本项目的模块和具体任务如图 6-1 所示。

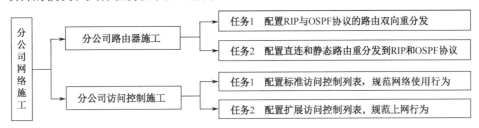

图 6-1 项目 6 的模块和具体任务

上海分公司网络拓扑如图 6-2 所示。

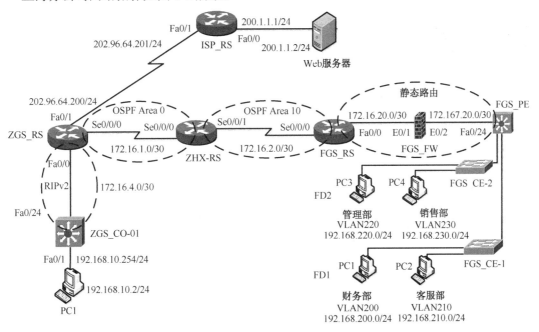

图 6-2 上海分公司网络拓扑

上海分公司网络建设工单如表 6-1 所示。

表 6-1 上海分公司网络建设工单

工程建设中心	工程名称	北方科技网络工程		工单编号	006	流水号	9**716	
	地　址	上海		联系人	张伟	联系电话	131***8686	
	防火墙		1 台		路由器	Cisco 2811		4 台
	三层交换机	Cisco 3560　2 台			二层交换机	Cisco 2950　3 台		
	经办人	王晓强		发件时间				
	施工单位	朝阳网络公司		设备厂家		红山网络设备公司		
	备　注	本项目所有设备特权模式密码			123456	远程登录密码	cisco	

路由器 Cisco2811 FGS_RS	管理 IP	VLAN1	10.0.1.51/24		
	左连端口	Se0/0/0	OSPF Area 10		
	右连端口	Fa0/0	172.16.20.1/24	TO-FGS_FW-E0/1	静态路由

防火墙 FGS_FW	管理	VLAN1	10.0.1.52/24		
		特权模式密码	123456	远程登录密码	cisco
	左连端口	Fa0/1	172.16.20.3/24	TO-FGS_RS-Fa0/0	静态
	右连端口	Fa0/2	172.16.20.4/24	TO-FGS_PE-Gi 0/2	路由

汇聚交换机 Cisco 3560 FGS_PE	管理 IP	VLAN1	10.0.1.52/24		
		VLAN1	10.0.1.53/24		
	左连端口	Fa0/24	172.16.20.2/24	TO-FGS_FW-E 0/2	静态路由
	下连端口	Fa0/1	TO-FGS_CE-01- Fa0/24		Trunk
		Fa0/2	TO-FGS_CE-02-Fa0/24		Trunk
	DHCP	Caiwubu 财务部	192.168.200.0/24	默认网关	192.168.200.1
			VLAN200	DNS	202.96.64.68
		Kefubu 客服部	192.168.210.0/24	默认网关	192.168.210.1
			VLAN210	DNS	202.96.64.68
		Guanlibu 管理部	192.168.220.0/24	默认网关	192.168.220.1
			VLAN220	DNS	202.96.64.68
		Xiaoshoubu 销售部	192.168.230.1/24	默认网关	192.168.230.1
			VLAN230	DNS	202.96.64.68

接入交换机 Cisco 2950T FGS_CE-01	管理	VLAN1	10.0.1.54/24		
	上连端口	Fa0/24	TO-FGS_PE- Fa0/1		Trunk
	VLAN	VLAN200	Fa0/1-4	财务部	
		VLAN210	Fa0/5-22	客服部	

接入交换机 Cisco 2950 FGS_CE-02	管理	VLAN1	10.0.1.55/24		
	上连端口	Fa0/24	TO-FGS_PE-Fa0/2		Trunk
	VLAN	VLAN220	Fa0/1-6	管理部	
		VLAN230	Fa0/7-21	销售部	

模块 1　分公司路由器施工

任务 1　配置 RIP 与 OSPF 协议的路由双向重分发

【任务描述】

总公司与分公司之间通过专线进行网络互联，但分别使用不同的协议，要实现这两个网络的相互通信，就需要路由重分发。本任务旨在实现 RIP 与 OSPF 协议的路由双向重分发。

完成本任务后，你将能够：

➢ 理解路由重分发；
➢ 配置 RIP 与 OSPF 协议的路由双向重分发；
➢ 配置静态路由和默认路由重分发。

【必备知识】

1）路由重分发

路由重分发（Route Redistribution）技术，是在不同路由协议之间交换路由转发信息的技术。在运行两种或两种以上路由协议的网络中，需要在协议之间转发路由信息，使这些不同协议之间的网络能够互相学习到对方广播的路由。

2）路由器重分发的类别

（1）单向和双向重分发。根据路由重发布的方向，路由重分发分为单向重分发和双向重分发。单向重分发是将一种路由协议的路由信息传递给另一种路由选择协议；双向重分发是在两个路由协议之间互相分发所有的路由信息。图 6-3 所示是 RIP 和 OSPF 协议的双向路由协议重分发。

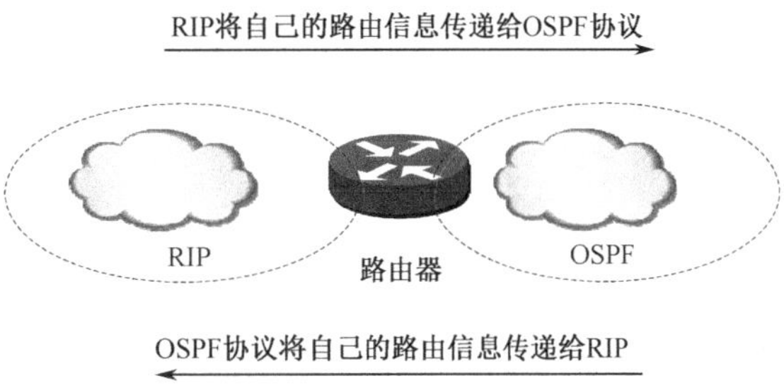

（2）直连路由、静态路由和默认路由器的重分发。

图 6-3　路由重分发

3）路由重分发配置命令

router（config-router）#redistribute protocol {metric metric-value] [metric-type type-value] [subnets]

参数说明：

➢ protocol：要进行路由重分发的源路由协议，如【ospf】、【rip】等；
➢ metric：可选参数，指明分发路由器的度量值；
➢ metric-type：重分发路由的类型；
➢ subnets：连同子网一起宣告重分发。

注意：当 RIP 重分发到其他协议时，必须设置 metric 的度量值（跳数），其值不能大于 15。

4）路由重分发命令使用方法举例

（1）RIP 重分发到 OSPF 协议中。

Router(config)#router ospf 1
Router(config-router)#redistribute rip metric 20 subnets

注意：必须加入 subnets 参数，否则只有有类路由才能重分发。

（2）OSPF 协议重分发到 RIP 中。

Router(config)#router rip
Router(config-router)#redistribute ospf 1 metric 10

【任务准备】

（1）学生 3～5 人一组；

（2）Cisco 2811 路由器 3 台，Cisco 3560 交换机 1 台。

【任务实施】

步骤 1：按照图 6-4 连接硬件。

（1）为路由器 ZGS_RS 和路由器 FGS_RS 添加 WIC-1T 模块，为路由器 ZHX_RS 添加 WIC-2T 模块。

（2）使用直通线连接交换机和路由器，使用 DCE 串口线连接路由器。

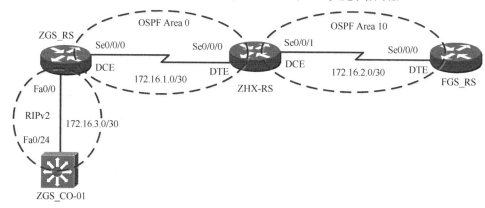

图 6-4　路由重分发拓扑图

步骤 2：按照表 6-2 配置接口的 IP 地址。

表 6-2　设备 IP 地址分配

设备	端口	IP 地址
路由器 ZGS_RS	Se0/0/0	172.16.1.1/30
	Fa0/0	172.16.3.1/30
路由器 ZHX_RS	Se0/0/0	172.16.1.2/30
	Se0/0/1	172.16.2.1/30
路由器 FGS_RS	Se0/0/1	172.16.2.2/30
交换机 ZGS_CO-01	Fa0/24	172.16.3.2/30

（1）配置路由器 ZGS_RS 端口的串口信息和 IP 地址。

```
Router(config)#hostname ZGS_RS
ZGS_RS(config)#interface serial 0/0/0
ZGS_RS(config-if)#ip address 172.16.1.1 255.255.255.252
ZGS_RS(config-if)#clock rate 64000
ZGS_RS(config-if)#no shutdown
ZGS_RS(config)#interface fastEthernet 0/0
ZGS_RS(config-if)#ip address 172.16.3.1 255.255.255.252
ZGS_RS(config-if)#no shutdown
```

（2）配置路由器 ZHX_RS 端口的串口信息和 IP 地址。

```
Router(config)#hostname ZHX_RS
ZHX_RS(config)#interface serial 0/0/0
```

```
ZHX_RS(config-if)#ip address 172.16.1.2 255.255.255.252
ZHX_RS(config-if)#no shutdown
ZHX_RS(config-if)#exit
ZHX_RS(config)#interface serial 0/0/1
ZHX_RS(config-if)#ip address 172.16.2.1 255.255.255.252
ZHX_RS(config-if)#clock rate 64000
ZHX_RS(config-if)#no shutdown
```

（3）配置路由器 FGS_RS 端口的串口信息和 IP 地址。

```
Router(config)#hostname FGS_RS
FGS_RS(config)#interface serial 0/0/0
FGS_RS(config-if)#ip address 172.16.2.2 255.255.255.252
FGS_RS(config-if)#no shutdown
```

（4）配置交换机 ZGS_CO-01 端口的 IP 地址。

```
Switch(config)#hostname ZGS_CO-01
ZGS_CO-01(config)#interface fastEthernet 0/24
ZGS_CO-01(config-if)#no switchport
ZGS_CO-01(config-if)#ip address 172.16.3.2 255.255.255.252
ZGS_CO-01(config-if)#no shutdown
```

步骤 3：按照图 6-4 配置动态网络协议 RIP 和 OSPF。
（1）配置路由器 ZHX_RS 的 OSPF 协议。

```
ZHX_RS(config)#router ospf 1
ZHX_RS(config-router)#network 172.16.1.0 255.255.255.252 area 0
ZHX_RS(config-router)#network 172.16.2.0 255.255.255.252 area 10
```

（2）配置路由器 FGS_RS 的 OSPF 协议。

```
FGS_RS(config)#router ospf 1
FGS_RS(config-router)#network 172.16.2.0 255.255.255.252 area 10
```

（3）配置路由器 ZGS_RS 的 OSPF 协议和 RIPv2。

```
ZGS_RS(config)#router ospf 1
ZGS_RS(config-router)#network 172.16.1.0 255.255.255.252 area 0
ZGS_RS(config-router)#exit
ZGS_RS(config)#router rip
ZGS_RS(config-router)#version 2
ZGS_RS(config-router)#no auto-summary
ZGS_RS(config-router)#network 172.16.3.0
```

（4）配置交换机 ZGS_CO-01 的 RIPv2。

```
ZGS_CO-01(config)#ip routing
ZGS_CO-01(config)#router rip
ZGS_CO-01(config-router)#version 2
```

```
ZGS_CO-01(config-router)#no auto-summary
ZGS_CO-01(config-router)#network 172.16.3.0
```

步骤 4：检查配置情况。

（1）相同协议区域内测试。

① 在路由器 ZGS-RS 上【ping】路由器 FGS_RS，结果如下：

```
ZGS_RS#ping 172.16.2.2
Type escape sequence to abort.
Sending 5, 100-byte ICMP Echos to 172.16.2.2, timeout is 2 seconds:
!!!!!
Success rate is 100 percent (5/5), round-trip min/avg/max = 8/9/13 ms
```

② 在路由器 ZGS-RS 上【ping】交换机 ZGS_CO-01，结果如下：

```
ZGS_RS#ping 172.16.3.2
Type escape sequence to abort.
Sending 5, 100-byte ICMP Echos to 172.16.3.2, timeout is 2 seconds:
!!!!!
Success rate is 100 percent (5/5), round-trip min/avg/max = 0/0/1 ms
ZGS_RS#
```

（2）跨路由协议区域测试。

① 在交换机 ZGS_CO-01【ping】路由器 ZHX_RS，结果如下：

```
ZGS_CO-01#ping 172.16.2.1
Type escape sequence to abort.
Sending 5, 100-byte ICMP Echos to 172.16.2.1, timeout is 2 seconds:
.....
Success rate is 0 percent (0/5)
ZGS_CO-01#
```

可以看出，在路由协议 RIP 或 OSPF 之内是通的，在 RIP 和 OSPF 协议之间是不通的。要实现不同路由协议的互通，需要路由的重分发。

步骤 5：在边界路由器 ZGS_RS 上配置 RIP 与 OSPF 协议的双向路由重分发。

```
ZGS_RS(config)#router rip
ZGS_RS(config-router)#version 2
ZGS_RS(config-router)#redistribute ospf 1 metric 15      //将 OSPF 的路由重分发到 RIP 中
ZGS_RS(config-router)#exit
ZGS_RS(config)#router ospf 1
ZGS_RS(config-router)#redistribute rip subnets            //将 RIP 路由重分发到 OSPF 中
```

步骤 6：检查路由重分发情况。

（1）在交换机 ZGS_CO-01 的【命令】窗口【ping】路由器 FGS_RS，或反向【ping】都是通的。

```
ZGS_CO-01#ping 172.16.2.2
Type escape sequence to abort.
```

Sending 5, 100-byte ICMP Echos to 172.16.2.2, timeout is 2 seconds:

!!!!!

Success rate is 100 percent (5/5), round-trip min/avg/max = 2/2/3 ms

ZGS_CO-01#

（2）在路由器 FGS_RS 上，使用【show ip route】命令，结果如下：

```
FGS_RS#show ip route
Codes: C - connected, S - static, I - IGRP, R - RIP, M - mobile, B - BGP
       D - EIGRP, EX - EIGRP external, O - OSPF, IA - OSPF inter area
       N1 - OSPF NSSA external type 1, N2 - OSPF NSSA external type 2
       E1 - OSPF external type 1, E2 - OSPF external type 2, E - EGP
       i - IS-IS, L1 - IS-IS level-1, L2 - IS-IS level-2, ia - IS-IS inter area
       * - candidate default, U - per-user static route, o - ODR
       P - periodic downloaded static route
Gateway of last resort is not set
         172.16.0.0/30 is subnetted, 3 subnets
O IA     172.16.1.0 [110/128] via 172.16.2.1, 00:20:27, Serial0/0/0
C        172.16.2.0 is directly connected, Serial0/0/0
O E2     172.16.3.0 [110/20] via 172.16.2.1, 00:03:29, Serial0/0/0    //得到了重分发的路由
FGS_RS#
```

任务 2　配置直连和静态路由重分发到 RIP 和 OSPF 协议

【任务描述】

在网络中，实现路由协议之间的通信需要路由重分发。静态路由、直连路由要实现与使用路由协议的网络通信，也需要配置路由重分发。本任务旨在实现 OSPF 协议与分公司静态路由协议的路由重分发，实现接入 Internet 使用的默认路由与使用 RIP 和 OSPF 协议网络的路由重分发，使全网互通。

完成本任务后，你将能够：

➢ 直连路由的重分发；

➢ 配置静态路由重分发；

➢ 默认路由的重分发。

【必备知识】

（1）静态路由重分发到 OSPF 协议命令：

```
router ospf 1
        redistribute static subnets
```

（2）直连路由引入到 OSPF 协议命令：

```
router ospf 1
        redistribute connected subnets
```

（3）默认路由的重分发命令：

```
router （config-router）#default -information originate
```

【任务准备】

（1）学生 3～5 人一组；

（2）在任务 1 的基础上进行配置。

【任务实施】

步骤 1：按照图 6-5 连接硬件。

（1）在本模块任务 1 完成的基础上，按照图 6-5，将交换机 FGS_PE 使用交叉线连接到路由器 FGS_RS 上，使用直通线将 PC1 和 PC2 连接交换机。

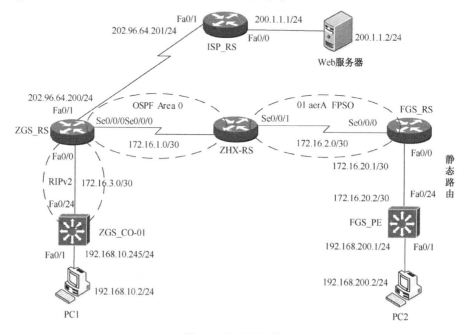

图 6-5　路由重分发

步骤 2：按照图 6-5 和表 6-3 配置接口的 IP 地址。

表 6-3　设备 IP 地址分配

设　　备	端　口	IP 地址
路由器 ZGS_RS	Se0/0/0	172.16.1.1/30
	Fa0/0	172.16.3.1/30
	Fa0/1	202.96.64.200/24
路由器 ZHX_RS	Se0/0/0	172.16.1.2/30
	Se0/0/1	172.16.2.1/30
路由器 FGS_RS	Se0/0/0	172.16.2.2/30
	Fa0/0	172.16.20.1/30
路由器 IPS_RS	Fa0/0	202.96.64.201/24
	Fa0/1	200.1.1.1/24
交换机 ZGS_CO-01	Fa0/24	172.16.3.2/30
	Fa0/1	19.168.10.254/24
交换机 FGS_PE	Fa0/24	172.16.20.2/30
	Fa0/1	192.168.200.1/24

设 备	端口	IP 地址
Web 服务器		200.1.1.2/24
PC1		192.168.10.2/24
PC2		192.168.200.2/24

步骤 3：按照表 6-3 配置计算机和交换机的 IP 地址。

（1）配置交换机 ZGS_CO-01 的 Fa0/1 端口的 IP 地址。

```
ZGS_CO-01(config)#interface fastEthernet 0/1
ZGS_CO-01(config-if)#no switchport
ZGS_CO-01(config-if)#ip address 192.168.10.254 255.255.255.0
ZGS_CO-01(config-if)#no shutdown
```

（2）按照表 6-3 配置 PC1 的 IP 地址，如图 6-6 所示，并测试与路由器 ZGS_RS 的连通性。

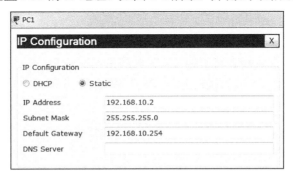

图 6-6　配置 PC1 的 IP 地址

① 在 PC1 上使用【ping】命令，测试与网关的连通性。

```
PC>ping 192.168.10.254
Pinging 192.168.10.254 with 32 bytes of data:
Reply from 192.168.10.254: bytes=32 time=1ms TTL=255
Reply from 192.168.10.254: bytes=32 time=0ms TTL=255
Reply from 192.168.10.254: bytes=32 time=0ms TTL=255
Reply from 192.168.10.254: bytes=32 time=0ms TTL=255
//省略
```

② 在 PC1 上使用【ping】命令，测试与路由器 ZGS_RS 的连通性。

```
PC>ping 172.16.3.1
Pinging 172.16.3.1 with 32 bytes of data:
Request timed out.
Request timed out.
Request timed out.
Request timed out.
Ping statistics for 172.16.3.1:
    Packets: Sent = 4, Received = 0, Lost = 4 (100% loss),
PC>
```

能【ping】通网关，但没有【ping】通 RIP 网络的 IP 地址，需要重分发直连路由到 RIP。

步骤 4：配置直连路由到 RIP 的路由重分发。

（1）在交换机 ZGS_CO-01 上配置直连路由到 RIP 的路由重分发。

```
ZGS_CO-01(config)#router rip
ZGS_CO-01(config-router)#version 2
ZGS_CO-01(config-router)#redistribute connected
```

（2）这时使用 PC1【ping】路由器 FGS_RS 的 IP 地址：172.16.3.1 是通的。

```
PC>ping 172.16.3.1
Pinging 172.16.3.1 with 32 bytes of data:
Reply from 172.16.3.1: bytes=32 time=1ms TTL=254
Reply from 172.16.3.1: bytes=32 time=0ms TTL=254
Reply from 172.16.3.1: bytes=32 time=1ms TTL=254
Reply from 172.16.3.1: bytes=32 time=1ms TTL=254
//省略
PC>
```

步骤 5：按照图 6-5 配置静态路由到 OSPF 的路由重发布。

（1）配置路由器 FGS_RS 到交接机 FGS_PE 的接口 Fa0/0 的 IP 地址。

```
FGS_RS(config)#interface fastEthernet 0/0
FGS_RS(config-if)#ip address 172.16.20.1 255.255.255.252
FGS_RS(config-if)#no shutdown
```

（2）配置交换机 FGS_PE 上的各 IP 地址。

```
FGS_RS(config)#interface fastEthernet 0/24
FGS_RS(config-if)#no switchport
FGS_RS(config-if)#ip address 172.16.20.2 255.255.255.252
FGS_RS(config-if)#no shutdown
FGS_RS(config-if)#exit
FGS_RS(config)#interface fastEthernet 0/1
FGS_RS(config-if)#no switchport
FGS_RS(config-if)#ip address 192.168.200.1 255.255.255.0
FGS_RS(config-if)#no shutdown
```

（3）配置路由器 FGS_RS 的静态路由重分发到 OSPF。

```
FGS_RS(config)#router ospf 1
FGS_RS(config-router)#log-adjacency-changes
FGS_RS(config-router)#redistribute static metric 100 subnets tag 100
FGS_RS(config-router)#exit
FGS_RS(config)#ip route 192.168.200.0 255.255.255.0 172.16.20.2
```

（4）开启交换机 FGS_RS 的路由功能，并配置 IP 地址和默认路由。

```
Switch(config)#hostname FGS_PE
FGS_PE(config)#ip routing
FGS_PE(config)#ip route 0.0.0.0 0.0.0.0 172.16.20.1
```

按照表 6-3，配置 PC2 的 IP 地址，并【ping】PC1 检查配置情况。

```
PC>ping 192.168.10.2
Pinging 192.168.10.2 with 32 bytes of data:
Reply from 192.168.10.2: bytes=32 time=2ms TTL=123
Reply from 192.168.10.2: bytes=32 time=2ms TTL=123
Reply from 192.168.10.2: bytes=32 time=2ms TTL=123
Reply from 192.168.10.2: bytes=32 time=2ms TTL=123
//省略
PC>
```

步骤 6：配置默认路由重发布到 OSPF 和 RIP。

（1）路由器 ZGS_RS 有一条连接 IPS 的出口，在这个出口上配置默认路由，使企业网用户能够访问 Internet。

① 配置边界路由器 ZGS_RS 的默认路由。

```
ZGS_RS(config)#ip route 0.0.0.0 0.0.0.0 fastEthernet 0/1
```

配置完成后，使用 PC1 或 PC2【ping】Web 服务器，结果都是主机不可达。

```
PC>ping 200.1.1.2
Pinging 200.1.1.2 with 32 bytes of data:
Reply from 192.168.10.1: Destination host unreachable.
Reply from 192.168.10.1: Destination host unreachable.
Reply from 192.168.10.1: Destination host unreachable.
Reply from 192.168.10.1: Destination host unreachable.
Ping statistics for 200.1.1.2:
    Packets: Sent = 4, Received = 0, Lost = 4 (100% loss),
PC>
```

（2）为路由器 ZGS_RS 配置默认路由到 OSPF 协议网络的路由重分发。

```
ZGS_RS(config)#router ospf 1
ZGS_RS(config-router)#log-adjacency-changes
ZGS_RS(config-router)#default-information originate
ZGS_RS(config-router)#exit
ZGS_RS(config)#ip route 0.0.0.0 0.0.0.0 fastEthernet 0/1
```

（3）为路由器 ZGS_RS 配置默认路由到 RIP 网络的路由重分发。

```
ZGS_RS(config)#router rip
ZGS_RS(config-router)#version 2
ZGS_RS(config-router)#default-information originate
```

查检配置情况。

```
ZGS_RS#show ip route
//省略
Gateway of last resort is 0.0.0.0 to network 0.0.0.0
    172.16.0.0/30 is subnetted, 3 subnets
```

C   172.16.1.0 is directly connected, Serial0/0/0

O IA   172.16.2.0 [110/128] via 172.16.1.2, 00:44:04, Serial0/0/0

C   172.16.3.0 is directly connected, FastEthernet0/0

R   192.168.10.0/24 [120/1] via 172.16.3.2, 00:00:18, FastEthernet0/0 //引入的直连路由

O E2 192.168.200.0/24 [110/100] via 172.16.1.2, 00:44:04, Serial0/0/0 //引入的静态路由

C   202.96.64.0/24 is directly connected, FastEthernet0/1

S*   0.0.0.0/0 is directly connected, FastEthernet0/1   //引入的默认路由

ZGS_RS#

使用 PC1 或 PC2【ping】Web 服务器是通的，它们之间互相【ping】也是通的。

模块小结

通过本模块的学习，我们进一步学习了 OSPF 协议，同时也学习了在企业网中应用非常广泛的路由重分发，掌握了路由重分发的方法。下面通过几个问题来回顾一下所学习的内容：

（1）什么是路由重分发？

（2）路由重分发的作用是什么？

（3）路由重分发分为哪几类？

模块 2 分公司访问控制施工

任务 1 配置标准访问控制列表，规范网络使用行为

【任务描述】

为加强网络的安全性，在管理上提出不允许客户端用户登录到网络设备。本任务目的是在分公司网络上配置访问控制列表（ACL）来限制远程用户登录到路由器的主机。防火墙为透明模式，本任务可以不考虑。本任务完成不允许财务部访问 Web 服务器。

完成本任务后，你将能够：

➢ 了解访问控制列表；

➢ 配置标准访问控制列表；

➢ 配置扩展访问控制列表。

【必备知识】

随着网络范围的不断扩大，对网络中流进、流出的数据进行控制，限制网络流量，提高网络性能，允许或拒绝特定用户对内网或外网的访问，处理电子邮件、Telnet 等类型的通信被转发或阻止等，这些问题都可以通过访问控制列表来完成。

访问控制列表（Access Control List，ACL）是基于协议生成并生效的。每种协议集都有自己的访问控制列表，它们可以在同一台三层设备（路由器或三层交换机）上运行，分别对各自协议的数据包进行检查。

ACL 是路由器接口的指令列表，用来控制进出端口的数据包。

1）ACL 的用途

➢ 限制网络流量、提高网络性能；

- ➢ 提供对通信流量的控制手段；
- ➢ 提供网络访问的基本安全手段；
- ➢ 在路由器（或三层交换机）接口处，决定哪种类型的通信流量被转发、哪种被阻塞。

2）ACL 的分类

- ➢ 标准 ACL：只检查数据包的源地址。
- ➢ 扩展 ACL：对数据包的源地址与目的地址都进行检查，也能检查特定的协议、端口号以及其他参数。所以扩展 ACL 比标准 ACL 提供了更广泛的控制范围。

标准 IP 地址的 ACL 使用 1～99 以及 1300～1999 之间的数字作为列表号，扩展 IP 地址的 ACL 使用 100～199 以及 2000～2699 之间的数字作为列表号。

3）ACL 的放置位置

ACL 主要是用来过滤数据包，丢弃不希望到达目的地的数据包，达到对网络进行管理和控制数据流的目的。在使用过程中，标准 ACL 只能检查源 IP 地址，所以标准 ACL 要尽量靠近目的端；扩展 ACL 能控制源地址，也能控制目的地址，所以扩展 ACL 要尽量靠近源端。

4）标准 ACL 的配置

配置访问控制列表分两步操作：第一步先写出访问控制列表，第二步把访问控制列表关联到指定接口上。一个没有与任何接口关联的访问控制列表是不起作用的。

配置访问控制列表的相关语法如下：

（1）配置标准访问控制列表是在全局模式下执行编辑访问控制列表条件语句。

> Router(config)#access-list <access-list-number 访问控制列表号> ｛permit | deny｝<test conditions 检查条件>

（2）将访问列表关联到某一接口。在接口配置模式下，将访问控制列表应用到某一个接口，并指明方向。

> Router(config-if)#{protocol 协议} access-group < access-list-number 访问控制列表号> { in | out }

参数说明：

- ➢ protocol（协议）：指哪种协议的访问控制列表，本章只讨论 IP 访问控制列表，所以这里可以是 IP。
- ➢ in 或 out：指明路由器是在进口方向还是出口方向上控制，in 代表进口，out 代表出口。

注意：

访问控制列表不能对三层设备自身产生的数据包进行控制。

【任务准备】

（1）学生 3～5 人一组。

（2）Cisco 2811 路由器 1 台，Cisco 3560 汇聚交换机 1 台，Cisco 2960 接入交换机 2 台。

（3）PC 4 台，服务器 1 台，直通线 4 根，交叉线 4 根，Console 线 1 根。

【任务实施】

步骤 1： 按照图 6-7 所示连接硬件。

步骤 2： 按照图 6-7 和表 6-4 所示完成路由器和交换机的基础配置。

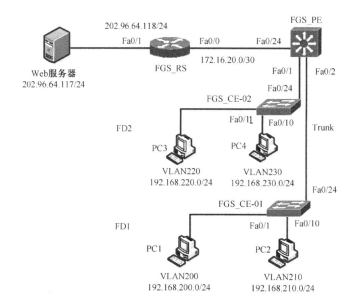

图 6-7　配置标准访问控制列表

表 6-4　设备 IP 地址

设　　备	接口	IP 地址或连接端口	默认网关
路由器 FGS_RS	Fa0/0	172.16.20.1/30	
	Fa0/1	202.96.64.118/24	
交换机 FGS_PE	Fa0/24	172.16.20.2/30	
	Fa0/1	To-FGS_CE-01-Fa0/24	Trunk
	Fa0/2	To-FGS_CE-02-Fa0/24	Trunk
PC1		192.168.200.2/24	192.168.200.1
PC2		192.168.210.2/24	192.168.210.1
PC3		192.168.220.2/24	192.168.220.1
PC4		192.168.230.2/24	192.168.230.1
Web 服务器		202.96.64.117/29	

（1）路由器 FGS_RS 的基础配置。

```
Router(config)#hostname FGS_RS
FGS_RS(config)#line vty 0 4        //进入虚拟配置模式，配置远程登录
FGS_RS(config-line)#password cisco
FGS_RS(config-line)#login
FGS_RS(config-line)#exit
FGS_RS(config)#enable secret 123456
FGS_RS(config)#interface fastEthernet 0/0
FGS_RS(config-if)#ip address 172.16.20.1 255.255.255.252
FGS_RS(config-if)#no shutdown
FGS_RS(config-if)#exit
FGS_RS(config)#interface fastEthernet 0/1
FGS_RS(config-if)#ip address 202.96.64.118 255.255.255.0
FGS_RS(config-if)#no shutdown
FGS_RS(config-if)#exit
```

```
FGS_RS(config)#interface vlan 1
FGS_RS(config-if)#ip address 10.0.1.51 255.255.255.0      //路由器的管理 IP 地址
FGS_RS(config-if)#no shutdown
```

（2）汇聚交换机 FGS_PE 的基础配置。

```
Switch(config)#hostname FGS_PE
FGS_PE(config)#line vty 0 4
FGS_PE(config-line)#password admin
FGS_PE(config-line)#login
FGS_PE(config-line)#exit
FGS_PE(config)#enable secret 123456          //配置密文密码
FGS_PE(config)#exit
FGS_PE(config)#interface vlan 1              //进入 vlan1，对 VLAN 进行管理
FGS_PE(config-if)#ip address 10.0.1.53 255.255.255.0
FGS_PE(config-if)# exit
FGS_PE(config-if)#no shutdown
FGS_PE(config)#ip routing                   //开启三层交换机的路由功能
FGS_PE(config)#vlan 200                      //创建 VLAN
FGS_PE(config-vlan)#exit
FGS_PE(config)#vlan 210
FGS_PE(config-vlan)#exit
FGS_PE(config)#vlan 220
FGS_PE(config-vlan)#exit
FGS_PE(config)#vlan 230
FGS_PE(config-vlan)#exit
FGS_PE(config)#interface vlan 200              //为 VLAN 配置 IP 地址
FGS_PE(config-if)#ip address 192.168.200.1 255.255.255.0
FGS_PE(config-if)#no shutdown
FGS_PE(config-if)#exit
FGS_PE(config)#interface vlan 210
FGS_PE(config-if)#ip address 192.168.210.1 255.255.255.0
FGS_PE(config-if)#no shutdown
FGS_PE(config-if)#exit
FGS_PE(config)#interface vlan 220
FGS_PE(config-if)#ip address 192.168.220.1 255.255.255.0
FGS_PE(config-if)#no shutdown
FGS_PE(config-if)#exit
FGS_PE(config)#interface vlan 230
FGS_PE(config-if)#ip address 192.168.230.1 255.255.255.0
FGS_PE(config-if)#no shutdown
FGS_PE(config-if)#exit
FGS_PE(config)#interface fastEthernet 0/24    //配置接口的 IP 地址
FGS_PE(config-if)#no switchport
FGS_PE(config-if)#ip address 172.16.20.2 255.255.255.252
FGS_PE(config-if)#no shutdown
```

```
FGS_PE(config-if)#exit
FGS_PE(config)#interface range fastEthernet 0/1-2
FGS_PE(config-if-range)#switchport trunk encapsulation dot1q
FGS_PE(config-if-range)#switchport mode trunk
```

（3）接入交换机 FGS_CE-01 的基础配置。接入交换机的端口分配如表 6-5 所示。

表 6-5　接入交换机端口分配

设　　备	VLAN	端　　口	IP 地址范围
FGS_CE-01	200	Fa0/1-4	192.168.200.2～192.168.200.6
	210	Fa0/5-22	192.168.210.2～192.168.220.19
FGS_CE-02	220	Fa0/1-6	192.168.220.2～192.168.220.7
	230	Fa0/7-21	192.168.230.2～192.168.230.16

① 交换机 FGS_CE-01 的基础配置。

```
Switch(config)#hostname FGS_CE-01
FGS_CE-01(config)#line vty 0 4
FGS_CE-01(config-line)#password cisco
FGS_CE-01(config-line)#login
FGS_CE-01(config-line)#exit
FGS_CE-01(config)#enable secret 123456
FGS_CE-01(config)#interface vlan 1
FGS_CE-01(config-if)#ip address 10.0.1.54 255.255.255.0
FGS_CE-01(config-if)#no shutdown
FGS_CE-01(config-if)#exit
FGS_CE-01(config)#vlan 200
FGS_CE-01(config-vlan)#exit
FGS_CE-01(config)#vlan 210
FGS_CE-01(config-vlan)#exit
FGS_CE-01(config)#interface vlan 200
FGS_CE-01(config-if)#ip address 192.168.200.1 255.255.255.0
FGS_CE-01(config-if)#no shutdown
FGS_CE-01(config-if)#exit
FGS_CE-01(config)#interface vlan 210
FGS_CE-01(config-if)#ip address 192.168.210.1 255.255.255.0
FGS_CE-01(config-if)#no shutdown
FGS_CE-01(config-if)#exit
FGS_CE-01(config)#interface range fastEthernet 0/1-4
FGS_CE-01(config-if-range)#switchport access vlan 200
FGS_CE-01(config-if-range)#exit
FGS_CE-01(config)#interface range fastEthernet 0/5-22
FGS_CE-01(config-if-range)#switchport access vlan 210
FGS_CE-01(config-if-range)#exit
FGS_CE-01(config)#interface fastEthernet 0/24
FGS_CE-01(config-if)#switchport mode trunk
```

② 接入交换机 FGS_CE-02 的配置方法与交换机 FGS_CE-01 的配置方法基本相同，请完

成配置。

步骤 3：按照表 6-4 配置各 PC 的 IP 地址。

用 PC1【ping】PC3，如果配置正确，应该能通。

> **PC>ping 192.168.220.2**
>
> Pinging 192.168.220.2 with 32 bytes of data:
>
> Reply from 192.168.220.2: bytes=32 time=0ms TTL=127
>
> Reply from 192.168.220.2: bytes=32 time=1ms TTL=127
>
> Reply from 192.168.220.2: bytes=32 time=0ms TTL=127
>
> Reply from 192.168.220.2: bytes=32 time=0ms TTL=127
>
> //省略
>
> PC>

步骤 4：配置静态路由器。

（1）配置路由器 FGS_RS 的静态路由。

> **FGS_RS(config)#ip route 192.168.200.0 255.255.255.0 172.16.20.2**
>
> **FGS_RS(config)#ip route 192.168.210.0 255.255.255.0 172.16.20.2**
>
> **FGS_RS(config)#ip route 192.168.220.0 255.255.255.0 172.16.20.2**
>
> **FGS_RS(config)#ip route 192.168.230.0 255.255.255.0 172.16.20.2**

（2）配置交换机 FGS_PE 到 Web 服务器网段的静态路由。

> **FGS_PE(config)#ip route 202.96.64.0 255.255.255.0 172.16.20.1**

（3）按照表 6-4 配置 Web 服务器的 IP 地址。

（4）检查配置情况。

① 在销售部计算机 PC1 的浏览器上输入"HTTP://202.96.64.117"能浏览网页，如图 6-8 所示。

② 使用财务部计算机 PC3【ping】Web 服务器能【ping】通。

图 6-8　浏览网页

> **PC>ping 202.96.64.117**
>
> Reply from 202.96.64.117: bytes=32 time=1ms TTL=126
>
> Reply from 202.96.64.117: bytes=32 time=0ms TTL=126
>
> Reply from 202.96.64.117: bytes=32 time=0ms TTL=126
>
> Reply from 202.96.64.117: bytes=32 time=0ms TTL=126
>
> //省略
>
> PC>

步骤 5：定义标准访问控制列表。

（1）在路由器 FGS_RS 上定义 ACL。

```
FGS_RS(config)#access-list 1 permit 192.168.210.2 0.0.0.255
FGS_RS(config)#access-list 1 permit 192.168.220.2 0.0.0.255
FGS_RS(config)#access-list 1 permit 192.168.230.2 0.0.0.255
FGS_RS(config)#access-list 1 deny 192.168.200.2 0.0.0.255
```

（2）将 ACL 表应用到端口。

```
FGS_RS(config)#interface fastEthernet 0/0
FGS_RS(config-if)#ip access-group 1 in
```

（3）验证配置。

① 使用销售部计算机 PC2、客服部计算机 PC4 和管理部计算机 PC4 的浏览器，输入"HTTP://202.96.64.117"能浏览网页。

② 使用财务部的计算机 PC1 不能浏览网页，使用 PC1【ping】Web 服务器显示如下信息：

```
PC>ping 202.96.64.117
Pinging 202.96.64.117 with 32 bytes of data:
Reply from 172.16.20.1: Destination host unreachable.
Reply from 172.16.20.1: Destination host unreachable.
Reply from 172.16.20.1: Destination host unreachable.
Reply from 172.16.20.1: Destination host unreachable.
Ping statistics for 202.96.64.117:
    Packets: Sent = 4, Received = 0, Lost = 4 (100% loss),
PC>
```

任务 2　配置扩展访问控制列表，规范上网行为

【任务描述】

上海分公司要求对内部网络进行控制。出于对财务安全性的考虑，要求财务部门不能访问路由器的 Web 页面，但是可以【ping】路由器是否在线。允许客服部、销售部、管理部访问 Web 服务器，不允许这四个部门【ping】Web 服务器。

【必备知识】

1）扩展 ACL

标准访问控制列表只能根据源地址来检查、过滤数据包，它允许或者拒绝的是整个 TCP/IP 协议族的数据，而不能更精准地控制网络中的数据。比如，要求只允许浏览网页和收发电子邮件，其他应用数据则不能通过路由器，利用标准访问控制列表则做不到。

要想精准地控制数据包，可以使用扩展访问控制列表。扩展访问控制列表允许用户根据如下内容控制数据包：源地址、目的地址、协议、源端口号、目的端口号以及其他选项。

2）扩展 ACL 的配置

配置扩展访问控制列表和配置标准访问控制列表一样分两步操作：第一步先编写访问控制列表，第二步把访问控制列表关联到指定接口上。

相比之下，扩展访问控制列表的语法比标准访问控制列表的语法要复杂些，扩展访问控制列表语法如下：

Router(config)#access-list <access-list-number 表号> {permit 允许|deny 拒绝} {protocol 协议} {source-address 源地址} {source-address-mask 源掩码} [operator source-port-number 运算符 源端口号] {destination-address 目的地址} { destination-address-mask 目的掩码} [operator destination e-port-number 运算符 目的端口号] [established] [options]。

使用扩展访问控制列表，可以实现对数据包的精准控制。扩展访问控制列表允许用户根据源 IP 地址、目的 IP 地址、协议类型、服务类型、源端口号、目的端口号、IP 优先级等控制数据包。

编号范围从 100 到 199 的访问控制列表是扩展 IP 访问控制列表。常见端口如表 6-6 所示。

表 6-6　常见端口

端口号	应用协议	解　　　释	传输控制协议类型
20	FTP	FTP 数据传输	TCP
21	FTP	FTP 数据连接	TCP
23	Telnet	远程连接	TCP
25	SMTP	简单邮件传输协议	TCP
80	HTTP	超文本传输协议（网页）	TCP
69	TFTP	小文件传输协议	UDP

3）注意

（1）端口可以成功绑定的 ACL（访问控制列表）数目取决于已绑定的 ACL 的内容以及硬件资源限制；如果因为硬件资源有限而无法配置，会给出提示信息。

（2）可以配置 ACL 拒绝某些 ICMP 报文通过，以防止"冲击波"等病毒攻击。

（3）接触扩展访问控制列表不深的情况下，不容易区别 in 和 out 的使用，可简单理解为穿过的使用 out，即将进入的使用 in。另外，扩展 ACL 要靠近源地址，标准 ACL 靠近目的地址。

【任务准备】

同本模块任务 1。

【任务实施】

步骤 1：基础配置。

去除任务的标准 ACL 配置，保留任务基本配置。

```
FGS_RS(config)#no access-list 1        //删除标准 ACL
FGS_RS(config)#exit
FGS_RS#show access-lists               //查看 ACL
```

步骤 2：配置扩展 ACL。

（1）根据任务要求，在路由器 FGS_RS 上配置扩展访问控制列表。

```
FGS_RS(config)#ip access-list extended 100        //定义扩展的访问控制列表
FGS_RS(config-ext-nacl)#deny tcp 192.168.200.0 0.0.0.255 host 202.96.64.117 eq www
//不可以访问 Web 页面
FGS_RS(config-ext-nacl)#permit icmp any any        //可以 ping 路由器，默认全部拒绝
```

"deny tcp 192.168.200.0 0.0.0.255 host 202.96.64.117 eq www"，不允许源子网 192.168.200.0 对目的地址 202.96.74.117 的 TCP 端口 80 进行访问。注意，语句中的第一个 IP 子网和反掩码指的是源子网与对应的反掩码，第二个 IP 地址 202.96.64.117 是被 host 申明的一台具体主机。

（2）将扩展 ACL 表应用到端口。

```
FGS_RS(config)#interface fastEthernet 0/0
FGS_RS(config-if)#ip access-group 100 in          //关联到相应端口
```

（3）查看扩展 ACL 的配置情况。

```
FGS_RS#show ip access-lists
Extended IP access list 100
    deny tcp 192.168.200.0 0.0.0.255 host 202.96.64.117 eq www (17 match(es))
permit icmp any any (8 match(es))
FGS_RS#
```

（4）验证 ACL。通过浏览器访问服务器，不能访问，但是可以 ping 通。

模块小结

通过本模块的学习，我们能够领会访问控制列表的定义和作用，运用学习过的知识点对网络进行管理，分析访问控制列表的分类依据和使用，知道其执行过程，能够综合进行访问控制列表的配置。通过下面几个问题来回顾一下所学的内容：

（1）访问控制列表的作用是什么？

（2）访问控制列表有哪两类，其各自特点是什么？

（3）访问控制列表的关键配置语句有哪几条？

（4）什么设备可以配置访问控制列表命令？

（5）访问控制列表放置在什么位置较为合适？

项目 7　企业网接入外网施工

总公司与广州分公司之间通过路由器（Router）与城域网专线互连。路由器是企业网中的常见设备，它工作在 OSI 参考模型的第三层（网络层），是将各个分离的网络连接成互联网的设备，是互联网络的枢纽。本项目旨在完成企业网总公司与分公司专线链路的配置，其模块和具体任务如图 7-1 所示。

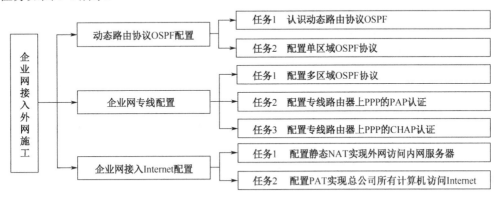

图 7-1　项目 7 的模块和具体任务

总公司与分公司通过城域网专线互联，也可能通过因特网（Internet）互联，其网络拓扑如图 7-2 所示。

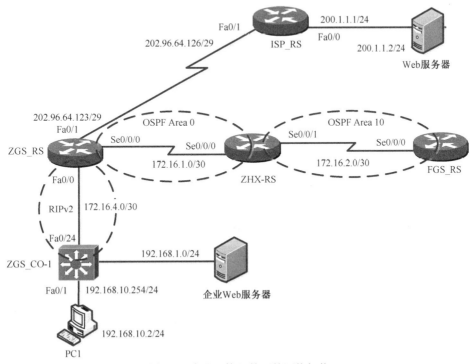

图 7-2　企业网接入外网的网络拓扑

企业网接入外网的施工，主要是路由器的调试与配置，其建设工单如表7-1所示。

表 7-1　企业网接入外网建设工单

<table>
<tr><td rowspan="26">工程建设中心</td><td>工程名称</td><td colspan="2">北方科技网络建设项目</td><td colspan="2">工单编号</td><td>07</td><td>流水号</td><td colspan="2">2013120807</td></tr>
<tr><td>地　　址</td><td>北京</td><td>联系人</td><td colspan="2">张伟</td><td colspan="2">联系电话</td><td colspan="2">131****8686</td></tr>
<tr><td>路由器</td><td>Cisco 2811</td><td>4 台</td><td colspan="2"></td><td colspan="2"></td><td colspan="2"></td></tr>
<tr><td>经办人</td><td colspan="3">王晓强</td><td colspan="3">发件时间</td><td colspan="2"></td></tr>
<tr><td>施工单位</td><td colspan="3">朝阳网络公司</td><td colspan="3">设备厂家</td><td colspan="2">红山网络设备公司</td></tr>
<tr><td>备　　注</td><td colspan="3">特权模式密码</td><td colspan="2">123456</td><td colspan="2">远程登录密码</td><td>cisco</td></tr>
<tr><td>路由器</td><td>管理 IP</td><td>VLAN1</td><td colspan="6">10.0.1.43/24</td></tr>
<tr><td>ZGS_RS</td><td>上连端口</td><td>Fa0/0</td><td colspan="6">202.1.1.24</td></tr>
<tr><td>Cisco 2811</td><td>左连端口</td><td>Se0/0/0</td><td colspan="3">172.16.1.1/30</td><td colspan="2">WIC-2T</td><td>NAT</td></tr>
<tr><td>路由器</td><td>管理</td><td>特权模式密码</td><td colspan="3">123456</td><td colspan="2">Telnet 登录密码</td><td>cisco</td></tr>
<tr><td>ZHX_RS</td><td>右连端口</td><td>Se0/0/0</td><td colspan="3">172.16.1.2/30</td><td colspan="2" rowspan="2">WIC-2T</td><td rowspan="2">OSPF</td></tr>
<tr><td>Cisco 2811</td><td>左连端口</td><td>Se0/0/1</td><td colspan="3">172.16.2.1/30</td></tr>
<tr><td>路由器</td><td>管理 IP</td><td>VLAN1</td><td colspan="6">10.0.1.44/24</td></tr>
<tr><td>FGS_RS</td><td>右连端口</td><td>Se0/0/1</td><td colspan="3">172.16.2.2/30</td><td colspan="2">WIC-2T</td><td rowspan="2">NAT</td></tr>
<tr><td>Cisco 2811</td><td>上连端口</td><td>Fa0/1</td><td colspan="5">200.1.2.1/30</td></tr>
<tr><td></td><td>左连端口</td><td>Fa0/0</td><td colspan="6">静态路由</td></tr>
<tr><td>路由器</td><td>左连端口</td><td>Fa0/0</td><td colspan="6">202.1.1.3/24</td></tr>
<tr><td>ISP_RS
Cisco 2811</td><td colspan="2">连接外网 Web 服务器</td><td colspan="2">Fa0/0</td><td colspan="4">172.16.1.254/24</td></tr>
<tr><td rowspan="4">OSPF</td><td>ZGS_RS</td><td colspan="4">172.16.1.1/30</td><td colspan="4" rowspan="2">OSPF area 0</td></tr>
<tr><td rowspan="2">ZHX_RS</td><td colspan="4">172.16.1.2/30</td></tr>
<tr><td colspan="4">172.16.2.1/30</td><td colspan="4" rowspan="2">OSPF area 10</td></tr>
<tr><td>FGS_RS</td><td colspan="4">172.16.2.2/30</td></tr>
<tr><td rowspan="3">PPP 的 PAP
认证</td><td>ZGS_RS</td><td colspan="4">Se0/0/0</td><td colspan="4" rowspan="3">PPP（PAP）</td></tr>
<tr><td rowspan="2">ZHX_RS</td><td colspan="4">Se0/0/0</td></tr>
<tr><td colspan="4">Se0/0/1</td></tr>
<tr><td>PPP 的 CHAP
认证</td><td>FGS_RS</td><td colspan="4">Se0/0/1</td><td colspan="4">PPP（PAP）</td></tr>
</table>

模块 1　动态路由协议 OSPF 的配置

任务 1　认识动态路由协议 OSPF

步骤 1：认识 Internet 路由的结构

在学习动态路由协议 OSPF 之前，认识一下 Internet 中的路由结构。Internet 是由若干个自治系统（AS）构成的，自治系统内部采用 IGP（内部网关协议），自治系统之间采用 BGP（边界网关协议，早期用 EGP 外部网关协议），如图 7-3 所示。

自治系统内部又划分为若干个区域（Area），如图 7-4 所示。

➤ 自治系统（AS）：采用同一种路由协议交换路由信息的路由器及与其相连的网络构成一

个自治系统，采用一个唯一的 AS 号来标识。

➤ 区域（Area）：一组路由器和网络的集合，是在自治系统内划分的逻辑网络，使用相同的区域标识符。在同一个区域内的路由器有着相同的拓扑结构。

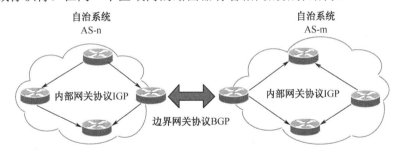

图 7-3　Internet 路由结构示意图

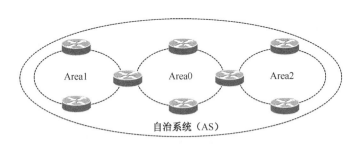

图 7-4　AS 内部结构示意图

步骤 2：认识 OSPF 协议

OSPF（Open Shortest Path First）协议是 TCP/IP 协议族中的一个开放的、高性能的内部网关协议，是基于 Dijkstra 算法的链路状态型路由协议。这种算法又称为最短路径优先（SPF）算法。与 RIP 相比，OSPF 协议除了算法上的不同，还引入了路由更新认证、VLSM（可变长子网掩码）、路由聚合等新概念。即使 RIPv2 做了很大的改善，具有支持路由更新认证、可变长子网掩码等特性，但是 RIP 还是存在两个致命弱点：一是收敛速度慢；二是由于最大跳数不超过 16 跳，网络规模受到了限制。OSPF 协议的出现克服了 RIP 的弱点，使得 IGP 也可以胜任中大型和较复杂的网络环境。

1）OSPF 路由协议原理

OSPF 协议利用链路状态算法建立和计算到每个目标网络的最短路径，该算法本身较复杂，以下简单而概括性地描述链路状态算法工作的过程：

（1）初始化阶段：设备将产生链路状态通告，该链路状态通告包含了该设备的全部链路状态信息。

（2）交换链路状态信息：设备通过组播的方式（组播地址：224.0.0.5 或 224.0.0.6）交换链路状态信息，每台设备在接收到链路状态更新报文时，将拷贝一份到本地数据库，然后再传播给其他设备。

（3）计算路由表：当每台设备都有一份完整的链路状态数据库时，设备应用 Dijkstra 算法针对所有目标网络计算最短路径树，树的根就是出发点，没有环路。

（4）路由信息维护：当链路状态没有发生变化时，OSPF 协议将会十分安静，不再向网络发链路状态信息通告。如果网络发生了任何变化，则 OSPF 协议通告链路状态，但只通告变化的链路状态，这种更新方式称为增量更新。收到发生变化的链路状态通告后，路由器把它和自己链路状态数据库中的相关条目做对比，如果收到的比自己数据库中的条目新，就写入数据库，并扩散该信息；然后对新的链路状态数据库运行 Dijkstra 算法，生成新的最短路径树。

2）OSPF 相关术语

➢ 链路——路由器用来连接网络的接口。

➢ 链路状态——用来描述路由器接口以及该路由器与邻居路由器的关系，描述内容包括接口的 IP 地址和掩码、接口连接的网络类型等。

➢ 邻居——即物理上的邻居，在同一个网络上有接口的路由器。

➢ 拓扑结构数据库——代表网络的拓扑结构，其中包含网络中所有其他路由器的链路状态条目。拓扑结构数据库由各路由器生成的 LSA（链路状态通告）组成。在一个区域内的所有路由器有着相同的拓扑结构数据库。

➢ 区域 ID——OSPF 协议将每个区域用区域号（Area ID）来标识。区域号是一个 0～32 位的整数，其标识方式有两种：一种是直接使用整数表示，另一种是使用和 IP 地址相同的表示方式（如：Area 10.10.0.1）。运行 OSPF 协议的路由器接口都必须属于一个特定的区域。

➢ 路由器 ID——在 OSPF 区域中唯一的标识路由器的 IP 地址。在路由器配置模式下使用指定路由器 ID 的命令：

RA(config-router)#router-id < router-id >

步骤 3：OSPF 协议的基本配置过程

配置 OSPF 协议分为两步：第一步，启动 OSPF 协议；第二步，通告哪些接口参与运行 OSPF 协议，这些接口运行在哪个区域。其命令格式将在本模块任务 2 中描述。

任务 2　配置单区域 OSPF 协议

【任务描述】

在前面学习静态路由时，我们知道，在复杂的网络环境中，当网络的拓扑结构和链路状态发生变化时，路由表中的静态路由信息需要进行大范围的调整，这一工作的难度非常大。这时，就要考虑使用动态路由。

完成本任务后，你将能够：

➢ 理解动态路由；

➢ 掌握动态路由协议 OSPF 的基本配置方法。

【必备知识】

1）OSPF 协议

如前所述，OSPF 协议是 TCP/IP 协议族中的一个开放的、高性能的内部网关协议，是基于最短路径优先（SPF）算法的链路状态路由协议；它引入了路由更新认证、VLSM（可变长子网掩码）、路由聚合等功能。

2）OSPF 协议的基本配置

配置 OSPF 协议分两步进行：第一步启动 OSPF 协议；第二步通告哪些接口参与运行 OSPF

协议，这些接口运行在哪个区域。

（1）启动 OSPF 协议。在全局配置模式下启动 OSPF 进程，命令格式：

```
router(config)#router ospf <process-id>
```

参数说明：

➤ process-id：OSPF 的进程号。

配置进程号时，不要求所有的路由器进程号都相同，但建议在同一台路由器上要运行同一个进程，即相同的进程号。

（2）确定路由器的哪些接口参与运行 OSPF 协议并运行在哪个区域。命令格式：

```
router(config-router)#network <address ><wildcard-mask>area<area-id>
```

参数说明：

➤ address：地址；

➤ wildcard-mask：路由器使用的通配符掩码；

➤ area-id：接口运行的区域号。

前两个参数一起确定了路由器的哪些接口参与 OSPF 的运行，只要接口地址在这两个参数所定义范围内的接口都参与 OSPF 的运行。对于 area-id，如果是在单区域内运行的 OSPF，区域号就是同一个参数。

3）查看 OSPF 的运行

①查看路由器上运行的路由协议及相关参数。

```
show ip protocols
```

②查看路由表。

```
show ip route
```

③查看邻居及状态。

```
show ip ospf neighbor [detail]
```

④查看所有运行 OSPF 的接口或特定接口的情况。

```
show ip ospf interface
```

⑤查看路由器的 OSPF 链路状态数据库。

```
show ip ospf database
```

【任务准备】

（1）学生每 3～5 人分为一组；

（2）Cisco 2811 路由器 4 台，交叉线 5 根，PC 1 台，配置线 1 根。

【任务实施】

步骤 1：连接硬件设备。

按照图 7-5 和表 7-2，使用交叉线连接路由器 R1、R2、R3 和 R4，根据需要使用配置线将计算机连接到相关路由器。

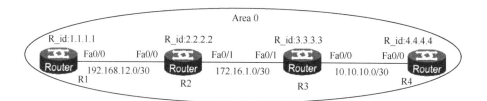

图 7-5 单区域 OSPF 协议的配置

表 7-2 路由器 IP 地址分配表

路由器	端口	IP 地址	Router-id
R1	Fa0/0	192.168.12.1/24	1.1.1.1
R2	Fa0/0	192.168.12.2/24	2.2.2.2
	Fa0/1	172.16.1.1/24	
R3	Fa0/1	172.16.1.2/24	3.3.3.3
	Fa0/0	10.10.10.1/24	
R4	Fa0/0	10.10.10.2/24	4.4.4.4

步骤 2：路由器的基础配置。

（1）使用 PC 的【超级终端】窗口，配置路由器 R1 的标识符、特权模式密码（123456）和端口的 IP 地址。

```
Router(config)#hostname R1
R1(config)#enable password 123456
R1(config)#interface fastEthernet 0/0
R1(config-if)#ip address 192.168.12.1 255.255.255.0
R1(config-if)#no shutdown
```

（2）路由器 R2、R3 和 R4 的标识符、特权模式密码（123456）和端口的 IP 地址，与路由器 R1 的配置基本相同，参照路由器 R1 完成配置。

步骤 3：配置路由器的 OSPF 协议。

（1）为路由器 OSPF 协议，按照表 7-2 配置路由器的 ID，路由器的进程号全部为 1。

①使用计算机的【终端】窗口，配置路由器 R1 的 OSPF 协议。

```
R1(config)#router ospf 1                               //启用 OSPF，进程号为 1
R1(config-router)#router-id 1.1.1.1                    //路由器 ID
R1(config-router)#network 1.1.1.0 255.255.255.0 area 0   //宣告路由网段，区域是 0
R1(config-router)#network 192.168.12.0 255.255.255.0 area 0
```

②使用计算机的【终端】窗口，配置路由器 R2 的 OSPF 协议。

```
R2(config)#router ospf 1
R2(config-router)#router-id 2.2.2.2
R2(config-router)#network 2.2.2.0 255.255.255.0 area 0
R2(config-router)#network 192.168.12.0 255.255.255.0 area 0
R2(config-router)#network 172.16.1.0 255.255.255.0 area 0
```

③使用计算机的【终端】窗口，配置路由器 R3 的 OSPF 协议。

R3(config)#router ospf 1
R3(config-router)#router-id 3.3.3.3
R3(config-router)#network 3.3.3.0 255.255.255.0 area 0
R3(config-router)#network 172.16.1.0 255.255.255.0 area 0
RR3(config-router)#network 10.10.10.0 255.255.255.0 area 0

④使用计算机的【终端】窗口，配置路由器 R4 的 OSPF 协议。

R4(config)#router ospf 1
R4(config-router)#router-id 4.4.4.4
R4(config-router)#network 4.4.4.0 255.255.255.0 area 0
R4(config-router)#network 10.10.10.0 255.255.255.0 area 0

步骤 4：查看配置情况。

（1）使用【ping】命令，查看网络连通性，在路由器 R1 上 ping 路由器 R4。

R1#ping 10.10.10.2

Type escape sequence to abort.
Sending 5, 100-byte ICMP Echos to 10.10.10.2, timeout is 2 seconds:
!!!!!
Success rate is 100 percent (5/5), round-trip min/avg/max = 0/0/1 ms
R1#

（2）使用【show ip protocols】命令，查看路由器 R1 上运行的路由协议的详细信息。

R1#show ip protocols
Routing Protocol is "ospf 1"
  Outgoing update filter list for all interfaces is not set
  Incoming update filter list for all interfaces is not set
  Router ID 1.1.1.1
  Number of areas in this router is 1. 1 normal 0 stub 0 nssa
  Maximum path: 4
  Routing for Networks:
    1.1.1.0 0.0.0.255 area 0
    192.168.12.0 0.0.0.255 area 0
  Routing Information Sources:
    Gateway   Distance   Last Update
    1.1.1.1   110   00:15:48
    2.2.2.2   110   00:14:25
    3.3.3.3   110   00:13:01
    4.4.4.4   110   00:13:01
  Distance: (default is 110)
R1#

（3）使用【show ip route】命令，查看路由器 R2 的路由表。

R2#show ip route
Codes: C - connected, S - static, I - IGRP, R - RIP, M - mobile, B - BGP
        D - EIGRP, EX - EIGRP external, O - OSPF, IA - OSPF inter area

E1 - OSPF external type 1, E2 - OSPF external type 2, E - EGP

i - IS-IS, L1 - IS-IS level-1, L2 - IS-IS level-2, ia - IS-IS inter area

* - candidate default, U - per-user static route, o - ODR

P - periodic downloaded static route

Gateway of last resort is not set

10.0.0.0/24 is subnetted, 1 subnets

O   10.10.10.0 [110/2] via 172.16.1.2, 01:14:37, FastEthernet0/1

//O 表示通过 OSPF 学习到的路由信息

172.16.0.0/24 is subnetted, 1 subnets

C   172.16.1.0 is directly connected, FastEthernet0/1

C 192.168.12.0/24 is directly connected, FastEthernet0/0

R2#

（4）使用【show ip ospf neighbor】命令，查看路由器 R2 的邻居情况。

R2#show ip ospf neighbor

Neighbor ID	Pri	State	Dead Time	Address	Interface
1.1.1.1	1	FULL/DR	00:00:38	192.168.12.1	FastEthernet0/0
3.3.3.3	1	FULL/BDR	00:00:31	172.16.1.2	FastEthernet0/1

R2#

显示输出中，各列含义如下：

➢ Neighbor ID：邻居的路由器 ID；

➢ Pri：邻居路由器接口的优先级，"FULL"代表双方已达到"全"状态，"-"表示点到点的链路上 OSPF 不进行 DR 选举；

➢ State：当前邻居路由器接口的状态；

➢ Dead Time：清除邻居关系前等待的最长时间；

➢ Address：邻居接口的地址；

➢ Interface：自己和邻居路由器相连接口。

（5）使用【show ip ospf interface】命令，查看路由器 R2 运行 OSPF 协议的接口情况。

R2#show ip ospf interface

FastEthernet0/0 is up, line protocol is up

 Internet address is 192.168.12.2/24, Area 0

 Process ID 1, Router ID 2.2.2.2, Network Type BROADCAST, Cost: 1

 Transmit Delay is 1 sec, State BDR, Priority 1

 Designated Router (ID) 1.1.1.1, Interface address 192.168.12.1

 Backup Designated Router (ID) 2.2.2.2, Interface address 192.168.12.2

 Timer intervals configured, Hello 10, Dead 40, Wait 40, Retransmit 5

  Hello due in 00:00:01

 Index 1/1, flood queue length 0

 Next 0x0(0)/0x0(0)

 Last flood scan length is 1, maximum is 1

 Last flood scan time is 0 msec, maximum is 0 msec

 Neighbor Count is 1, Adjacent neighbor count is 1

Adjacent with neighbor 1.1.1.1   (Designated Router)
   Suppress hello for 0 neighbor(s)
FastEthernet0/1 is up, line protocol is up
   Internet address is 172.16.1.1/24, Area 0
   Process ID 1, Router ID 2.2.2.2, Network Type BROADCAST, Cost: 1
   Transmit Delay is 1 sec, State DR, Priority 1
   Designated Router (ID) 2.2.2.2, Interface address 172.16.1.1
   Backup Designated Router (ID) 3.3.3.3, Interface address 172.16.1.2
   Timer intervals configured, Hello 10, Dead 40, Wait 40, Retransmit 5
    Hello due in 00:00:03
   Index 2/2, flood queue length 0
   Next 0x0(0)/0x0(0)
   Last flood scan length is 1, maximum is 1
   Last flood scan time is 0 msec, maximum is 0 msec
   Neighbor Count is 1, Adjacent neighbor count is 1
    Adjacent with neighbor 3.3.3.3   (Backup Designated Router)
   Suppress hello for 0 neighbor(s)
R2#

（6）使用【show ip ospf database】命令，查看路由器 R2 的 OSPF 链路状态数据库。

```
R2#show ip ospf database

            OSPF Router with ID (2.2.2.2) (Process ID 1)

                Router Link States (Area 0)

Link ID          ADV Router       Age         Seq#          Checksum Link count
1.1.1.1          1.1.1.1          1013        0x80000002 0x0079e5 1
2.2.2.2          2.2.2.2          909         0x80000004 0x001fa7 2
3.3.3.3          3.3.3.3          798         0x80000004 0x0072fa 2
4.4.4.4          4.4.4.4          798         0x80000002 0x0039bb 1

                Net Link States (Area 0)

Link ID          ADV Router       Age         Seq#          Checksum
192.168.12.1     1.1.1.1          1013        0x80000001 0x00dd97
172.16.1.1       2.2.2.2          909         0x80000001 0x000753
10.10.10.1       3.3.3.3          798         0x80000001 0x008094
R2#
```

显示输出中，各列含义如下：

➢ Link ID：Link State ID，它代表整个路由器，而不是某个链路；

➢ ADV Router：通告链路状态信息的路由器 ID；

➢ Age：老化时间；

➢ Seq#：序列号；

➢ Checksum：校验和；

➢ Link count：通告路由器在本区域内的链路数目。

模块小结

通过本模块的学习，我们知道了 OSPF 动态路由协议，进一步理解了动态路由协议，初步掌握了配置单区域 OSPF 动态路由协议的方法。下面通过几个问题来回顾一下所学的内容：

（1）什么是网络中的自治系统？

（2）什么是网络中的区域（Area）？

（3）如何查看路由表？

（4）OSPF 协议有什么特点？

（5）分析一份动态路由表。

模块2 企业网专线配置

任务1 配置多区域 OSPF 协议

【任务分析】

总公司与分公司之间通过专线通信，需要配置三台路由器：总公司边界路由器 ZGS_RS，城域网运营商的路由器 ZHX_RD 和分公司边界路由器 FGS_RD。本任务旨在配置总公司与分公司之间三台路由器之间的多区域 OSPF 协议。

完成本任务后，你将能够：

➢ 理解多区域 OSPF 协议；

➢ 配置多区域 OSPF 协议。

【必备知识】

OSPF 划分区域后，不是所有的区域都是平等的。有一个区域称为骨干区域，其区域编号恒为 0，它负责区域之间的路由，其他非骨干区域的路由都要通过骨干区域中转。

【任务准备】

（1）学生 3～5 人分为一组。

（2）Cisco 2811 路由器 3 台，DCE 串口线 2 根，PC 1 台，配置线 1 根。

【任务实施】

步骤 1：连接硬件设备。

按照图 7-6 和表 7-3，使用 DCE 串口线连接路由器 R1、R2、R3，根据需要使用配置线连接计算机到相关路由器。

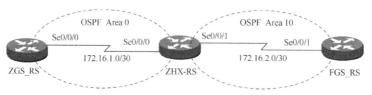

图 7-6　多区域 OSPF 协议配置

表 7-3　路由器 IP 地址分配

路由器	模块	端口	IP 地址	Router-id
ZGS_RS	WIC-2T	Se0/0/0	172.16.1.1/30	1.1.1.1
ZHX_RS	WIC-2T	Se0/0/0	172.16.1.2/30	2.2.2.2
		Se0/0/1	172.16.2.1/30	
FGS_RS	WIC-2T	Se0/0/1	172.16.2.2/30	3.3.3.3

步骤 2：路由器的基础配置。

（1）使用计算机的【终端】窗口，配置路由器 ZGS_RS 的标识符、特权模式密码（123456）、端口的 IP 地址和时钟频率（64000）。

```
Router#configure terminal
Router(config)#hostname ZGS_RS
ZGS_RS(config)#enable password 123456
ZGS_RS(config)#interface serial 0/0/0
ZGS_RS(config-if)#ip address 172.16.1.1 255.255.255.252
ZGS_RS(config-if)#clock rate 64000
ZGS_RS(config-if)#no shutdown
```

（2）使用计算机的【终端】窗口，配置路由器 ZHX_RS 的标识符、特权模式密码（123456）、端口的 IP 地址和时钟频率（64000）。

```
Router(config)#hostname ZHX_RS
ZHX_RS(config)#enable password 123456
ZHX_RS(config)#interface serial 0/0/0
ZHX_RS(config-if)#ip address 172.16.1.2 255.255.255.252
ZHX_RS(config-if)#no shutdown
ZHX_RS(config)#interface serial 0/0/1
ZHX_RS(config-if)#ip address 172.16.2.1 255.255.255.252
ZHX_RS(config-if)#clock rate 64000
ZHX_RS(config-if)#no shutdown
```

（3）使用计算机的【终端】窗口，配置路由器 FGS_RS 的标识符、特权模式密码（123456）、端口的 IP 地址。

```
Router(config)#hostname FGS_RS
FGS_RS(config)#enable password 123456
FGS_RS(config)#interface serial 0/0/1
FGS_RS(config-if)#ip address 172.16.2.2 255.255.255.252
FGS_RS(config-if)#no shutdown
```

使用【show ip route】命令，查看路由器 ZHX_RS 的路由表。

```
ZHX_RS#show ip route
//省略
Gateway of last resort is not set
     172.16.0.0/30 is subnetted, 2 subnets
```

```
C          172.16.1.0 is directly connected, Serial0/0/0
C          172.16.2.0 is directly connected, Serial0/0/1
ZHX_RS#
```

配置正确后，交换机上能看到与之相连的直连网段。这时网络是不能相互通信的。例如，从 ZGS_RS 路由器 ping 分公司 FGS_RS 路由器，结果如下：

```
ZGS_RS#ping 172.16.2.1
Type escape sequence to abort.
Sending 5, 100-byte ICMP Echos to 172.16.2.1, timeout is 2 seconds:
.....
Success rate is 0 percent (0/5)
ZGS_RS#
```

步骤 3：配置路由器 OSPF 协议。

（1）使用计算机的【终端】窗口，配置路由器 ZGS_RS 的 OSPF 协议。

```
ZGS_RS(config)#router ospf 1
ZGS_RS(config-router)#network 172.16.1.0 255.255.255.252 area 0
```

（3）使用计算机的【终端】窗口，配置路由器 ZHX_RS 的 OSPF 协议。

```
ZHX_RS(config)#router ospf 1
ZHX_RS(config-router)#network 172.16.1.0 255.255.255.252 area 0
ZHX_RS(config-router)#network 172.16.2.0 255.255.255.252 area 10
```

（3）使用计算机的【终端】窗口，配置路由器 FGS_RS 的 OSPF 协议。

```
FGS_RS(config)#router ospf 1
FGS_RS(config-router)#network 172.16.2.0 255.255.255.252 area 10
```

步骤 4：查看 OSPF 协议配置情况。

（1）使用【show ip route】命令，查年路由器 ZGS_RS 的路由表。

```
ZGS_RS#show ip route
//省略
Gateway of last resort is not set
     172.16.0.0/30 is subnetted, 2 subnets
C          172.16.1.0 is directly connected, Serial0/0/0
O IA       172.16.2.0 [110/128] via 172.16.1.2, 00:01:28, Serial0/0/0
ZGS_RS#
```

（2）使用【show ip ospf neighbor】查看 ZGS_RS 路由器的邻居。

```
ZGS_RS#show ip ospf neighbor
Neighbor ID    Pri   State       Dead Time    Address       Interface
172.16.2.1      0    FULL/  -     00:00:33     172.16.1.2    Serial0/0/0
ZGS_RS#
```

（3）使用【ping】命令，路由器 ZGS_RS ping 路由器 FGS_RS，查看通信情况。

```
ZGS_RS#ping 172.16.2.2
Type escape sequence to abort.
Sending 5, 100-byte ICMP Echos to 172.16.2.2, timeout is 2 seconds:
!!!!!
Success rate is 100 percent (5/5), round-trip min/avg/max = 2/7/10 ms
ZGS_RS#
```

任务2 配置专线路由器上 PPP 的 PAP 认证

【任务描述】

拨号上网使用的 ADSL 是采用 PPP 来实现用户身份认证的，PPP（Point-to-point Protocol, 点到点协议）是广域网接入链路中广泛使用的一种协议，是拨号或专线链路应用最普遍的链路层协议。为保障总公司与分公司之间链路的安全性，需要在链路上使用 PPP。PPP 提供了两种验证机制：PAP 和 CHAP。本任务旨在实现路由器 ZGS_RS 和路由器 ZHX_RS 之间 PPP 的 PAP 认证。

完成本任务后，你将能够：

➢ 理解 PPP；

➢ 配置 PAP 认证。

【必备知识】

1）PPP 认证过程

PPP 的 PAP 认证是两次握手验证，口令是明文，其认证过程如下：

（1）被认证方发送用户名和口令到认证方。

（2）认证方根据用户配置查看是否有此用户以及口令是否正确，然后返回不同的响应（ACK 或 NACK）。如果正确，会给被认证方返回 ACK 报文，通告对端已经允许进入下一阶段协商；否则返回一个 NACK 报文，通告对方认证失败。此时，并不会直接将链路关闭。只有认证次数达到一定值（默认为 4）时，才会关闭链路。

2）PAP 认证的命令

（1）配置被认证方路由器：

① 在相关接口上封装 PPP。

```
Router(config-if)# encapsulation ppp
```

② 在接口上设置认证用户名和口令。

```
Router(config-if)#ppp pap sent-username <username 用户名> password <your-password 口令>
```

（2）配置认证方路由器：

① 在相关接口上封装 PPP。

```
Router(config-if)# encapsulation ppp
```

② 在接口上声明认证类型。

```
Router(config-if)#ppp authentication  {pap | chap}
```

③ 定义本地数据库验证使用的用户名和口令。

> Router(config)# username <username 用户名> password <your-password 口令>

【任务准备】

（1）学生 3～5 人一组。

（2）在完成本模块任务 1 的基础上进行配置。

【任务实施】

步骤 1：封装 PPP。

（1）使用计算机的【终端】窗口，为路由器 ZGS_RS 封装 PPP。

> **ZGS_RS(config)#interface serial 0/0/0**
> **ZGS_RS(config-if)#encapsulation ppp**

（2）使用计算机的【终端】窗口，为路由器 ZHX_RS 封装 PPP。

> **ZHX_RS(config)#interface serial 0/0/0**
> **ZHX_RS(config-if)#encapsulation ppp**

使用【ping】命令，查看封装 PPP 后的连通情况。

> **ZHX_RS#ping 172.16.1.1**
> Type escape sequence to abort.
> Sending 5, 100-byte ICMP Echos to 172.16.1.1, timeout is 2 seconds:
> !!!!!
> Success rate is 100 percent (5/5), round-trip min/avg/max = 1/3/11 ms
> ZHX_RS#

可以看到，封装 PPP 后，网络是互通的。

步骤 2：为路由器配置 PPP 的 PAP 认证。

这种认证有单向认证和双向认证两种方式。

（1）PAP 单向认证。

①为路由器 ZGS_RS 封装 PAP 认证，使其成为 PAP 认证的服务器端。将路由器 ZGS_RS 作为认证的服务器端，建立本地口令数据库，配置用户名为"ad123456"，密码为"123456"，并且要求 PAP 认证。

> **ZGS_RS(config)#username ad123456 password 123456**　　　//建立本地口令数据库
> **ZGS_RS(config)#interface serial 0/0/0**
> **ZGS_RS(config-if)#ppp authentication　pap**　　　//要求进行 PAP 认证

使用【ping】命令，查看路由器 ZHX_RS 和 ZGS_RS 的连通情况。

> **ZHX_RS#ping 172.16.1.1**
> Type escape sequence to abort.
> Sending 5, 100-byte ICMP Echos to 172.16.1.1, timeout is 2 seconds:
> .....
> Success rate is 0 percent (0/5)
> ZHX_RS#

②为路由器 ZHX_RS 封装 PAP，使其成为 PAP 认证的客户端。路由器 ZHX_RS 为认证的客户端，需要发送用户名和密码来匹配服务器端的口令数据库。

```
ZHX_RS(config)#interface serial 0/0/0
ZHX_RS(config-if)#ppp pap sent-username ad123456 password 123456
```

使用【ping】命令，查看路由器 ZHX_RS 和 ZGS_RS 的连通情况。

```
ZHX_RS#ping 172.16.1.1
Type escape sequence to abort.
Sending 5, 100-byte ICMP Echos to 172.16.1.1, timeout is 2 seconds:
!!!!!
Success rate is 100 percent (5/5), round-trip min/avg/max = 1/6/9 ms
ZHX_RS#
```

这时链路已经连通，是在路由器 ZGS_RS 上做的认证，而在路由器 ZHX_RS 没有进行认证，这就是 PAP 的单向认证。

（2）PAP 双向认证。PPP 的 PAP 双向认证是将两端同时都配置为认证服务器端和认证客户端。在上面实验的基础上，只要将 ZHX_RS 路由器配置成服务器端，将 WLZX_RS 路由器配置成客户端就可以实现。

①使用计算机的【终端】窗口，为路由器 ZHX_RS 封装 PAP 认证，使其成为服务器端。

```
ZHX_RS(config)#username admin password 123456
ZHX_RS(config)#interface serial 0/0/0
ZHX_RS(config-if)#ppp authentication pap
```

②使用计算机的【终端】窗口，为路由器 ZGS_RS 封装 PAP 认证，使其成为 PAP 认证的客户端。

```
ZGS_RS(config)#interface serial 0/0/0
ZGS_RS(config-if)#ppp pap sent-username admin password 123456
```

（3）查看配置情况
①使用【show running-config】命令，查看路由器 ZHX_RS 封装的 PAP 认证。

```
ZHX_RS#show running-config
interface Serial0/0/0
  ip address 172.16.1.2 255.255.255.252
  encapsulation ppp
  ppp authentication pap
  ppp pap sent-username ad123456 password 0 123456
```

②使用【show running-config】命令，查看路由器 ZGS_RS 封装的 PAP 认证。

```
ZGS_RS#show running-config
interface Serial0/0/0
  ip address 172.16.1.1 255.255.255.252
  encapsulation ppp
  ppp authentication pap
  ppp pap sent-username admin password 0 123456
```

注意：此时两端互为服务器端和客户端。

③使用【ping】命令，查看路由器 ZHX_RS 和 ZGS_RS 的连通情况。

ZHX_RS#ping 172.16.1.1
Type escape sequence to abort.
Sending 5, 100-byte ICMP Echos to 172.16.1.1, timeout is 2 seconds:
!!!!!
Success rate is 100 percent (5/5), round-trip min/avg/max = 1/3/14 ms
ZHX_RS#

任务 3　配置专线路由器上 PPP 的 CHAP 认证

【任务描述】

CHAP 认证比 PAP 认证安全，因为 CHAP 不在线路上发送明文密码，而是发送经过算法加工过的密文。同时，CHAP 认证可以随时进行，包括在双方正常通信过程中。因此，非法用户就算截获并成功破解了一次密码，此密码也将在一段时间内失效。CHAP 对服务器端系统要求很高，因为需要多次进行身份质询、响应。这需要耗费较多的 CPU 资源，因此只用在对安全性要求很高的场合。

完成本任务后，你将能够：

➢ 理解 PPP；

➢ 配置 CHAP 认证。

【必备知识】

1）CHAP 认证过程

CHAP 认证为三次握手认证，口令为密文，其认证过程如下：

（1）认证方向被认证方发送一些随机产生的报文，并同时将本端的主机名附带上一起发送给被认证方。

（2）被认证方接到认证方对本端的认证请求后，根据报文中验证方的主机名和本端的用户表查找用户名和密码，如果找到用户表中与认证方主机名相同的用户，便提取此用户的密钥用 Md5 算法生成应答，随后将应答和自己的主机名送回。

（3）认证方接到应答后，用报文 ID、本方保留的口令字和随机报文用 Md5 算法得出结果，与被认证方应答比较，根据比较结果返回相应的结果。

CHAP 的主认证端设备周期性地验证被验证端，而 PAP 只是一次验证。

2）配置认证的命令

在认证方和被认证方均按下面命令配置：

①在相关接口上封装 PPP。

Router(config-if)# encapsulation ppp

②在接口上声明认证类型

Router(config-if)#ppp authentication <pap | chap>

③定义本地数据库认证使用的用户名和密码

```
Router(config)# username <username> password <your-password>
```

注意：这里的用户名是对端的用户名。

【任务准备】

（1）学生 3～5 人分为一组；

（2）本任务在完成本模块任务 1 的基础上进行配置。

【任务实施】

步骤 1：配置认证所需的用户名和密码。

（1）使用计算机的【终端】窗口，为路由器 ZHX_RS 配置 PPP 封装的 CHAP 认证，对端路由器标识符是【FGS_RS】。

```
ZHX_RS(config)#username FGS_RS password cisco
ZHX_RS(config)#interface serial 0/0/1
ZHX_RS(config-if)#encapsulation ppp
ZHX_RS(config-if)#ppp authentication chap        //在端口上启用 CHAP
```

Chap 认证默认使用本地路由器的名字作为建立 PPP 连接时的标识符，认证时将本地主机名和密码发送给对方，对方根据本地定义的数据库来验证。因此，这里定义的 username 是对方的 hostname，即路由器 FGS_RS 的标识符【FGS_RS】。

（2）使用计算机的【终端】窗口，为路由器 FGS_RS 配置 PPP 封装的 CHAP 认证，对端路由器标识符是"ZHX_RS"。

```
FGS_RS(config)#username ZHX_RS password 123456
FGS_RS(config)#interface serial 0/0/1
FGS_RS(config-if)#encapsulation ppp
FGS_RS(config-if)#ppp authentication chap
```

使用【ping】命令，查看路由器 FGS_RS 与路由器 ZGS_RS 封装 PPP 的 CHAP 认证的连通性。

```
FGS_RS#ping 172.16.1.1
Type escape sequence to abort.
Sending 5, 100-byte ICMP Echos to 172.16.1.1, timeout is 2 seconds:
!!!!!
Success rate is 100 percent (5/5), round-trip min/avg/max = 2/11/20 ms
FGS_RS#
```

步骤 2：设置密码的加密。

配置完成后，使用【show running-config】查看配置文件，发现密码都是明文的。

```
FGS_RS#show running-config
username ZHX_RS password 7 123456
username ZHX_RS password 0 cisco
```

显然这很不安全。可以使用【service password-encryption】命令，使密码由明文变为密文。

```
ZHX_RS(config)#service password-encryption
```

这时再使用【show running-config】命令，查看配置文件，密码显示为密文。

> **FGS_RS#show running-config**
> enable password 7 08701E1D5D4C53
> username ZHX_RS password 7 0822455D0A16
> username ad123456 password 7 08701E1D

模块小结

通过本模块的学习，我们了解动态路由在企业网中的应用方法，学习了 OSPF 多区域路由，以及 PPP 下的 PAP 认证和 CHAP 认证。下面通过几个个问题来回顾一下所学的内容：

（1）OSPF 划分区域后，骨干区域的作用是什么？

（2）PAP 验证是否非常安全？

（3）什么是 PAP 的单向认证？

（4）什么是 PAP 的双向认证？

（5）CHAP 认证的基本过程有哪几步？

（6）如何使路由器的密码由明文加密为密文？

模块 3　企业网接入 Internet 施工

任务 1　配置静态 NAT 实现外网访问内网服务器

【任务描述】

公司希望对外提供从 Internet 访问的 Web 服务器和 FTP 服务器，并且从 ISP 那里获得了子网掩码为 255.255.255.248 的 3 个 IP 地址 202.96.64.121～202.96.64.123；公司不希望外部网络用户知道自己网络的内部结构。根据以上条件和要求，在与公司讨论后，决定使用 202.96.64.121 作为公司 Web 服务器的公网 IP 地址，使用 202.96.64.122 作为公司 FTP 服务器的公网 IP 地址，公司出口 IP 地址使用 202.96.64.123/29。施工时使用静态 NAT 技术完成这个任务。

完成本任务后，你将能够：

➤ 理解 NAT；

➤ 配置静态 NAT。

【必备知识】

随着网络技术的飞速发展，越来越多的用户接入 Internet，因此 IP 地址短缺已成为一个十分突出的问题。NAT（Network Address Translation，网络地址转换）是解决 IP 地址短缺的重要手段。

在组建企业网络时，为了节省 IP 地址，内部网络总是使用 IP 地址中保留的私有地址。但私有地址不能在外部网络中传输。为了解决这个问题，设计了 NAT 技术。在内部网络与外部网络的边界设备上（通常是出口路由器）配置一个或几个公网地址，当内部网络主机访问 Internet 时把私有地址转换成公网地址，数据返回时再把公网地址转换成私有地址。

1）NAT 技术

NAT 可以使用私有地址的内部网络连接到 Internet 或其他 IP 网络上。NAT 路由器在将内部网络的数据包发送到公用网络时，把私有地址转换成合法的 IP 地址。

2）NAT 类型

（1）静态 NAT。

在静态 NAT 中，内部网络中的每台主机都被永久映射成外部网络中的某个合法的地址。静态地址转换将内部网络地址与外部网络合法地址进行一对一的转换。如果内部网络有 Web 服务器或 FTP 服务器等可以为外部用户提供服务，则这些服务器的 IP 地址必须采用静态地址转换，以便外部用户可以使用这些服务。

（2）动态 NAT。

动态 NAT 首先要定义合法地址池，然后采用动态分配的方法映射到内部网络。动态 NAT 是动态一对一的映射。

（3）PAT。

PAT（Port Address Translation，端口地址转换）则是把内部网络地址映射到外部网络的 IP 地址的不同端口上，从而可以实现多对一的映射。PAT 对于节省 IP 地址是最为有效的，目前网络中应用也是多。

3）静态地址转换的基本配置步骤

（1）在内部本地地址与内部合法地址之间建立静态地址转换。在全局设置状态下输入：

Ip nat inside source static 内部本地地址 内部合法地址

②指定连接网络的内部端口，在端口设置状态下输入：

ip nat inside

③指定连接外部网络的外部端口，在端口设置状态下输入：

ip nat outside

【任务准备】

（1）学生 3~5 人分为一组；

（2）Cisco2811 路由器 3 台，直通线 3 根，交叉线 2 根，配置线 1 根。

【任务实施】

步骤 1：连接硬件设备。

按照图 7-7 和表 7-4，使用交叉线连接路由器和 Internet 用户，使用直通线连接计算机和交换机，连接交换机和路由器。

表 7-4 设备的 IP 地址

设备	端口	连接方向	IP 地址	默认网关
ZGS_RS	Fa0/1	TO-FWQ_SV-Fa0/24	192.168.1.254/24	
	Fa0/0	TO-ISP_RS-Fa0/0	202.96.64.123/29	
ISP_RS	Fa0/0	TO-ZGS_RS-Fa0/0	202.96.64.126/29	
	Fa0/1	TO-Internet 用户	172.16.1.1/24	
Web 服务器	网络接口	TO-FWQ_SV-Fa0/1	192.168.1.2/24	192.168.1.254
FTP 服务器	网络接口	TO-FWQ_SV-Fa0/2	192.168.1.3/24	192.168.1.254
Internet 用户	网络接口	TO-ISP_RS-Fa0/1	172.16.1.2/24	172.16.1.245

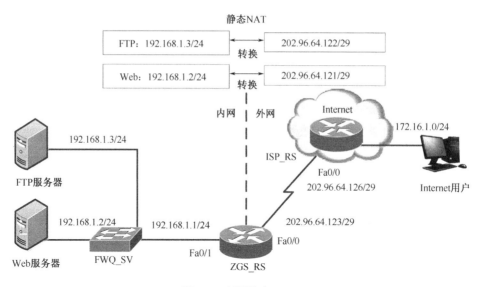

图 7-7　配置静态 NAT

步骤 2： 路由器基本配置。

按照表 7-4，配置路由器 ZGS_RS 的标识符、密码和 IP 地址。

```
Router(config)#hostname ZGS_RS
ZGS_RS(config)#line vty 0 4
ZGS_RS(config-line)#password cisco
ZGS_RS(config-line)#login
ZGS_RS(config-line)#exit
ZGS_RS(config)#enable secret 123456
ZGS_RS(config)#interface vlan 1
ZGS_RS(config-if)#ip address 10.0.1.43 255.255.255.0
ZGS_RS(config-if)#no shutdown
ZGS_RS(config-if)#exit
ZGS_RS(config)#interface fastEthernet 0/1
ZGS_RS(config-if)#ip address 192.168.1.254 255.255.255.0
ZGS_RS(config-if)#no shutdown
ZGS_RS(config-if)#exit
ZGS_RS(config)#interface fastEthernet 0/0
ZGS_RS(config-if)#ip address 202.96.64.123 255.255.255.248
ZGS_RS(config-if)#no shutdown
```

步骤 3： 配置路由器的默认路由。

按照图 7-7 配置路由器 ZGS_RS 的默认路由。

```
ZGS_RS(config)#ip route 0.0.0.0 0.0.0.0 fastEthernet 0/0
```

步骤 4： 为路由器 ZGS_RS 配置静态 NAT。

```
ZGS_RS(config)#ip nat inside source static 192.168.1.2 202.96.64.121
ZGS_RS(config)#ip nat inside source static 192.168.1.3 202.96.64.122
```

```
ZGS_RS(config)#interface fastEthernet 0/1
ZGS_RS(config-if)#ip nat inside
ZGS_RS(config-if)#exit
ZGS_RS(config)#interface fastEthernet 0/0
ZGS_RS(config-if)#ip nat outside
```

步骤 5: 配置服务器区。

（1）配置交换机，创建 VLAN 并为其添加端口。

```
Switch(config)#hostname FWQ_SV
FWQ_SV(config)#line vty 0 4
FWQ_SV(config-line)#password cisco
FWQ_SV(config-line)#login
FWQ_SV(config-line)#exit
FWQ_SV(config)#enable secret 123456
FWQ_SV(config)#interface vlan 1
FWQ_SV(config-if)#ip address 10.0.1.58 255.255.255.0
FWQ_SV(config-if)#no shutdown
```

（2）配置服务的静态 IP 地址。配置 Web 服务服务的 IP 地址，如图 7-8 所示；配置 FTP 服务器的静态 IP 地址，如图 7-9 所示。

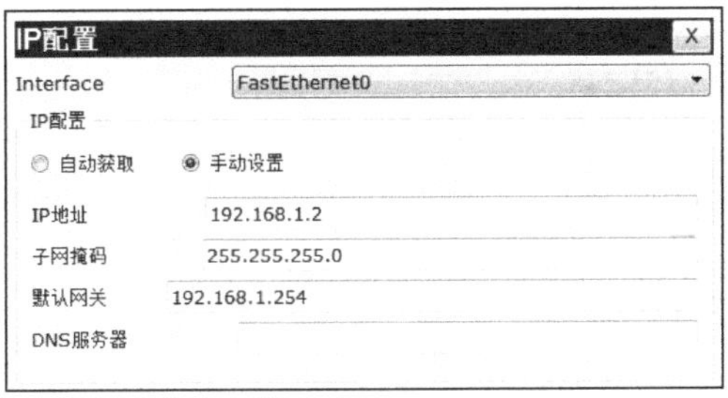

图 7-8　配置 Web 服务器的静态 IP 地址 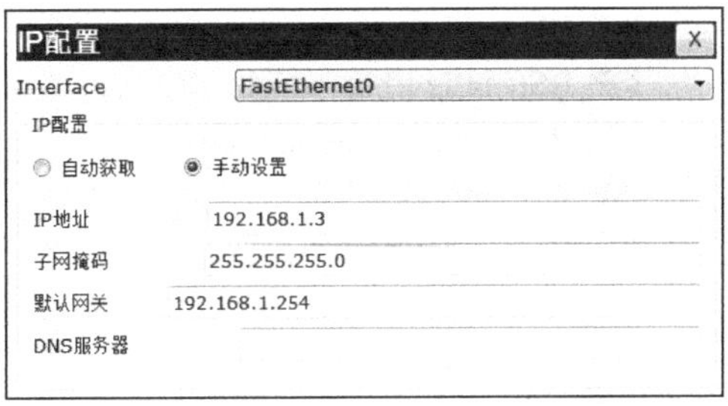　　　　图 7-9　配置 FTP 服务器的静态 IP 地址

（3）查检服务器的配置情况。

①配置测试用 FTP 服务。单击【FTP】服务器，单击【配置】→【FTP】，在用户配置文本框，输入用户名【user】和密码【admin】，选择【读】和【列表】权限，如图 7-10 所示。检查配置情况，打开 Web 服务器的【命令提示符】窗口，输入 "ftp 192.168.1.3"，如果配置正确，则结果如下所示：

```
SERVER>ftp 192.168.1.3
Trying to connect...192.168.1.3
Connected to 192.168.1.3
220- Welcome to PT Ftp server
Username:user
331- Username ok, need password
Password:                    //admin
230- Logged in
(passive mode On)
ftp>
```

②Web 服务器使用默认配置。测试 Web 服务器，打开 FTP 服务器的【Web 浏览器】，在 URL 地址中输入"http://202.1.1.1/index.html"，如果配置正确，则结果如图 7-11 所示。

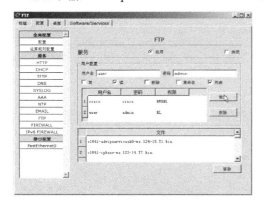

图 7-10　配置测试用 FTP　　　　　　　　图 7-11　测试 Web 服务

步骤 6：测试静态 NAT 配置。

为了进行测试，需要配置 ISP 部分。

（1）按照表 7-4，配置路由器 ISP_RS 的标识符和接口地址。

```
Router(config)#hostname ISP_RS
ISP_RS(config)#interface fastEthernet 0/0
ISP_RS(config-if)#ip address 202.96.64.126 255.255.255.248
ISP_RS(config-if)#no shutdown
ISP_RS(config-if)#exit
ISP_RS(config)#interface fastEthernet 0/1
ISP_RS(config-if)#ip address 172.16.1.254 255.255.255.0
ISP_RS(config-if)#no shutdown
```

（2）配置 Internet 用户计算机的静态 IP 地址，如图 7-12 所示。

（3）在外网用户计算机上，使用公网 IP 地址，访问内网 Web 服务器和 FTP 服务器。

①打开 Internet 用户计算机的【Web 浏览器】，在 URL 地址中输入"http://202.96.64.121/index.html"，如果配置正确，则结果如图 7-13 所示。

图 7-12　配置静态 IP 地址　　　　　　图 7-13　Internet 用户访问内网 Web 服务器

②在 Internet 用户计算机的【命令提示符】窗口，输入"ftp 202.96.64.122"，如果配置正确，则结果如下所示：

```
PC>ftp 202.96.64.122
Trying to connect...202.96.64.122
```

```
Connected to 202.96.64.122
220- Welcome to PT Ftp server
Username:user
331- Username ok, need password
Password:
230- Logged in
(passive mode On)
ftp>
```

步骤 7：查看路由器 ZGS_RS 的路由信息。

（1）打开路由器 ZGS_RS 上的【命令行】窗口，在特权模式下使用【debug ip nat】命令。

```
ZGS_RS#debug ip nat
IP NAT debugging is on
ZGS_RS#
```

然后使用 Web 服务器【ping】Internet 用户，会在路由器 ZGS_RS 的【超级终端】窗口，看到如下地址转换过程：

```
ZGS_RS#
NAT: s=192.168.1.2->202.96.64.121, d=172.16.1.2 [47]
NAT*: s=172.16.1.2, d=202.96.64.121->192.168.1.2 [11]
NAT: s=192.168.1.2->202.96.64.121, d=172.16.1.2 [48]
NAT*: s=172.16.1.2, d=202.96.64.121->192.168.1.2 [12]
NAT: s=192.168.1.2->202.96.64.121, d=172.16.1.2 [49]
NAT*: s=172.16.1.2, d=202.96.64.121->192.168.1.2 [13]
NAT: s=192.168.1.2->202.96.64.121, d=172.16.1.2 [50]
NAT*: s=172.16.1.2, d=202.96.64.121->192.168.1.2 [14]
```

（2）在路由器 ZGS_RS 上，使用【show ip nat translations】命令，查看地址转换情况。

```
ZGS_RS#show ip nat translations
Pro   Inside global      Inside local      Outside local      Outside global
---   202.96.64.121      192.168.1.2       ---                ---
---   202.96.64.122      192.168.1.3       ---                ---
tcp 202.96.64.121:80     192.168.1.2:80    172.16.1.2:1025    172.16.1.2:1025
ZGS_RS#
```

任务 2 配置 PAT 实现总公司所有计算机访问 Internet

【任务描述】

总公司所有计算机要求都能访问 Internet，并且从 ISP 那里获得了子网掩码为 255.255.255.248 的 5 个 IP 地址 202.96.64.121～202.96.64.125。公司不希望外部网络用户知道自己网络的内部结构。根据以上条件和要求，施工时决定采用 PAT 技术使全公司能够访问 Internet。

完成本任务后，你将能够：

➢ 理解 PAT；

➢ 配置 PAT；

➢ 理解静态 NAT 与 PAT 的区别和适用场合。

【必备知识】

1）PAT

PAT（Port Address Translation，端口地址转换）是企业最常用的端口转换方式。NAT 通过将企业内部的私有 IP 地址转换为全球唯一的公网 IP 地址，使内部网络可以访问 Internet；而 PAT 则是把内部地址映射到 Internet 上 IP 地址的不同端口上，从而实现多个私有 IP 地址对应一个公有 IP 地址。

PAT 技术是节省公有 IP 地址的最有效手段。PAT 普遍应用于接入设备中，它可以将中小型网络隐藏在一个合法的公有 IP 地址后面，有效地避免了来自网络外部的攻击，实现了内部主机的安全性，是目前企业网中应用最多的地址转换方式。

2）配置 PAT 命令

（1）定义内部接口和外部接口命令：

Router (config-if) # ip nat {inside | outside}

（2）定义地址池：

Router(config)#ip nat pool <name 地址池名称> <start-ip 开始 IP> <end-ip 结束 IP>{netmask<netmask>| prefix-length< prefix-length >}

（3）定义访问控制列表：

Router(config)#access-list<num 表标号>{deny | permit}{{< sIpAddr 源IP地址><sMask 源IP地址的反掩码>}|any-source|{host-source<sIpAddr>}

（4）定义 PAT：

Router(config)#ip nat { inside | outside } source list <list-number 表号> pool <name 地址池名称> overload

也可以使用端口号来定义 PAT：

Router(config)#ip nat { inside | outside } source list <list-number 表号>interface<端口号>overload

其中"overload"表示使用端口号进行转换。

【任务准备】

（1）学生 3～5 人分为一组；

（2）Cisco 2811 路由器 2 台，服务器 1 台，PC 3 台，DCE 串口线 1 根，配置线 1 根，交叉线 5 根。

【任务实施】

步骤 1： 连接硬件设备。

按照图 7-14 和表 7-5，使用交叉线连接计算机和路由器、ISP_Web 服务器和路由器，使用 DCE 串口线连接交换机。

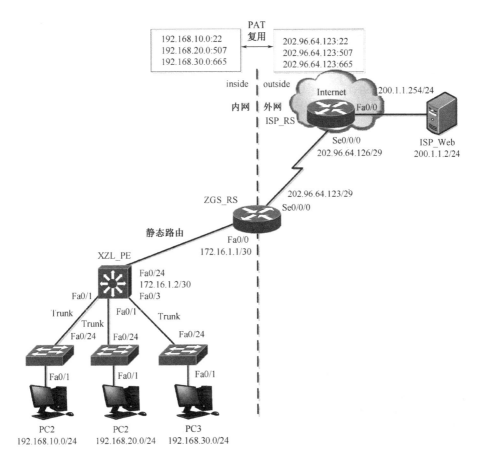

图 7-14　配置 PAT

表 7-5　设备连接

设备	端口	IP 地址	模块
ZGS_RS	Se0/0/0	202.96.64.123/29	WIC-1T
	Fa0/0	172.16.1.1/30	
ISP_RS	Se0/0/0	202.96.64.126/29	WIC-1T
	Fa0/0	200.1.1.254/24	
ISP_Web	网络接口	200.1.1.2/24	
PC1		192.168.10.2/24	
PC2		192.168.20.2/24	
PC3		192.168.30.2/24	

步骤 2：基本配置。

（1）按照图 7-14、表 7-5 和工单，配置路由器 ZGS_RS 的 IP 地址和密码。

```
Router(config)#hostname ZGS_RS
ZGS_RS(config)#interface vlan 1
ZGS_RS(config-if)#ip address 10.0.1.43 255.255.255.0          //配置管理 IP
ZGS_RS(config-if)#no shutdown
ZGS_RS(config-if)#exit
ZGS_RS(config)#line vty 0 4                                   //配置远程登录
ZGS_RS(config-line)#password cisco
```

```
ZGS_RS(config-line)#login
ZGS_RS(config-line)#exit
ZGS_RS(config)#enable secret 123456                    //配置 IP 地址
ZGS_RS(config)#interface serial 0/0/0
ZGS_RS(config-if)#ip address 202.96.64.123 255.255.255.248
ZGS_RS(config-if)#clock rate 64000
ZGS_RS(config-if)#no shutdown
ZGS_RS(config-if)#exit
ZGS_RS(config)#interface fastEthernet 0/0
ZGS_RS(config-if)#ip address 172.16.1.1 255.255.255.252
ZGS_RS(config-if)#no shutdown
```

（2）按照图 7-14、表 7-5 和工单，配置交换机 XZL_PE 的 IP 地址和密码。

```
Switch(config)#hostname XZL_PE
XZL_PE(config)#interface vlan 1
XZL_PE(config-if)#ip address 10.0.10.14 255.255.255.0
XZL_PE(config-if)#exit
XZL_PE(config)#line vty 0 4
XZL_PE(config-line)#password cisco
XZL_PE(config-line)#login
XZL_PE(config-line)#exit
XZL_PE(config)#enable secret 123456
XZL_PE(config)#
XZL_PE(config)#interface fastEthernet 0/24
XZL_PE(config-if)#no switchport
XZL_PE(config-if)#ip address 172.16.1.2 255.255.255.252
XZL_PE(config-if)#no shutdown
XZL_PE(config-if)#exit
XZL_PE(config)#ip routing                    //开启三层路由功能
XZL_PE(config)#vlan 10                        //创建 VLAN 并为其添加 IP 地址
XZL_PE(config-vlan)#exit
XZL_PE(config)#vlan 20
XZL_PE(config-vlan)#exit
XZL_PE(config)#vlan 30
XZL_PE(config-vlan)#exit
XZL_PE(config)#interface vlan 10
XZL_PE(config-if)#ip address 192.168.10.254 255.255.255.0
XZL_PE(config-if)#no shutdown
XZL_PE(config-if)#exit
XZL_PE(config)#interface vlan 20
XZL_PE(config-if)#ip address 192.168.20.254 255.255.255.0
XZL_PE(config-if)#no shutdown
XZL_PE(config-if)#exit
XZL_PE(config)#interface vlan 30
XZL_PE(config-if)#ip address 192.168.30.254 255.255.255.0
```

```
XZL_PE(config-if)#no shutdown
XZL_PE(config-if)#exit
XZL_PE(config)#
XZL_PE(config)#interface range fastEthernet 0/1-3
XZL_PE(config-if-range)#switchport trunk encapsulation dot1q
XZL_PE(config-if-range)#switchport mode trunk
```

（3）配置接入交换机。

① 配置接入交换机 XZL_CE-011。

```
Switch(config)#hostname XZL_CEE-011
XZL_CEE-011(config)#interface vlan 1
XZL_CEE-011(config-if)#ip address 10.0.1.11 255.255.255.0
XZL_CEE-011(config-if)#no shutdown
XZL_CEE-011(config-if)#exit
XZL_CEE-011(config)#line vty 0 4
XZL_CEE-011(config-line)#password cisco
XZL_CEE-011(config-line)#exit
XZL_CEE-011(config)#enable secret 123456
XZL_CEE-011(config)#interface fastEthernet 0/24
XZL_CEE-011(config-if)#switchport mode trunk
XZL_CEE-011(config-if)#exit
XZL_CEE-011(config)#vlan 10
XZL_CEE-011(config-vlan)#exit
XZL_CEE-011(config)#interface range fastEthernet 0/1-10
XZL_CEE-011(config-if-range)#switchport access vlan 10
XZL_CEE-011#
```

② 接入交换机 XZL_CE-021 和接入交换机 XZL_CE-031，按照图 7-14 和表 7-5 做与 XZL_CE-011 基本相同的配置。

（4）按照图 7-14 和表 7-5 配置 PC1、PC2 和 PC3 的静态 IP 地址。PC1 的配置如图 7-15 所示。

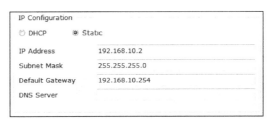

图 7-15　配置 PC1 的静态 IP 地址

按照图 7-14 和表 7-5 配置 PC2 和 PC3 的静态 IP 地址，做与 PC1 基本相同的配置。

（5）测试配置。此时使用 P1、PC2 和 PC3 互相【ping】应该是通的。PC1【ping】PC2，结果如下所示：

```
PC>ping 192.168.20.2
Pinging 192.168.20.2 with 32 bytes of data:
```

```
Reply from 192.168.20.2: bytes=32 time=0ms TTL=127
Reply from 192.168.20.2: bytes=32 time=1ms TTL=127
Reply from 192.168.20.2: bytes=32 time=0ms TTL=127
Reply from 192.168.20.2: bytes=32 time=1ms TTL=127
PC>
```

步骤 3：配置路由使全网互通。

（1）配置路由器的静态路由。

```
ZGS_RS(config)#ip route 192.168.10.0 255.255.255.0 fastEthernet 0/0
ZGS_RS(config)#ip route 192.168.20.0 255.255.255.0 fastEthernet 0/0
ZGS_RS(config)#ip route 192.168.30.0 255.255.255.0 fastEthernet 0/0
```

（2）配置交换机的默认路由。

```
XZL_PE(config)#ip route 0.0.0.0 0.0.0.0 fastEthernet 0/24
```

步骤 4：配置 PAT。

（1）按照图 7-14、表 7-5，在路由器 ZGS_RS 上定义访问控制列表。

```
ZGS_RS(config)#access-list 1 permit 192.168.10.0 0.0.0.255
ZGS_RS(config)#access-list 1 permit 192.168.20.0 0.0.0.255
ZGS_RS(config)#access-list 1 permit 192.168.30.0 0.0.0.255
```

（2）实现外接口地址的复用及 IP 地址的动态转换。

```
ZGS_RS(config)#ip nat inside source list 1 interface serial 0/0/0 overload
```

（3）在接口上启用 PAT。

```
ZGS_RS(config)#interface fastEthernet 0/0
ZGS_RS(config-if)#ip nat inside
ZGS_RS(config-if)#exit
ZGS_RS(config)#interface serial 0/0/0
ZGS_RS(config-if)#ip nat outside
```

（4）配置一条指向外网的默认路由器，就可以实现内网对外网的访问了。

```
ZGS_RS(config)#ip route 0.0.0.0 0.0.0.0 serial 0/0/0
```

步骤 5：配置 ISP 部分，以便对上述配置进行测试。

（1）按照图 7-14 和表 7-5，配置 ISP_RS 路由器。

```
Router(config)#hostname ISP_RS
ISP_RS(config)#interface serial 0/0/0
ISP_RS(config-if)#ip address 202.96.64.126 255.255.255.248
ISP_RS(config-if)#no shutdown
ISP_RS(config-if)#exit
ISP_RS(config)#interface fastEthernet 0/0
ISP_RS(config-if)#ip address 200.1.1.254 255.255.255.0
ISP_RS(config-if)#no shutdown
```

（2）按照表 7-5，配置 ISP_Web 的 IP 地址，如图 7-16 所示。

步骤 6： 验证配置情况。

（1）打开 PC1 上的 IE 浏览器，在 URL 地址栏输入"http://200.1.1.2"，如果配置正确，则结果如图 7-17 所示。

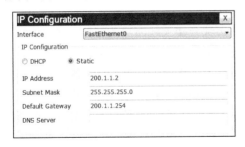

图 7-16　配置 ISP_Web 的 IP 地址

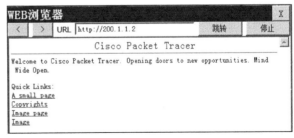

图 7-17　测试内网访问 Interent 的 Web 服务器

步骤 7： 查看路由器 ZGS_RS 的 PAT 转换信息。

使用【ping】命令在 3 台 PC 上同时【ping】ISP_Web 服务器的 IP 地址，同时在路由器 ZGS_RS 上使用【Show ip nat translations】命令查看 PAT 信息。

```
ZGS_RS#show ip nat translations
Pro  Inside global       Inside local        Outside local       Outside global
icmp 202.96.64.123:667 192.168.10.2:667     200.1.1.2:667       200.1.1.2:667
icmp 202.96.64.123:668 192.168.10.2:668     200.1.1.2:668       200.1.1.2:668
icmp 202.96.64.123:669 192.168.10.2:669     200.1.1.2:669       200.1.1.2:669
icmp 202.96.64.123:507 192.168.20.2:507     200.1.1.2:507       200.1.1.2:507
icmp 202.96.64.123:508 192.168.20.2:508     200.1.1.2:508       200.1.1.2:508
icmp 202.96.64.123:509 192.168.20.2:509     200.1.1.2:509       200.1.1.2:509
icmp 202.96.64.123:533 192.168.20.2:533     200.1.1.2:533       200.1.1.2:533
icmp 202.96.64.123:22  192.168.30.2:22      200.1.1.2:22        200.1.1.2:22
icmp 202.96.64.123:23  192.168.30.2:23      200.1.1.2:23        200.1.1.2:23
icmp 202.96.64.123:24  192.168.30.2:24      200.1.1.2:24        200.1.1.2:24
```

模块小结

通过本模块的学习，我们知道企业网的私有 IP 地址与公网 IP 地址可以通过 NAT 进行地址转换。NAT 转换有静态转换、动态转换和 PAT 转换三种方法。下面通过几个个问题来回顾一下所学的内容：

（1）如何配置静态 NAT？

（2）如何配置 PAT 使企业内网用户访问 Internet？

项目 8　综合楼无线网络施工

本项目是总公司综合楼的网络施工，主要完成总公司综合楼无线网络的搭建。总公司综合楼为旧式楼房，楼房建筑施工时未敷设网络线缆，楼层内空间较大，墙壁隔断较少。考虑到以上因素，公司网管中心决定在综合楼部署以无线网线为主的局域网络。加入网络的大部分计算机均以无线接入方式接入到公司网络。为了单位内部信息数据的保密和内部员工网络的畅通使用，部分区域访问无线网络实行加密验证，防止非法用户盗取数据或外来人员占用过多网络资源和流量。总公司综合楼不是一个独立的网络体系，而是总公司企业网的一个有线扩展和无线延伸，网络的搭建既要考虑无线网络的特殊性，又要考虑与总公司的相关性。

本项目的模块和具体任务如图 8-1 所示。

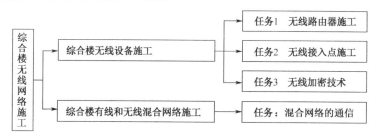

图 8-1　项目 8 的模块和具体任务

综合楼无线网络拓扑图如图 8-2 所示。

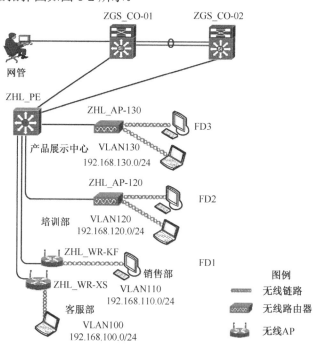

图 8-2　综合楼无线网络拓扑图

综合楼无线网络建设工单如表 8-1 所示。

表 8-1 综合楼无线网络建设工单

工程建设中心	工程名称	北方科技网络建设项目		工单编号	08	流水号	2013120807
	地　址	北京		联系人	张伟	联系电话	131****8686
	无线路由器	WRT300N　2 台		AP		Access Point-PT　2 台	
	经办人	王晓强		发件时间			
	施工单位	朝阳网络公司		设备厂家		红山网络设备公司	
	备注	所有设备远程登录密码	cisco	所有设备特权模式密码		123456	
汇聚交换机 ZHL_PE	vlan1 SVI （管理 VLAN）					10.0.1.50/24	
	Fa0/1	TO-ZHL_WR_KF-Ethernet1				Vlan100	
	Fa0/2	TO-ZHL_WR_XS-Ethernet1				Vlan110	
	Fa0/3	TO-ZHL_AP-120-Port0				Vlan120	
	Fa0/4	TO-ZHL_AP-130-Port0				Vlan130	
	Fa0/10	TO-SJZX_PC0-FastEthernet0				Vlan111	
	DCHP	Vlan100	192.168.100.0/24			192.168.100.1	
		Vlan110	192.168.110.0/24			192.168.110.1	
		Vlan120	192.168.120.0/24			192.168.120.1	
		Vlan130	192.168.130.0/24			192.168.130.1	
		Vlan111	192.168.111.0/24			192.168.111.1	
无线路由器 WRT300N ZHL_WR_KF	LAN	TO-ZHL_PE-fa0/1					
	客服部	所属 vlan100					
	AP 管理 IP	192.168.100.254					
无线路由器 WRT300N ZHL_WR_XS	LAN	TO-ZHL_PE-fa0/2					
	销售部	所属 vlan110					
	AP 管理 IP	192.168.110.254					
无线接入点 Access Point-PT ZHL_AP-120	LAN	TO-ZHL_PE-fa0/3					
	培训部	所属 vlan120					
	VLAN 管理 IP	192.168.120.1					
无线接入点 AP Access Point-PT ZHL_AP-130	LAN	TO-ZHL_PE-fa0/4					
	产品展示中心	所属 vlan130					
	VLAN 管理 IP	192.168.130.1					

模块 1　综合楼无线设备施工

任务 1　无线路由器施工

【任务描述】

总公司综合楼共三层，为方便使用者，同时考虑同楼层未敷设线管及节省成本等原因，将网络施工重点定为无线施工。一楼是客服部和销售部，要求分配 2 个网段；二楼是培训部，要求分配 1 个网段；三楼是产品展示中心，要求分配 1 个网段。本任务将完成一楼客服部和销售部两台无线路由器的配置施工。

完成本任务后，你将能够：

➢ 知道无线网络部署的特点和发展趋势；

➢ 认识无线路由器；

➢ 运用网络基础知识对无线路由器可视化界面进行配置；

➢ 综合运用命令行配置模式与可视化界面配置模式，对无线路由器进行配置。

【必备知识】

1）无线网络技术

无线网络是指不需要布线即可实现计算机互联的网络。无线网络的适用范围非常广泛：凡是可以通过布线建立的网络环境，无线网络同样能够搭建；而通过传统布线无法解决的环境，无线网络也能够搭建。

无线网络可以分为四种类型：无线广域网（WWAN）、无线城域网（WMAN）、无线局域网（WLAN）和无线个人网（WPAN）。

无线网络具有移动性和自由性强、布线方便、组网灵活、成本低廉、节省时间、容易扩展和故障定位容易等优点。

2）无线设备的部署

无线局域网产品的传输距离是大家普遍关注的问题，目前市场上常见的产品（如普通的802.11b 和 802.11g 产品）的最大传输距离均为室内 30 米、室外 100 米。在选择 WLAN 设备的位置时，应当注意以下几点：

➢ WLAN 设备的部署位置应当相对较高；

➢ WLAN 设备应当尽量居于无线接入设备的中央；

➢ 不要穿过太多的墙壁，尤其是浇注的钢筋混凝土墙体；

➢ 多 WLAN 设备的覆盖范围应当重叠；

➢ 为了保护设备的完好和防雨，室外 AP、网桥等相关设备应该放置在密封的配电盒内。

3）无线网络的发展趋势

随着无线网络技术的日益成熟，无线网络已经被越来越多的企业所接受。无线网络在各方面的发展，达到了企业级用户对使用无线网络全方位的需求。从日常办公环境到跨地区的网络互联，无线网络都扮演着重要的角色。无线网络的引入，为企业提供了一种新型的网络应用平台，为企业创建了无线自由的工作空间。

无线局域网（WLAN），是在局部区域内以无线媒体或介质进行通信的无线网络，在几十米到几百米范围内支持较高数据速率的无线网络。无线局域网的特点有，站点间不能直接通信，必须依赖无线路由器或 AP 进行数据传输。无线路由器或 AP 提供到有线网络的连接，并为站点提供数据中继功能。

4）SSID

SSID 是 Service Set Identifier 的缩写，意思是"服务集标识"，它用来区分不同的网络。简单理解，SSID 是给无线网络设备所取的标识，便于搜索和使用。

5）无线网卡

无线网卡的作用类似于以太网中的网卡，作为无线局域网的接口，实现与无线局域网的连接。根据接口类型的不同主要分为：PCMCIA 无线网卡、PCI 无线网卡和 USB 无线网卡。PCMCIA无线网卡仅适用于笔记本电脑，支持热插拔，目前已经较少使用；PCI 接口无线网卡适于普通的台式计算机使用；USB 无线网卡适用于笔记本和台式机，支持热插拔，目前使用得最多。

【任务准备】

（1）学生 3～5 人一组；

（2）WRT300N 无线路由器 2 台，Cisco 3560 交换机 1 台，配置线（Console 线）2 根；

（3）安装无线网卡的 PC 2 台。

【任务实施】

步骤 1：连接硬件。

按照图 8-3 连接设备。使用直通线将客服部无线路由器的 Ethernet 0/1 端口，连接到交换机 ZHL_PE 的 Fa0/1 端口，使用直通线将销售部无线路由器的 Ethernet 0/1 端口，连接到交换机 ZHL_PE 的 Fa0/2 端口（本任务不连接到 Internet 接口）。

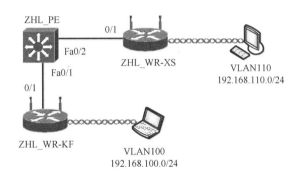

图 8-3　综合楼一楼无线网络拓扑图

步骤 2：配置交换机，设置无线接入网段。

打开"Cisco Packet Tracer"软件，引入设备：三层汇聚交换机 3560 1 台，无线路由器 WRT300N 2 台，安装无线网卡的 PC 2 台，并更改各设备名称。

（1）将三层汇聚交换机 3560 命名为 ZHL_PE，并配置交换机的管理 IP 地址。

```
Router>enable                          //使能管理交换机
Router#config terminal                 //进入交换机的管理模式
Enter configuration commands， one per line. End with CNTL/Z.
Router(config)#hostname ZHL_PE         //为交换机命名
ZHL_PE(config)#interface vlan 1
ZHL_PE(config-if)#ip address 192.168.2.65 255.255.255.192   //为交换机配置管理地址
ZHL_PE(config-if)#no shutdown
```

（2）定义 vlan100 作为客服部无线接入网段：

```
ZHL_PE(config)#vlan 100
ZHL_PE(config-vlan)#exit
ZHL_PE(config)#interface fa 0/1
ZHL_PE(config-if)#switchport access vlan100
ZHL_PE(config-if)#exit
ZHL_PE(config)#interface vlan 100
ZHL_PE(config-if)#ip address 10.0.100.1 255.255.255.0
ZHL_PE(config-if)#no shutdown
ZHL_PE(config-if)#exit        //客户端自动获取 IP 地址等信息，需要配置 DHCP 服务
ZHL_PE(config)#ip dhcp pool vlan100         //配置 DHCP 地址池，进行命名
ZHL_PE(dhcp-config)# network 10.0.100.0 255.255.255.0      //地址范围
ZHL_PE(dhcp-config)#default-router 10.0.100.1    //配置 DHCP 中网关地址
ZHL_PE(dhcp-config)#dns-server 202.96.64.68      //配置 DHCP 中 DNS 服务器地址
ZHL_PE(dhcp-config)#exit
ZHL_PE(config)#ip dhcp excluded-address 10.0.100.1     //DHCP 不使用的地址
ZHL_PE(config)#ip dhcp excluded-address 10.0.100.254   //DHCP 不使用的地址
```

（3）定义 vlan110 作为销售部无线接入网段：

```
ZHL_PE(config)#vlan 110
ZHL_PE(config-vlan)#exit
ZHL_PE(config)#interface fa 0/2
```

```
ZHL_PE(config-if)#switchport access vlan 110
ZHL_PE(config-if)#exit
ZHL_PE(config)#interface vlan 110
ZHL_PE(config-if)#no shutdown
ZHL_PE(config-if)#exit
ZHL_PE(config)#ip dhcp pool vlan110
ZHL_PE(dhcp-config)#network 10.0.110.0 255.255.255.0
ZHL_PE(dhcp-config)#default-router 10.0.110.1
ZHL_PE(dhcp-config)#dns-server 202.96.64.68
ZHL_PE(dhcp-config)#exit
ZHL_PE(config)#ip dhcp excluded-address 10.0.110.1
ZHL_PE(config)#ip dhcp excluded-address 10.0.110.254
ZHL_PE(config)#ip routing          //对三层汇聚交换机开启路由功能
```

步骤 3：配置客服部无线路由器 ZHL_WR_KF。

（1）配置无线路由器的管理 IP。单击打开客服部无线路由器 ZHL_WR-KF 管理界面，在弹出的窗口中，单击【图形用户界面】选项卡，在【Basic Setup】选项卡里，将【IP 地址】配置为 192.168.100.254，子网掩码设置为【255.255.255.0】。这个 IP 地址作为无线路由器的管理地址，通过这个 IP 地址可以对该无线路由器进行管理。

（2）关闭 DHCP 服务器。接入无线网络计算机的 IP 地址都通过三层汇聚交换机 ZHL_PE定义的地址池来获得，将【DHCP Server Settings】右侧的【DHCP 服务器】的【启用】状态更改为【禁用】状态，即关闭无线路由器自身提供的 DHCP 功能。配置完成后如图 8-4 所示。

（3）无线基础配置。单击【Wireless】选项卡，对无线路由器进行基础配置。网络模式选择【Mixed】(混合模式)。思科无线路由器的网络模式有：

➢ Wireless-B Only：802.11b WiFi 标准，采用扩频技术，速率可达 10 Mb/s；

➢ Wireless-G Only：802.11g WiFi 标准，采用 OFDM 技术，速率可达 54 Mb/s；

➢ Wireless-N Only：802.11n WiFi 标准，采用 MMO 技术，速率可达 300 Mb/s；

➢ Mixed：混合模式。

➢ BG-Mixed：802.11b 和 802.11g 混合模式。

网络名称（SSID）设置为【ZHL_WR-KF】。定义网络名称是为了便于接入无线设备的搜索。无线路由器的其他选项使用默认值，单击【保存配置】按钮完成配置，如图 8-5 所示。

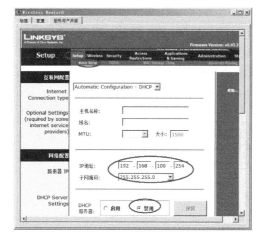

图 8-4　配置管理 IP

图 8-5　无线网络基础配置

步骤 4：配置 PC 无线网卡获取 IP 地址。

（1）将计算机命名为 PC1，单击【PC1】→【物理】选项卡，首先关闭计算机电源，然后取下原来配置的网络适配器模块，如图 8-6 所示。

（2）取下原网卡模块后，更换为【Linksys-WMP300N】无线网卡模块，完成后打开计算机电源，完成后的状态如图 8-7 所示。

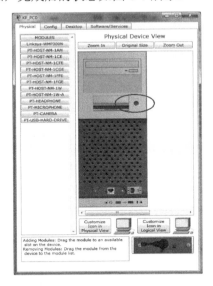

图 8-6　PC1 摘掉 RJ-45 网络适配器　　　　　图 8-7　PC1 安装无线网卡

步骤 5：配置 PC1 测试无线路由器 ZHL_RW-KF。

（1）连接无线网络。单击【桌面】→【无线 PC】→【Connec】→【Refresh】,会在【Wireless Network Name】下方看到设置的无线路由器 SSID 标识：ZHL_RW-KF，如图 8-8 所示。单击中下方的【Connect】按钮完成连接。

（2）PC1 无线获得 IP 地址。单击【桌面】→【IP 地址】，在【IP 设置】栏选择【自动获取】，这时 PC1 会自动获取交换机 ZHL_PE 上设置的 vlan100 地址池中的 IP 地址，如图 8-9 所示。

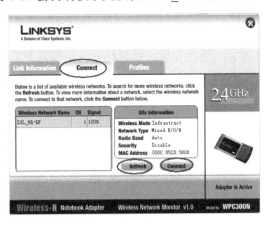

图 8-8　连接无线网络　　　　　　　　图 8-9　PC1 无线获得 IP 信息

客服部计算机 KF_PC0 能够自动获取 192.168.100.2 的 IP 地址、192.168.100.1 的网关和 202.96.64.68 的 DNS 服务器地址。打开【命令提示符】，ping 三层汇聚交换机 ZHL_PE 中 vlan 100 的地址（即网关地址），则结果如下：

```
PC>ping 192.168.100.1
Pinging 192.168.100.1 with 32 bytes of data:
Reply from 192.168.100.1: bytes=32 time=21ms TTL=255.
Reply from 192.168.100.1: bytes=32 time=13ms TTL=255.
Reply from 192.168.100.1: bytes=32 time=15ms TTL=255.
Reply from 192.168.100.1: bytes=32 time=12ms TTL=255.
Ping statistics for 192.168.100.1:
Packets: Sent = 4, Received = 4, Lost = 0 (0%   loss),
Approximate round trip times in milli-seconds:
    Minimum = 12ms, Maximum= 21 ms, Average = 15 ms
```

客服部无线路由器 ZHL_WR_KF 的配置完成。

步骤 6：配置销售部的无线网络。

（1）配置客服部无线路由器的管理 IP。引入无线路由器和终端计算机，将销售部无线路由器命名为 ZHL_WR_XS，并与三层汇聚交换机 ZHL_PE 的 fa 0/2 端口相连。关键配置如图 8-10 和图 8-11 所示。

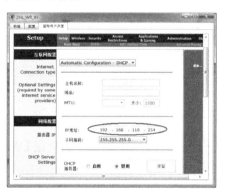 

图 8-10　销售部无线路由器【网络配置】　　　图 8-11　销售部无线路由器【网络名称（SSID）】

（2）销售部和客服部同在一楼，销售部无线终端在搜索无线路由器时也会搜索到客服部的无线路由器 ZHL_WR_KF，客服部同样也会搜索到销售部无线路由器 ZHL_WR_XS。这时我们要对所在部门的无线路由器进行选择，打开"桌面"选项卡，单击"无线 PC"，如图 8-12 所示。

（3）在打开的界面里，单击"Connect"选项卡，等待片刻，计算机会自动搜索到无线发射设备，选中"ZHL_WR_XS"，单击"Connect"按钮，如图 8-13 所示。

 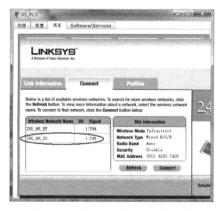

图 8-12　"无线 PC"选项　　　　　　　图 8-13　销售部无线路由器设置

（4）将销售部计算机 XS_PC0 的 IP 配置为"自动获取"，设置完成后获取地址等信息，如图 8-14 所示。

（5）在【Cisco Packet Tracer】网络配置界面中，可以看到客服部和销售部计算机均能通过无线方式连接到各自的无线路由器，如图 8-15 所示。

图 8-14　销售部计算机自动获取 IP 信息

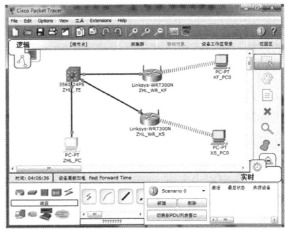
图 8-15　客服部和销售部无线网络组建完成

至此，完成了客服部和销售部无线网络的组建，当有新的无线终端加入无线网络时，设置地址等信息均为自动获取，并对加入哪个无线网络通过【无线 PC】的【Connect】选项，进行选择性设置。

任务 2　无线接入点施工

【任务描述】

二楼为培训部，大部分网络使用者为笔记本电脑，同时楼层设计和施工时没有下穿线管，房间较大，人员比较集中。考虑到以上几个原因，同时也为节省成本，决定在综合楼二楼布置无线网络。三楼为公司产品展示中心，整个展示中心为一个大厅，平时会有许多客户和外来人员到公司参观，为方便参观人群，决定安装布置无线网络，方便笔记本电脑和手机用户上网。

完成本任务后，你将能够：

➤ 了解更为详尽的无线网络；

➤ 认识无线接入点（AP）；

➤ 掌握无线接入点（AP）的配置方法；

➤ 领会无线网络的选择与接入；

➤ 对无线路由器与无线接入点（AP）进行熟练配置并加以区别。

【必备知识】

1）无线局域网的接入方式

（1）对等无线网络：用无线网卡+无线网卡组成的无线局域网，该结构的工作原理类似于有线对等网的工作方式。

（2）独立无线网络：无线网络内的计算机之间构成一个独立的网络，无法实现与其他无线网络和以太网的连接。独立无线网络使用一个无线访问点（Access Point，AP）和若干无线网卡。

（3）接入以太网的无线网络：当无线网络用户足够多时，在有线网络中接入一个无线接入点（AP），从而将无线网络连接至有线网络主干。AP 在无线工作站和有线主干之间起网桥的作用，实现了无线与有线的无缝集成，即允许无线工作站访问网络资源，同时又为有线网络增加了可用资源。本模块任务，就是使用接入以太网的无线局域网方式。

（4）无线漫游的无线网络：利用以太网络将多个无线 AP 连接在一起，可搭建无线漫游网络，实现用户在整个网络内的无线漫游。当用户从一个位置移动到另一个位置，以及一个无线访问点的信号变弱或访问点由于通信量太大而拥塞时，可以连接到新的访问点，而不中断与网络的连接，这一点与日常使用的移动电话非常相似。

2）无线产品的标准（即无线通信协议）

无线协议主要有 802.11b、802.11a、802.11g 及 802.11n 标准。802.11 是 IEEE（电气和电子工程师协会）制定的第一个无线局域网标准，总数据传输速率设计为 2 Mb/s，主要用于解决办公室局域网和校园网中用户终端的无线接入。其他无线协议都是基于 802.11 的补充或扩展，有各自不同的特点，如表 8-2 所示。

从实际应用上来讲，802.11b 是无线局域网（WLAN）的主流标准，被大多数厂商所采用，并且将成熟的无线产品推向市场。在中国大陆市场目前主要是 802.11b 和 802.11g 的产品，且以 802.11b 为主流产品。

表 8-2　无线标准的对比

无线技术与标准	802.11	802.11a	802.11b	802.11g	802.11n
推出时间	1997 年	1999 年	1999 年	2003 年	2009 年
工作频段/GHz	2.4	5	2.4	2.4	2.4 或 5
最高传输速率/(Mb/s)	2	54	11	54	600
实际传输速率/(Mb/s)	<2	31	6	20	>30
传输距离/m	100	80	100	≥150	≥100
主要业务	数据	数据、图像、语音	数据、图像	数据、图像、语音	数据、语音、高清图像
成本	高	低	低	低	低

各无线协议的特点及传输速率：

➢ 802.11b：广泛使用，并基本取代 802.11a 和 802.11g，带宽最高达 11 Mb/s，载波频率为 2.4 GHz。动态速率转换可将数据传输速率降低为 5.5 Mb/s、2 Mb/s 和 1 Mb/s。支持的范围为室外 300 m，办公环境最长为 100 m。

➢ 802.11a：工作频率为 5 GHz，最大原始数据传输率为 54 Mb/s，缺点是传输距离短、抗干扰性差，室内约 30 m，室外约 45 m。

➢ 802.11g：载波频率为 2.4 GHz，原始传送速度为 54 Mb/s，实际传输速度约为 24.7 Mb/s，802.11g 的设备向下与 802.11b 兼容，室内约 30 m，室外约 100 m。

➢ 802.11n：可工作在 2.4 GHz 或 5 GHz 频率，实际标准速度为 300 Mb/s，理论最高数据传输速率为 600 Mb/s，室内约 70 m，室外约 250 m。

3）无线局域网采用的传输媒体

目前，无线局域网采用的传输媒体主要有两种，即红外线和无线电波。按照不同的调制方式，采用无线电波作为传输媒体的无线局域网又可分为扩频方式与窄带调制方式。

4）无线局域网的不足之处

➢ 性能：无线局域网是依靠无线电波进行传输的。这些电波通过无线发射装置进行发射，而建筑物、车辆、树木和其他障碍物都可能阻碍电磁波的传输。另外，其他无线设备或强磁场等干扰信号也会对无线局域网造成干扰。这些都会影响无线网络的性能。

➢ 速率：无线信道的传输速率与有线信道相比要低得多，因而无线信道只适合于个人终端和小规模网络应用。

➢ 安全性：本质上无线电波不要求建立物理的连接通道，无线信号是发散的。从理论上讲，很容易监听到无线电波广播范围内的任何信号，造成通信信息的泄露。

因公司总部在综合楼的二楼培训部和三楼产品展示中心存在非常多的无线网络用户，本任务网络施工要求在有线网络中接入无线接入点（AP），从而将无线网络连接至有线网络的主干。无线接入点（AP）在无线工作站和有线主干之间起到网桥的作用，实现了无线网络与有线网络的无缝集成。无线与有线网络的集成，使得无线工作站访问整体网络资源，同时又为有线网络增加了可用资源。

【任务准备】

（1）学生 3~5 人一组；

（2）无线接入点 Access Point-PT 2 台，三层汇聚交换机 1 台，配置线（Console 线）2 根；

（3）安装了无线网卡的 PC 2 台；

（4）无线网络的基础知识。

【任务实施】

步骤 1：基础配置。

（1）打开"Cisco Packet Tracer"模拟软件，引入并连接各设备，并对引入的各设备进行命名。三层汇聚交换机 3560 命名为 ZHL_PE，是本模块任务 1 内容的延伸，具体引入与使用方法请参考任务 1 有关内容。本任务将继续对该 3560 交换机进行配置，将无线接入设备 ZHL_AP-120 连接到三层汇聚交换机 ZHL_PE 的 fa 0/3 端口，将无线接入设备 ZHL_AP-130 连接到三层汇聚交换机 ZHL_PE 的 fa 0/4 端口。

（2）二楼培训部和三楼的产品展示中心组建无线网络的拓扑图如图 8-16 所示。

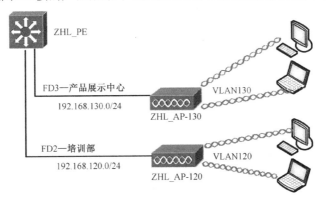

图 8-16 总部综合楼二楼、三楼网络拓扑图

步骤 2：对三层汇聚交换机 ZHL_PE 的配置。

（1）接任务 1 继续完成二楼和三楼无线部分的施工，三层汇聚交换机 ZHL_PE 的初始化及管理 IP 地址定义在任务 1 中已经完成，本任务直接进入配置模式开始配置。

（2）定义 vlan120 作为二楼培训部的无线接入网段：

```
ZHL_PE(config)#vlan 120
ZHL_PE(config-vlan)#exit
ZHL_PE(config)#interface fa 0/3
ZHL_PE(config-if)#switchport access vlan120
ZHL_PE(config-if)#exit
ZHL_PE(config)#interface vlan 120
ZHL_PE(config-if)#ip address 192.168.120.1 255.255.255.0
ZHL_PE(config-if)#no shutdown
ZHL_PE(config-if)#exit
ZHL_PE(config)#ip dhcp pool vlan120
ZHL_PE(dhcp-config)# network 192.168.120.0 255.255.255.0
ZHL_PE(dhcp-config)#default-router 192.168.120.1
ZHL_PE(dhcp-config)#dns-server 202.96.64.68
ZHL_PE(dhcp-config)#exit
ZHL_PE(config)#ip dhcp excluded-address 192.168.120.1
ZHL_PE(config)#ip dhcp excluded-address 192.168.120.254
```

（3）定义 vlan130 作为三楼展示中心的无线接入网段：

```
ZHL_PE(config)#vlan 130
ZHL_PE(config-vlan)#exit
ZHL_PE(config)#interface fa 0/4
ZHL_PE(config-if)#switchport access vlan 130
ZHL_PE(config-if)#exit
ZHL_PE(config)#interface vlan 130
ZHL_PE(config-if)#
ZHL_PE(config-if)#no shutdown
ZHL_PE(config-if)#exit
ZHL_PE(config)#ip dhcp pool vlan130
ZHL_PE(dhcp-config)#network 192.168.130.0 255.255.255.0
ZHL_PE(dhcp-config)#default-router 192.168.130.1
ZHL_PE(dhcp-config)#dns-server 202.96.64.68
ZHL_PE(dhcp-config)#exit
ZHL_PE(config)#ip dhcp excluded-address 192.168.130.1
ZHL_PE(config)#ip dhcp excluded-address 192.168.130.254
ZHL_PE(config)#ip routing
```

步骤 3：无线接入点的配置。

（1）在"Cisco Packet Tracer"网络图中，选择无线设备中的无线接入点 Access Point-PT 网络设备 2 台。该网络设备视图如图 8-17 所示。

（2）首先使用线缆连接培训部无线 AP 和三层汇聚交换机 ZHL_PE 的 fa0/3 端口，再单击培训部无线 AP，进入无线接入点的"配置"选项卡，接口配置里 port 0 接口可以设置带宽及双工模式，在本任务里为默认状态，不做修改，如图 8-18 所示。

（3）点选接口 port 1，将 port 1 里的网络标识（SSID）修改为 ZHL_AP-120，其他设置将在后面的任务里再深入探讨，本任务不做修改，如图 8-19 所示。

对于三楼产品展示中心所使用的无线 AP 通过同样的方法进行连接与配置，使用线缆连接产品展示中心部无线 AP 和三层汇聚交换机 ZHL_PE 的 fa0/4 端口。进入产品展示中心的无线接入点【配置】选项卡，并将网络标识（SSID）修改为 ZHL_AP-130。

图 8-17　Access Point-PT 网络设备视图

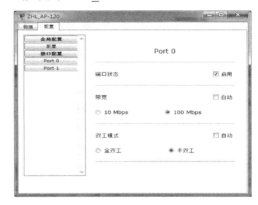

图 8-18　无线 AP 的 Port 0 端口状态图

（4）分别为培训部和产品展示中心引入两台无线终端设备，并分别命名为 PX_PC0 和 ZSZX_PC0。将 PX_PC0 和 ZSZX_PC0 两台计算机按任务 1 要求更换无线网卡，并在计算机的"桌面"选项卡中的"无线 PC"中，连接到各自的无线网络中，如图 8-20 所示。

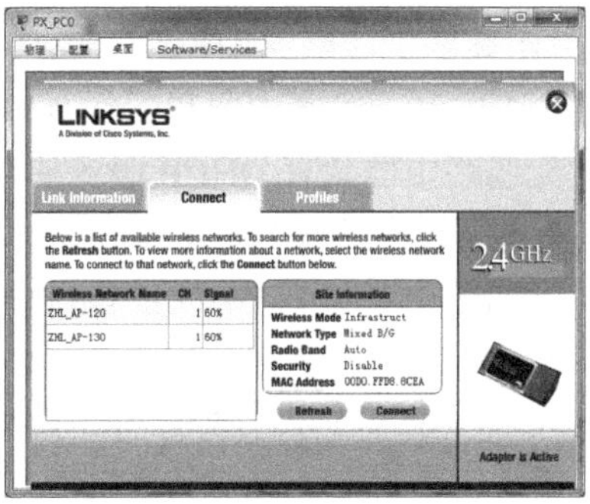

图 8-19　无线 AP 的 port 1 状态图

图 8-20　计算机搜索无线发射设备

（5）选择各自的无线网络，完成更改后的无线网络视图如图 8-21 所示。

步骤 4：验证无线网络。

（1）单击打开培训部 PX_PC0 计算机的"桌面"选项卡，打开"IP 地址配置"查看该计算机获取地址等信息情况，如图 8-22 所示。

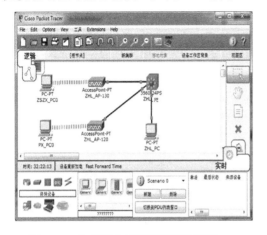

图 8-21　完成更改后的无线网络视图

图 8-22　培训部无线终端自动获取 IP

IP 配置显示培训部 PX_PC0 计算机能够自动获得正确的 IP 地址等信息，说明无线终端计算机通过无线 AP 能够从三层汇聚交换机地址池中自动获取 IP 地址等配置信息。

（2）进入 PX_PC0 计算机的命令提示符，使用 ping 命令测试与三层汇聚交换机的连接情况，ping 192.168.120.1，显示的结果证明网络已通。

```
PC>ping 192.168.120.1
Pinging 192.168.120.1 with 32 bytes of data:
Reply from 192.168.120.1: bytes=32 time=14ms TTL=128.
Reply from 192.168.120.1: bytes=32 time=9ms TTL=128.
Reply from 192.168.120.1: bytes=32 time=9ms TTL=128.
Reply from 192.168.120.1: bytes=32 time=9ms TTL=128.
Ping statistics for 192.168.120.1:
Packets: Sent = 4, Received = 4, Lost = 0 (0%    loss),
Approximate round trip times in milli-seconds:
    Minimum = 9ms, Maximum= 14 ms, Average = 10 ms
```

用同样方法可查看 ZSZX_PC0 计算机的地址获取情况，这里不再赘述。

引入的两台无线终端计算机均能够正确获取 IP 地址等信息，说明由三层汇聚交换机结合无线 AP 组建的无线网络同样获得成功。

（3）通过对无线路由器和无线 AP 在配置使用过程中进行对比，能够发现：
➢ 无线路由器具有 DHCP 服务的功能，能够自动为无线接入设备分配 IP 地址等信息；而无线 AP 不具备 DHCP 功能。
➢ 无线路由器除了 WAN 接口，还有多个 LAN 接口，即除了无线接入功能外，还可以以有线方式接入终端；而无线 AP 只能通过无线方式接入终端设备。
➢ 无线路由器可以配置接入方式，接入类型有 DHCP、Static、PPPoE 三种；无线 AP 相当于中继器，一是对传输信息进行整形，二是将有线传输转为无线传输。
➢ 无线路由器和无线 AP 对通过无线进行传输的数据均可以进行加密。

任务 3　无线加密技术

【任务描述】

总公司综合楼位于临街位置，过往行人及周边固定人群较多，为了公司信息安全并保证公司人员在使用网络时能够获得较大带宽，公司决定在无线网络的区域内使用加密措施。一楼客服部和销售部及二楼培训部的无线设备均加密，保证公司内部信息安全。三楼产品展示中心距离地面较高，另外考虑为外来参观人员提供无线网络服务，故对三楼产品展示中心的无线设备采取不加密。

完成本任务后，你将能够：
➢ 知道加密技术；
➢ 运用知识点对无线网络进行加密。

【必备知识】

无线网络的安全模式主要有以下三种：WEP、WPA 和 WPA2。

1）WEP 加密技术

WEP（有线等效加密）是 Wired Equivalent Privacy 的缩写，采用 WEP 64 位或者 128 位数

据加密,分别输入 10 个或 26 个字符串作为加密密码。该协议可以通过对传输的数据进行加密,以保证在无线局域网中传输的安全性。WEP 是一种基本的较旧的网络安全加密方法,密码长度固定,其安全性较低,不建议使用。

WEP 加密协议可以保证一般家庭用户的无线安全,由于 WEP 的密钥固定,初始向量仅为 24 位,算法强度并不强,可以使用 WEPCrack、AirSnort 等工具进行破解,因此存在一定的安全隐患。

2)WPA 加密技术

WPA(Wi-Fi 保护访问)是 Wi-Fi Protected Access 的缩写,它是既继承了 WEP 基本原理而又解决了 WEP 缺点的一种新技术,改进了 WEP 所使用密钥安全性的协议和算法。它改变了密钥生成方式,通过频繁地变换密钥来获得安全性。WPA 加强了生成加密密钥的算法,还追加了消息完整性检查来防止数据包伪造的功能和认证功能。

目前 WPA 加密方式尚有漏洞,攻击者可利用 SpoonWPA 等工具破解。建议用户在加密时尽可能使用无规律的字母与数字,以提高网络的安全性。

3)WPA2 加密技术

WPA2(WPA 第二版)是 Wi-Fi 联盟对采用安全增强功能产品的认证计划。简单理解就是 WPA2 是 WPA 的升级版,采用了更为安全的算法,WPA2 类型的身份验证更为安全,是目前最强的无线加密技术。现在新型的网卡、AP、无线路由器等都支持 WPA2 加密。

4)WPA 与 WPA2

Wi-Fi 联盟把使用 Pre-Shared Key(PSK)的验证模式版本叫作"WPA-个人版"或"WPA2-个人版"(WPA-Personal or WPA2-Personal),用 802.1X 认证的版本叫作"WPA-企业版"或"WPA2-企业版"(WPA-Enterprise or WPA2-Enterprise)。

在"WPA-个人"和"WPA2-个人"中,每个用户都将获得相同密码,建议小型企业或家庭网络采用此模式。"WPA-企业"和"WPA2-企业"用于向每个用户分发不同密钥的 802.1x 身份验证服务器,要架设一台专用的 Radius 认证服务器,或在交换机上进行 Radius 认证配置,维护起来也较为复杂,普通用户不适合使用此安全类型;此模式主要用于大型公司网络。

简单理解就是 WPA-Personal / WPA2-Personal 其实就是 WPA-PSK / WPA2-PSK,PSK 模式下不需要使用验证服务器(如 RADIUS Server),所以特别适合家用或 SOHO 的使用者。WPA-Enterprise / WPA2-Enterprise 就是 WPA / WPA2 必须使用 Radius 认证服务器。

5)WEP 与 WPA 的比较

WEP 和 WPA 传输数据都要进行两个过程:验证和加密数据。

在家用无线路由器设置里,无论你选 WEP 还是 WAP,都需要输入密钥。对 WEP 来说,这个密钥既用来验证身份,允许 PC 接入,又用来加密传输的数据。而对 WPA 来说,输入的密钥用来验证身份,而加密数据用的密钥则由无线设备生成,并通过特别的安全通道传输到 PC。

WEP 与 WPA 的不同是 WEP 使用一个静态的密钥来加密所有的通信,而 WPA 不断地转换密钥。WPA 采用有效的密钥分发机制,可以跨越不同厂商的无线网卡实现应用。WPA 的另一个优势是,它使公共场所和学术环境安全地部署无线网络成为可能。WEP 的缺陷在于其加密密钥为静态密钥而非动态密钥,而这会使无线设备容易受到攻击。

6)无线小知识

(1)WPA 是由 Wi-Fi 联盟(The Wi-Fi Alliance)这个业界团体建立的。WPA 的检验在 2003

年 4 月开始，于 2003 年 11 月变成强制性，完整的标准是在 2004 年 6 月通过。

（2）加密类型 TKIP 和 AES：

TKIP 是 Temporal Key Integrity Protocol（临时密钥完整性协议）的简称，负责处理无线安全问题的加密部分，TKIP 是包裹在已有 WEP 密码外围的一层"外壳"，这种加密方式在尽可能使用 WEP 算法的同时消除了已知的 WEP 缺点。

TKIP 中密码使用的密钥长度为 128 位，这就解决了 WEP 密码使用的密钥长度过短的问题。TKIP 另一个重要特性就是变化每个数据包所使用的密钥，它提供结合信息完整性检查和重新按键机制的信息包密钥。

AES 是 Advanced Encryption Standard（高级加密标准）的简称，是美国国家标准与技术研究所用于加密电子数据的规范，该算法汇聚了设计简单、密钥安装快、需要的内存空间少、在所有的平台上运行良好、支持并行处理并且可以抵抗所有已知攻击等优点。

AES 提供了比 TKIP 更加高级的加密技术，现在无线设备都提供了这两种算法。TKIP 安全性不如 AES，而且在使用 TKIP 算法时路由器的吞吐量会下降 3 成至 5 成，大大影响了路由器的性能；因而在以后无线安全设置中建议使用 AES 类型进行加密。

【任务准备】

（1）学生 3～5 人一组；

（2）无线路由器 WRT300N 1 台，三层汇聚交换机 3560 1 台，配置线；

（3）安装了无线网卡的 PC 2 台。

【任务实施】

步骤 1：加密模式的查看和选用。

针对一楼和二楼三个部门对无线设备的使用，在任务 1 和任务 2 中已经进行了详细学习，并能够组建无线网络。本任务主要完成对无线设备加密技术的应用。首先单击客服部无线路由器 ZHL_WR_KF 进入"图形用户界面"选项卡，点选"Wireless"并进入到"无线安全"界面，我们可以看到"安全模式"共显示有 5 种，如图 8-23 所示。

查看 WEP 安全加密模式，如图 8-24 所示。

图 8-23　无线路由器的安全加密模式

图 8-24　安全加密模式 WEP

在当前图例中加密采用 WEP 64 数据加密，则应该输入 10 个字符作为加密密码。WEP 安全模式密码长度固定，其安全性较低，在本次无线网络组建任务中不使用此模式。

接下来查看 WPA 两种加密模式及其安全算法，如图 8-25 所示。加密算法均可选为 AES

或 TKIP，如图 8-26 所示。在安全模式中 WPA Enterprise 模式需要配置 Radius 服务器和端口，Radius 服务器的配置或使用交换机进行配置较为繁杂，在此不做深度讲解。

图 8-25　安全加密模式 WPA Personal

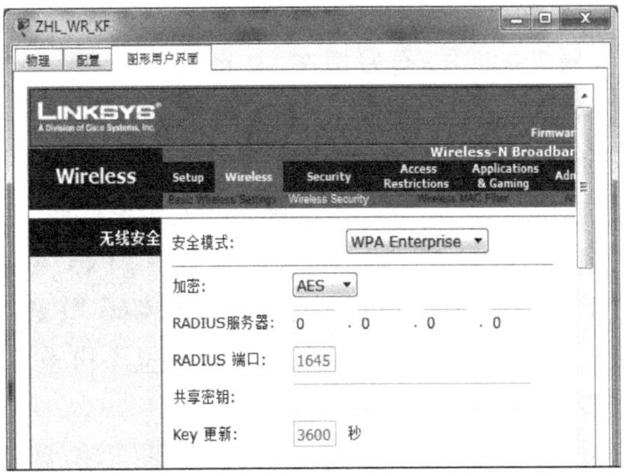

图 8-26　AWP 加密模式选择

步骤 2：配置客服部安全模式。

（1）加密算法有 AES 和 TKIP 两种，其中 AES 提供了比 TKIP 更加高级的加密技术，TKIP 安全性不如 AES，而且在使用 TKIP 算法时路由器的吞吐量会下降，影响路由器的性能。WPA/WPA2 Enterprise 安全模式需要配置较为繁杂的 Radius 服务器和端口，这样在本次任务中选用 WPA2 Personal 的安全模式，使用 AES 加密算法，并设置加密密码为"admin1234"，如图 8-27 所示。

设置好密码，单击"保存设置"后，会发现所有客服部使用的无线接入微机均断开连接，这是因为无线路由器已经加密，而各个微机没有输入访问密码而获得认可。

（2）将客服部微机接入到无线路由器：打开客服部微机的配置管理界面，单击"桌面"选项卡，在打开的"无线 PC"中，选择有效的无线路由器 ZHL_WR_KF。在不加密的情况下，单击连接（Connect）按钮则直接连接到无线路由器，这在"任务 1"中已经完成。在本次任务中无线路由器加密的情况下，单击连接按钮则弹出图 8-28 所示的可操作界面。

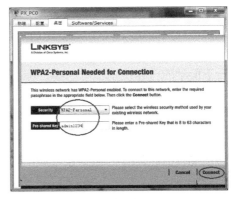

图 8-27　WPA2 Personal 加密模式

图 8-28　输入密码连接到无线路由器

输入密码"admin1234"，则客服部微机 KF_PC0 能够正常连接到客服部无线路由器 ZHL_WR_KF。当所有客服部无线终端计算机需要接入无线网络时，均使用同样方法与无线路由器相连。

根据以上加密模式的选择及密码的输入，可以对销售部所有无线终端计算机进行接入，这里不再详细讲解。

（3）二楼培训部加密

二楼培训部使用的无线设备 Access Point-PT，即 AP。点击培训部无线 ZHL_AP-120，打开"配置"选项卡，会发现在"认证"区域区别于无线路由器，认证方式有 WEP 模式、WPA-PSK 模式和 WPA2-PSK 模式。WPA-PSK 即 WPA Personal 模式，不需要使用认证服务器，这里选用安全性较高的 WPA2-PSK，输入加密密码"Pxb_Admin123"。

与其他密码类似，在设置无线安全密码时，为了安全起见也应该采取大小写字母、符号和数字相结合的方式，如本例使用的密码"Pxb_Admin123"。安全认证和密码设置如图 8-29 所示。

培训部所有用户的微机通过输入密码"Pxb_Admin123"，接入到 ZHL_AP-120 无线 AP 的方法与客服部接入方法完全一致，这里不再重复讲解。

步骤 3：培训部微机连接验证。

输入密码，接入到无线网络，如图 8-30 所示。

图 8-29　AP 加密技术实现

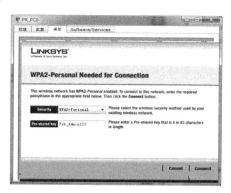

图 8-30　输入密码接入到无线网络

这样，就完成了总部综合楼客服部、销售部和培训部使用加密技术的无线网络，提高了整个网络的安全性。

模块小结

通过本模块的学习，我们能够领会无线网络适合部署的环境和场合，运用学习过的知识点对无线网络设备进行配置，分析无线网络故障，进行无线局域网的搭建。通过下面几个问题来回顾一下所学的内容：

（1）什么是无线网络？

（2）无线网络的部署主要涉及哪些关键配置项？

（3）无线网络有哪些加密技术，各有什么特点？

（4）学习本模块后，家庭或单位是否应对无线网络进行加密？采用哪种加密方式最好？

模块 2　综合楼有线和无线混合网络施工

任务：混合网络的通信

【任务描述】

总公司对于销售部的销售数据要进行统计归纳，所有数据都要提交到总公司的数据中心。

对于统计完成的数据要求网络性和实时性较高，这就需要使用有线方式部署网络；为了隔离数据，保证数据的安全性，将数据中心和销售部划分到两个逻辑网络中。我们要将无线网络和有线网络进行混合搭建。

完成本任务后，你将能够：

➢ 知道有线网络和无线网络的区别；

➢ 运用知识点组建有线网络和无线网络的混合网络。

【必备知识】

（1）不同网段之间需要通信时，要用到路由协议；而在三层设备上直接相连的两个网段只要开启路由协议，即可进行通信。

（2）有线网络和无线网络的主要区别：

➢ 通信介质：有线网络主要使用光纤、双绞线和同轴电缆；无线网络主要使用红外线、无线电波、微波和卫星。

➢ 网络部署：有线网络需要穿线，打线，安装墙插模块，使用跳线，网络中各站点可移动性较差，增加站点较为困难，所以有线网络的部署较为费时、费力、费钱；无线网络的安装简单、快捷，不需要穿线等工作，安装周期短，后期维护容易，网络用户可移动性较好，增加站点较为容易，所以无线网络的部署较为省时、省力、省钱。

➢ 网络特性：有线网络较为安全，抗干扰性强，通信质量和速度较高；无线网络抗干扰性和安全性均较差，通信质量和速度较低。不过随着无线技术的发展，无线网络除了抗干扰性较差外，在安全性、通信质量和速度方面均有较大提升；无线网络将是未来发展的大趋势。

【任务准备】

（1）学生 3～5 人一组；

（2）无线路出器 WRT300N 1 台，三层汇聚交换机 3560 1 台，配置线；

（3）PC 1 台，笔记本或安装了无线网卡的 PC 1 台，网线。

【任务实施】

本项目模块 1 的任务 1 里，已经完成了对核心设备的配置，在这里一起重新回顾一下与销售部相关的配置。

步骤 1：对交换机进行命名并配置管理地址。

（1）将三层汇聚交换机 3560 命名为 ZHL_PE，并配置交换机的管理 IP 地址。

```
Router>enable                                    //使能管理交换机
Router#config terminal                           //进入交换机的管理模式
Router(config)#hostname ZHL_PE                   //为交换机命名
ZHL_PE(config)#interface vlan 1
ZHL_PE(config-if)#ip address 10.0.1.50 255.255.255.192    //为交换机配置管理地址
ZHL_PE(config-if)#no shutdown
ZHL_PE(config-if)#exit
```

（2）定义 vlan110 作为销售部无线接入网段：

```
ZHL_PE(config)#vlan 110
```

```
ZHL_PE(config-vlan)#exit
ZHL_PE(config)#interface fa 0/2
ZHL_PE(config-if)#switchport access vlan 110
ZHL_PE(config-if)#exit
ZHL_PE(config)#interface vlan 110
ZHL_PE(config-if)#no shutdown
ZHL_PE(config-if)#exit
ZHL_PE(config)#ip dhcp pool vlan110
ZHL_PE(dhcp-config)#network 192.168.110.0 255.255.255.0
ZHL_PE(dhcp-config)#default-router 192.168.110.1
ZHL_PE(dhcp-config)#dns-server 202.96.64.68
ZHL_PE(dhcp-config)#exit
ZHL_PE(config)#ip dhcp excluded-address 192.168.110.1
ZHL_PE(config)#ip dhcp excluded-address 192.168.110.254
```

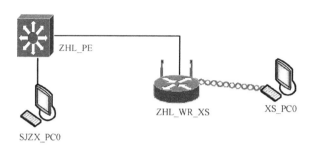

图 8-31　销售部与数据中心之间的网络拓扑图

（3）配置数据中心计算机：查看网络拓扑图，实现销售部的无线终端计算机 XS_PC0 与数据中心的计算机 SJZX_PC0 之间的连接。XS_PC0 属于 vlan 110 在 192.168.110.0/24 网段，而 SJZX_PC0 属于 vlan 111 在 192.168.111.0/24 网段，不在同一网段，如图 8-31 所示。

通过任务 1 对三层汇聚交换机和无线路由器 ZHL_WR_XS 的配置，销售部所有无线终端计算机均能通过无线路由器在三层汇聚交换机上获得 IP 地址等信息。

通过查看【IP 地址配置】，销售部无线终端计算机能够获得正确的 IP 地址等信息。接下来在三层汇聚交换机上对数据中心进行配置。这里将数据中心计算机接入到 fa 0/10 端口：

```
ZHL_PE >en
ZHL_PE #config t
ZHL_PE (config)#vlan 111
ZHL_PE (config-vlan)#exit
ZHL_PE (config)#interface vlan 111
ZHL_PE (config-if)#ip add 192.168.111.1 255.255.255.0
ZHL_PE (config-if)#no sh
ZHL_PE (config-if)#exit
ZHL_PE (config)#interface fastethernet 0/10
ZHL_PE (config-if)#switchport access vlan 111
```

将作为数据中心的计算机接入到交换机的 fa 0/10 端口，手动设置 IP 地址【192.168.111.2】子网掩码【255.255.255.0】，默认网关【192.168.111.1】。

步骤 2：连通性测试。

销售部测试用计算机 XS_PC0 的 IP 地址由汇聚交换机获得，为 192.168.110.4/24；数据中心计算机 SJZX_PC0 的 IP 地址是手动设置，为 192.168.111.2/24。测试两台计算机之间的连接，测试结果如下：

```
PC>ping 192.168.110.4
Pinging 192.168.110.4 with 32 bytes of data:
Request timed out.
Request timed out.
Request timed out.
Request timed out.
Ping statistics for 192.168.110.4:
Packets: Sent = 4, Received = 0, Lost = 4 (100%    loss),
```

测试结果显示：两台计算机之间网络不通。接下来在三层汇聚交换机上开启路由功能：

```
ZHL_PE(config)#ip routing        //对三层汇聚交换机开启路由功能
ZHL_PE(config)#exit
```

继续对两台电脑进行测试，测试结果如下：

```
PC>ping 192.168.110.4
Pinging 192.168.110.4 with 32 bytes of data:
Reply from 192.168.110.4: bytes=32 time=1ms TTL=128.
Reply from 192.168.110.4: bytes=32 time=1ms TTL=128.
Reply from 192.168.110.4: bytes=32 time=1ms TTL=128.
Reply from 192.168.110.4: bytes=32 time=1ms TTL=128.
Ping statistics for 192.168.110.4:
Packets: Sent = 4, Received = 4, Lost = 0 (0%    loss),
Approximate round trip times in milli-seconds:
    Minimum = 0ms, Maximum= 1 ms, Average = 0 ms
```

开启三层交换机路由功能后，两台不同网段的计算机能够进行正常通信，本次任务完成。

模块小结

通过本模块的学习，我们对有线网络和无线网络的区别有了更为深入的了解，运用本模块知识点可以组建一个有线和无线相结合的混合网络，分析哪些场合或环境适合有线和无线混合网络的应用，对有线和无线混合网络出现的故障能够进行排查和解决故障。通过下面几个问题来回顾一下本模块所学的内容：

（1）有线网络和无线网络的主要区别是什么？

（2）有线网络和无线网络各自优缺点是什么？

（3）在现实生活和学习环境中，你更倾向于使用有线网络还是无线网络？

项目 9　信息中心防火墙施工

　　防火墙是设置在被保护网络和外部网络之间的一道屏障，以防止发生不可预测的、潜在破坏性的侵入。防火墙是指设置在不同网络（如可信任的企业内部网和不可信的公共网）或网络安全域之间的一系列部件的组合。它是不同网络或网络安全域之间信息的唯一出入口，能根据企业的安全策略控制（允许、拒绝、监测）出入网络的信息流，且本身具有较强的抗攻击能力。它是提供信息安全服务，实现网络和信息安全的基础设施。

　　防火墙可通过监测、限制、更改跨越防火墙的数据流，尽可能地对外部屏蔽网络内部的信息、结构和运行状况，以此来实现对网络的安全保护。本项目的模块和具体任务如图 9-1 所示。

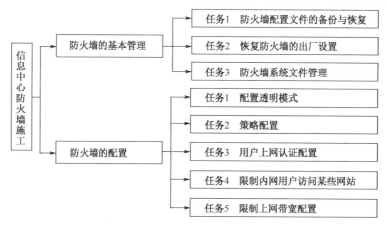

图 9-1　项目 9 的模块和具体任务

信息中心防火墙网络拓扑如图 9-2 所示。

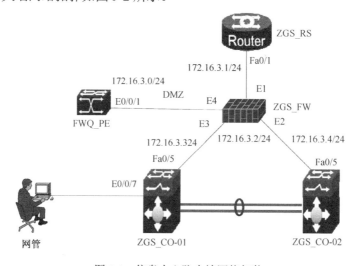

图 9-2　信息中心防火墙网络拓扑

模块 1　防火墙的基本管理

任务 1　防火墙配置文件的备份与恢复

【任务描述】

本任务旨在将防火墙配置保存在本地，将其配置恢复到本地配置，将防火墙恢复出厂设置。完成本任务后，你将能够：

➢ 认识防火墙；

➢ 认识防火墙的端口；

➢ 备份和恢复防火的配置文件。

【任务准备】

（1）学生每 3～5 人一组；

（2）防火墙 1 台，PC　1 台，配置线 1 根，直通线 1 根。

【任务实施】

步骤 1：认识防火墙。

（1）认识防火墙各个端口的位置，了解各个端口的功能。防火墙模块的位置和端口如图 9-3 所示。

DCFW-1800S/E 系统提供多种网络接口，标准配置的三个接口分别为：LAN（内

图 9-3　防火墙模块的位置及端口

部网）、DMZ（Demilitarized Zone）以及外部网。其中，LAN 是不对外开放的区域，外部用户检测不到它的 IP 地址，难以对它进行攻击；DMZ 区又称为非军事区或安全网络（SSN），它对外提供服务，系统的开放信息都放在该区（如 HTTP、SMTP、DNS、FTP 等）。由于 DMZ 和内部网是互相隔离的，所以即使受到攻击也不会危及内部网。这种安全的体系结构使得 LAN、DMZ 和外部网分工明确，界限分明，防止因其中一部分瘫痪而影响整个网络。

（2）理解端口的表示方法。0/0/1 中的第一个 0 表示堆叠中的第 1 台交换机，如果是 1，就表示第 2 台交换机；第 2 个 0 表示交换机上的第 1 个模块（例如，DCS-3926s 交换机有 3 个模块：网络端口模块 0，模块 1，模块 2）；最后的 1 表示当前模块上的第 1 个网络端口。

0/0/1 表示使用的是堆叠中第 1 台交换机网络端口模块上的第 1 个网络端口。默认情况下，如果不存在堆叠，交换机总会认为自己是第 0 台交换机。

步骤 2：通过 Console 端口配置防火墙。

通过配置线（Console 线）连接防火墙与 PC，用直通线连接交换机与 PC，如图 9-4 所示。

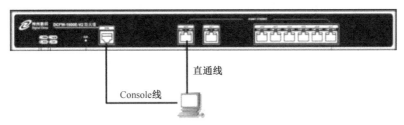

直通线

Console线

图 9-4　防火墙配置拓扑

步骤3：备份防火墙配置文件管理。

（1）登录防火墙。

（2）备份配置文件。在防火墙的 WebUI 管理窗口，单击【系统】→【配置】→【下载】，弹出【文件下载】窗口，如图 9-5 所示。单击【保存】，将当前配置文件保存到本地。

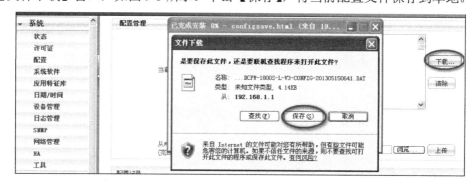

图 9-5　保存配置文件

可以使用写字板将配置文件打开，查看防火墙的配置，如图 9-6 所示。

图 9-6　另存配置文件

（3）恢复配置文件。在防火墙的 WebUI 窗口，单击【系统】→【配置】，在【从电脑上传配置文件】文本框后，先后【浏览】，选择要上传的配置文件，单击【上传】，如图 9-7 所示。

配置文件上传完毕后，防火墙直接重新启动，完成配置文件的上传操作。设备启动完毕后的配置即为上传的配置文件。

图 9-7　防火墙配置文件的上传

任务2 恢复防火墙的出厂设置

【任务描述】

本任务旨在完成防火墙出厂设置的恢复。

【任务准备】

（1）学生3~5人一组；

（2）防火墙1台，PC 1台，配置线1根，直通线1根。

【任务实施】

先按照图9-2连接硬件，再恢复出厂设置。

要恢复出厂设置，有下列三种方法：

（1）用户可以使用设备上的CRL孔使系统恢复到出厂配置（设备断电，按住CRL键，直到start灯和alarm灯同时变为红色约15秒钟，后松开手即可）。

（2）使用命令恢复出厂配置，在执行模式下，使用以下命令：

unset all

（3）WebUI：访问页面【系统】→【配置】，单击【清除】即可，如图9-8所示。

图9-8 配置管理页面

出现图9-9所示信息后，系统自动重启。系统启动后即恢复出厂配置。

图9-9 系统重启

任务3 防火墙系统文件管理

【任务描述】

防火墙系统软件的升级支持CLI（命令行）下TFTP、FTP升级，支持USB接口的U盘升级和Web升级。本任务中我们使用Web的方式对防火墙的系统文件进行升级。

【任务准备】

（1）学生每3~5人一组；

（2）防火墙1台，PC 1台，配置线1根，直通线1根。

【任务实施】

根据图 9-10 连接硬件。

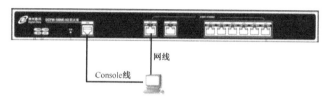

图 9-10　防火墙升级

升级防火墙的系统文件，其步骤如下：

（1）在防火墙官方网站下载最新的防火墙系统文件。

（2）软件版本从本地上传到防火墙。

在防火墙的 WebUI 窗口，单击【系统】→【系统软件】，在【升级系统软件】栏下，选择【上载新系统软件】，单击【浏览】，选择从官网下载的系统文件。在【备份系统软件】栏，只能包含两个文件，升级第三个版本时需选择其中一个版本备份，如图 9-11 所示。

图 9-11　防火墙系统文件的升级

单击【确定】按钮后，系统开始上载指定的系统文件，如图 9-12 所示。

图 9-12　升级系统文件

默认情况下，系统下次启动时将使用新上载成功的系统文件。

（3）选择下次启动时调用的系统文件。

可以指定系统文件作为下次启动时使用的系统文件。在防火墙的 WebUI 窗口，单击【系统】→【系统软件】，在【选择下次启动时使用的系统软件】下拉框中选择一个系统文件，如图 9-13 所示。

图 9-13　选择下次启动时使用的系统文件

单击【确认】，设备重启，完成升级。

模块 2　防火墙的配置

任务 1　配置透明模式

【任务描述】

根据网络工程设计需要，网络中心防火墙需要配置成透明模式。本任务目的是将防火墙 eth1、eth2、eth3 和 eth4 接口配置为透明模式。eth1、eth2、eth3 同属一个虚拟桥接组，eth1、eth2 属于 l2-trust 安全域，eth3 属于 l2-untrust 安全域。为虚拟桥接组 Vswitch1 配置管理 IP 地址 10.0.41.2。

【任务准备】

（1）学生 3～5 人一组；
（2）防火墙 1 台，PC 1 台，配置线 1 根，直通线 1 根。

【任务实施】

步骤 1： 按照图 9-2 连接硬件设备。

步骤 2： 设置二层安全域。

（1）将 eth1 接口设置成二层安全域 l2-trust，如图 9-14 所示。

图 9-14　eth1 接口安全域设置

（2）将 eth2 接口设置成二层安全域 l2-trust，如图 9-15 所示。

图 9-15　eth2 接口安全域设置

（3）将 eth3 接口设置成二层安全域 l2-untrust，如图 9-16 所示。

图 9-16　eth3 接口安全域设置

（4）将 eth4 接口设置成二层安全域 l2-dmz，如图 9-17 所示。

图 9-17　eth4 接口安全域设置

步骤 3：配置管理 IP。

在防火墙上单独将一个接口用于管理，通过该接口登录到防火墙在 Web 下进行配置，为虚拟桥接组 Vswitch1 配置 IP 地址 10.0.41.2，以方便管理防火墙，如图 9-18 所示。

图 9-18　配置管理 IP 地址

任务 2　策略配置

【任务描述】

防火墙策略是实现企业网络安全方法的规则。防火墙策略一般包括网络规则、访问规则和服务器发布规则。网络规则定义了网络间能否访问，访问规则定义了网络间怎样进行的访问，服务器发布规则定义了如何让外部网络用户访问内部网络中的服务器。本任务旨在实现：内网允许访问外网，内网可以访问内网服务器，内网用户可以访问内网用户，外网可以访问内网服务器。

【任务准备】

（1）学生 3~5 人一组；

（2）防火墙 1 台，配置线 1 根，直通线 1 根。

【任务实施】

步骤 1：内网允许访问外网设置，如图 9-19 所示。

图 9-19　内网允许访问外网

步骤 2：内网可以访问内网服务器，如图 9-20 所示。

图 9-20　内网可以访问内网服务器

步骤 3：内网用户可以访问内网用户，如图 9-21 所示。

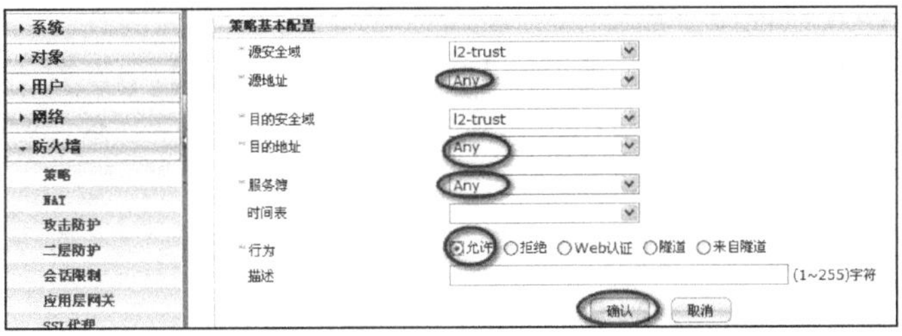

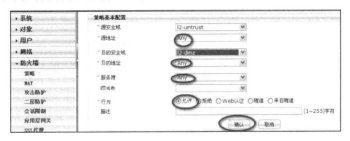

图 9-21　内网用户可以访问内网用户

步骤 4：外网可以访问内网服务器，如图 9-22 所示。

图 9-22　外网可以访问内网服务器

任务 3　用户上网认证配置

【需求描述】

本任务旨在实现当内网用户首次访问 Internet 时，需要通过 Web 认证才能上网。为方便管理，将内网用户划分为三个用户组：xzlgroup、kjlgroup 和 zhlgroup。

【任务准备】

（1）学生 3～5 人分为一组；

（2）防火墙 1 台，配置线 1 根，直通线 1 根。

【任务实现】

步骤 1：开启 Web 认证功能。

防火墙 Web 认证功能默认是关闭状态，需要手工在【网络】→【Web 认证】中将其开启。Web 认证有 HTTP 和 HTTPS 两种模式，这里开启 HTTP 模式，如图 9-23 所示。

图 9-23　开启 Web 认证

步骤 2：创建 AAA 认证服务器。

开启防火墙认证功能后，需要在【用户】→【AAA 服务器】中设置一个认证服务器，防火墙支持本地认证、Radius 认证、Active-Directory 和 LDAP 认证。在本实验中使用防火墙的本地认证，如图 9-24 所示。

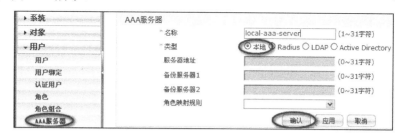

图 9-24　创建 AAA 认证服务器

步骤 3：创建用户组。

（1）设置用户组。本任务中设置了 xzlgroup、kjlgroup 和 zhlgroup 三个用户组。单击"用户"，选择"AAA 服务器"，再选择之前创建好的 local-aaa-server 认证服务器，在该服务器下创建 xzlgroup、kjlgroup 和 zhlgroup 三个用户组。

（2）创建用户组 xzlgroup，如图 9-25 所示。

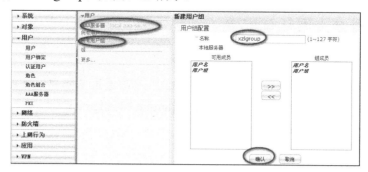

图 9-25　创建用户组 xzlgroup

（3）创建用户组 kjlgroup，如图 9-26 所示。

（4）创建用户组 zhlgroup，如图 9-27 所示。

步骤 4：新建用户。

在 AAA 服务器中选择创建好的 local-aaa-server 认证服务器，在该服务器下创建 xzluser、kjluser 和 zhluser 三个用户。

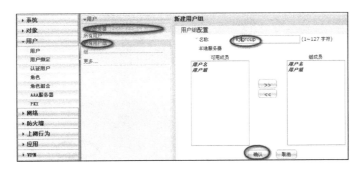

图 9-26　创建用户组 kjlgroup

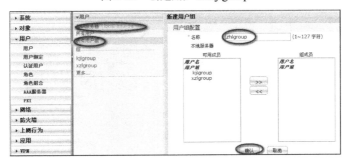

图 9-27　创建用户组 zhlgroup

（1）依次选择【用户】→【用户】，在【用户列表】下，单击【新建用户】，如图 9-28 所示。

图 9-28　用户管理窗口

（2）新建用户：创建用户 xzluser，密码为"123456"，如图 9-29 所示。

图 9-29　创建用户 xzluser

（3）创建用户 kjluser，密码为"123456"，如图 9-30 所示。

（4）创建用户 zhluser，密码为"123456"，如图 9-31 所示。

步骤 5：将用户添加到组。

创建完毕 xzluser、kjluser 和 zhluser 用户以及 xzlgroup、kjlgroup 和 zhlgroup 组后，编辑 xzluser 将其归属到 xzlgroup 组中，编辑 kjluser 将其归属到 kjlgroup 组中，编辑 zhluser 将其归属到 zhlgroup 组中。

图 9-30　创建用户 kjluser

图 9-31　创建用户 zhluser

（1）打开【用户组配置】窗口。选择【local-aaa-server 认证服务器】，在【组】栏中选择【XZLGROUP】组，单击【xzlgroup】下的【编辑】，弹出【xzlgroup】编辑窗口，如图 9-32 所示。

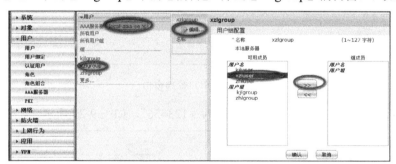

图 9-32　添加用户到组窗口

（2）将 xzluser 添加到 xzlgroup 组中。在【可用成员】的【用户名】下，选择"xzluser"，单击【>>】，将该用户添加到 xzlgroup 组，如图 9-33 所示。

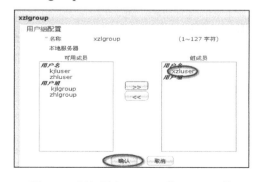

图 9-33　添加用户 xzluser 到 xzlgroup 组

（3）将 kjluser 添加到 kjlgroup 组中，如图 9-34 所示。

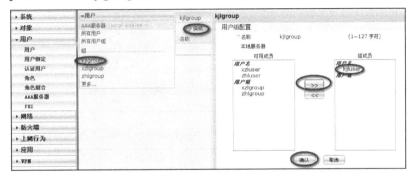

图 9-34　添加 kjluser 用户到 kjlgroup 组

（4）将 zhluser 添加到 zhlgroup 组中，如图 9-35 所示。

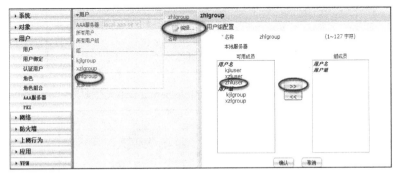

图 9-35　添加 zhluser 用户到 zhlgroup 组

（5）用户添加到组操作完成后，单击"确认"。

步骤 6：角色管理。

（1）创建角色。用户和用户组创建好后，在【用户】→【角色】中设置两个新角色，分别称为 role-permit-web，如图 9-36 所示。

图 9-36　创建角色

（2）创建角色映射规则，将用户组与角色相对应。将 xzlgroup、kjlgroup 和 zhlgroup 用户组和 role-permit-web 角色相对应。

①将用户组 xzlgroup 与 role-permit-web 对应，如图 9-37 所示。

②将用户组 kjlgroup 与 role-permit-web 对应，如图 9-38 所示。

③将用户组 zhlgroup 与 role-permit-web 对应，如图 9-39 所示。

④映射完成之后的条目如图 9-40 所示。

步骤 7：将角色映射规则与 AAA 服务器绑定在用户/AAA 服务器。

将角色映射 role-map1 绑定到 AAA 服务器 loca-aaa-server，如图 9-41 所示。

图 9-37　用户组 xzlgroup 与 role-permit-web 角色对应

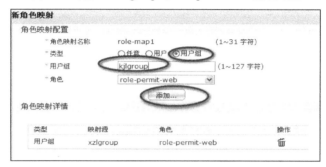

图 9-38　用户组 kjlgroup 与 role-permit-web 角色对应

图 9-39　用户组 zhlgroup 与 role-permit-web 角色对应

图 9-40　用户组与角色

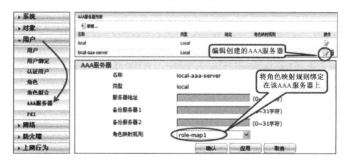

图 9-41　角色绑定

步骤8：创建安全策略，不同角色的用户放行不同的服务。

（1）DNS 服务策略。在安全/策略中设置内网到外网的安全策略，首先在该方向安全策略的第一条设置一个放行 DNS 服务的策略，放行该策略的目的是当我们在 IE 栏中输入某个网站名后，客户端 PC 能够正常对该网站做出解析，然后可以重定向到认证页面上，如图 9-42 所示。

图 9-42　DNS 服务策略

（2）Web 认证策略。在内网到外网的安全策略的第二条我们针对未通过认证的用户UNKNOWN，设置认证的策略，认证服务器选择创建的 local-aaa-server，如图 9-43 所示。

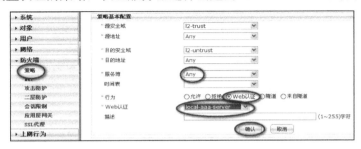

图 9-43　Web 认证策略

（3）Web 认证策略的高级配置，如图 9-44 所示。

（4）对认证用户放行相应的服务。从内网到外网的第三条安全策略中，我们针对认证过的用户放行相应的服务，针对角色 role-permit-web 我们只放行 HTTP 服务，如图 9-45 所示。

（5）策略总结。在"防火墙/策略"中设置了 3 条策略：第一条策略我们只放行 DNS 服务，第二条策略我们针对未通过认证的用户设置认证的安全策略，第三条策略针对角色用户放行服务，如图 9-46 所示。

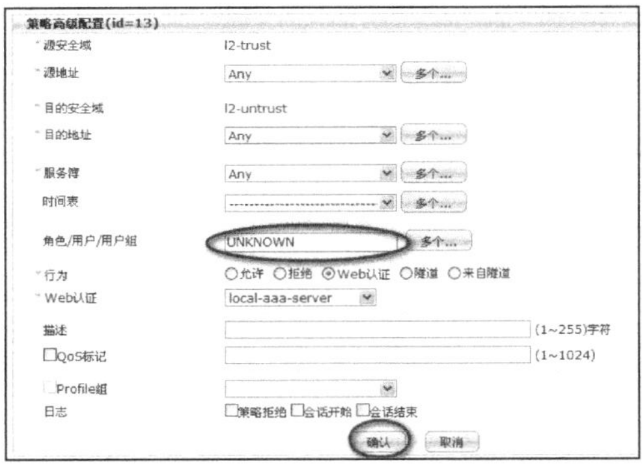

图 9-44　Web 认证策略的高级配置

图 9-45 放行 HTTP 服务

图 9-46 策略总结

步骤 9：用户验证。

（1）内网用户登录。内网用户打开 IE 后输入某网站后可以看到页面马上重定向到认证页面，如图 9-47 所示。

图 9-47 用户认证登录

（2）输入正确的用户名和密码并通过认证后，页面如图 9-48 所示。

图 9-48 用户通过认证

任务4 限制内网用户访问某些网站

【任务描述】

限制内网用户访问某些网站，是通过 URL 过滤实现的。本任务旨在限制内网用户访问百度首页。

【任务准备】

（1）学生 3～5 人一组；

（2）防火墙 1 台，PC 1 台，配置线 1 根，直通线 1 根。

【任务实施】

（1）创建 http-profile 文件。启用 URL 过滤功能，单击【应用】→【HTTP 控制】，在【HTTP Profile 配置】窗口新建一个名称为 http-profile 的文件，【URL 过滤】设置成【启用】，单击【确定】，如图 9-49 所示。

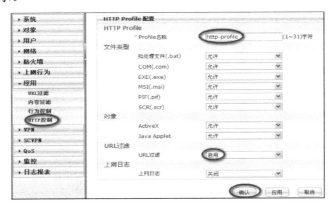

图 9-49 创建 HTTP 控制文件 profile

（2）创建 profile 组，添加 http-profile 文件。单击【对象】→【Profile 组】，在【Profile 组配置】下新建一个名为【profile-group】的 profile 组，并将控制文件 http-profile 加入该 profile 组中，完成后单击【确定】，如图 9-50 所示。

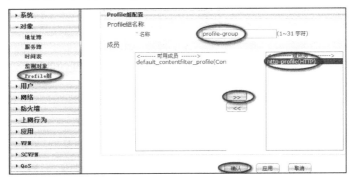

图 9-50 创建 profile 组

（3）设置 URL 过滤规则。单击【应用】→【URL 过滤】，在【URL 过滤配置】中设置 URL 过滤规则，在【黑名单】→【URL】中输入 "http(s)://www.baidu.com"，单击【添加】，将其添加到了黑名单列表中，如图 9-51 所示。单击【确定】，完成 URL 过滤规则的设置。

图 9-51　设置 URL 过滤规则

（4）在安全策略中引用 profile 组。单击【防火墙】→【策略】，在【策略高级配置】下勾选【Profile 组】，选择【profile-group】组，如图 9-52 所示。单击【确定】完成设置。

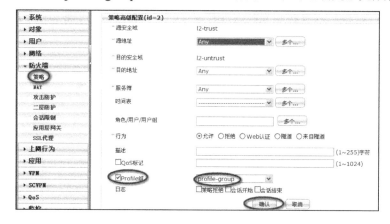

图 9-52　在安全策略中引用 profile 组

（5）完成后的策略列表如图 9-53 所示。

图 9-53　策略列表

（6）验证配置。在 IE 的 URL 地址栏输入"http://www.baidu.com"，会提示访问被拒绝，如图 9-54 所示。

图 9-54　验证配置

任务5 限制上网带宽配置

【任务描述】

公司出口带宽为 50 Mb/s，外网为 eth0/3 接口，内网网段：192.168.0.0/16。本任务实现：P2P 应用限制其下行带宽为 10 Mb/s，上传最大带宽为 5 Mb/s，HTTP 和 SMTP 应用下载保障 20 Mb/s，上传保障 10 Mb/s。

【任务准备】

（1）学生 3~5 人一组；
（2）防火墙 1 台，PC 1 台，配置线 1 根，直通线 1 根。

【任务实施】

步骤 1：指定接口带宽。

在 QoS/接口带宽中，默认带宽为物理最高支持带宽。用户需要根据实际带宽值指定接口上/下行带宽，指定接口出口 ISP 承诺带宽值。如需使用弹性 QoS 功能，需点击开启弹性 QoS 全局配置，如图 9-55 所示。

当启用弹性 QoS 功能时，用户可以为全局弹性 QoS 设置最大和最小两个门限制，默认最小门限值为 75%，默认最大门限值为 85%。默认情况下，开启弹性 QoS 功能后，当出口带宽利用率小于 75% 时，用户可以使用的实际带宽缓慢地呈线性增长（用户可配置该增长速率）；当带宽利用率达到 85% 时，用户使用的带宽呈指数减小，直到实际限定的带宽；当接口带宽使用率在最小门限和最大门限之间时，弹性 QoS 处于稳定状态，即用户带宽不会增加也不会减小。

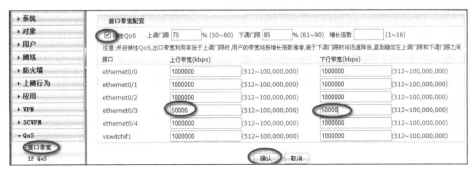

图 9-55　指定端口带宽

步骤 2：开启应用识别。

防火墙默认不对带*号的服务做应用层识别，如需对 BT、迅雷等应用做基于应用的 QoS 控制，需要开启外网安全域的应用识别功能。在【网络】→【安全域】中针对外网口所属的安全域启用应用识别，如图 9-56 所示。

匹配 IP 地址条目可以添加多条，类型支持 IP 范围和地址簿两种方式。接口绑定可以是内网接口或外网接口，绑定到该接口的 QoS 策略对流经该接口的所有限定 IP 范围内的流量都有效。绑定到外网接口时上下行控制策略对应内网用户上传/下载绑定到内网接口上下行对应下载/上传。

图 9-56　开启应用识别

步骤 3：配置应用 QoS 策略（限制 P2P）。

在【QoS】→【应用 QoS】中配置应用 Q 策略，限制 P2P 应用下行带宽为 10 Mb/s，上传最大带宽为 5 Mb/s，如图 9-57 所示。

图 9-57　配置应用 QoS 策略

应用 QoS 全局有效，对流经该绑定接口的所有限制服务的流量都生效。匹配应用条目可以添加多个，类型支持预定义服务（组）或自定义服务（组）。

步骤 4：应用 QoS 策略——保障正常应用。

在【QoS】→【应用 QoS】中设置应用 Q 策略，HTTP 和 SMTP 应用上行保障 10 Mb/s，如图 9-58 所示。

图 9-58　应用 QoS 策略

步骤 5：显示已配置的应用 Q 策略。

添加策略后，会在应用 QoS 列表中显示，如果有多条策略的应用重叠，请单击策略右侧箭头移动策略位置，从上至下第一条匹配到的策略生效。如需修改策略，可单击策略右侧编辑，如图 9-59 所示。

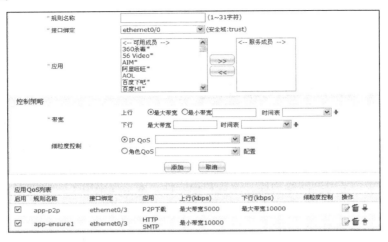

图 9-59　配置的应用 Q 策略

项目 10 综合案例

案例 1 飞翔科技网络工程

飞翔科技有限责任公司网络工程,是一个连接同一城市的两栋楼房。公司从 ISP 处申请了 202.96.64.200～202.96.64.203 共四个公网 IP 地址。要求全公司能够访问 Internet,公司内部 Web 服务器在为公司内部服务的同时,还能够在 Internet 上访问,向 Internet 用户提供 FTP 服务。根据公司要求,考虑到网络规模、流量和稳定性,本工程采用了三层模型,即接入层、汇聚层和核心层。公司主干网络是核心,每栋建筑物是汇聚层,每个楼层是接入层。

本案例网络拓扑如图 10-1 所示。

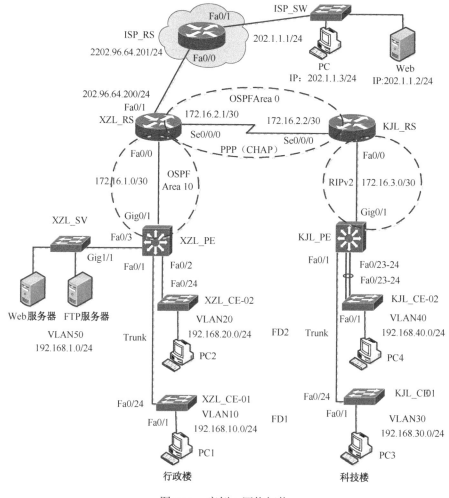

图 10-1 案例 1 网络拓扑

本案例项目工单如表 10-1 所示。

表 10-1 案例 1 项目工单

工程建设中心	工程名称	飞翔科技网络工程		工单号		003	流水号		2014**6
	地址	沈阳		联系人		张伟	联系电话		139******66
	路由器	Cisco 2811 4 台		交换机		Cisco 3560 2 台		Cisco 2960 4 台	
	经办人	王小强		发件时间					
	施工单位	朝阳网络公司		设备厂家			红山网络设备公司		
	备注	全网设备远程管理登录密码		cisco		特权模式密码		admin	

行政楼	路由器 XZL_RS Cisco 2811	管理 IP	VLAN1	10.0.1.1/24		
		上连端口	Fa0/1	200.1.1.1/24		
		右连端口	Se0/0/0	172.16.2.1/30		OSPF Area 0
		下连端口	Fa0/0	172.16.1.1/30		OSPF Area 10
	核心汇聚交换机 Cisco 3560 XZL_PE	管理 IP	VLAN1	10.0.1.2/24		
		上连端口	Gig0/1	172.16.1.2/30		OSPF Area 10
		下连端口	Fa0/1	TO-XZL_CE-01-Fa0/24		Trunk
			Fa0/2	TO-XZL_CE-02-Fa0/24		
		左边端口	Fa0/3	TO-XZL_SV-Gig0/1/		192.168.1.254/24
		DHCP	VLAN10	192.168.10.0/24	网关	192.168.10.254
			VLAN20	192.168.20.0/24	网关	192.168.20.254
			不分配的 IP 地址		192.168.10.81～192.168.10.254	
			不分配的 IP 地址		192.168.20.51～192.168.20.254	
	接入交换机 XZL_CE-01	管理 IP	VLAN1	10.0.1.3/24		
		上连端口	Fa0/24	Trunk	VLAN10	Fa0/1-20
		下连端口	Fa0/1	PC1	192.168.10.2/24	
	接入交换机 XZL_CE-02	管理 IP	VLAN1	10.0.1.4/24		
		上连端口	Fa0/24	Trunk	VLAN20	Fa0/1-20
		下连端口	Fa0/1	PC2	192.168.20.2/24	
	接入交换机 XZL_SV	管理 IP	VLAN1	10.0.1.5/24		
		上连端口	Fa0/24	Trunk	VLAN50	Fa0/1-18
		下连端口	Fa0/1	Web 服务器	192.168.1.2/24	
			Fa0/2	FTP 服务器	192.168.1.3/24	
科技楼	路由器 KJL_RS Cisco 2811	管理 IP	VLAN1	10.0.1.6/24		
		左连端口	Se0/0/0	172.16.2.2/30		OSPF Area 0
		下连端口	Fa0/0	172.16.3.1/30		RIPv2
	核心汇聚交换机 Cisco 3560 KJL_PE	管理 IP	VLAN1	10.0.1.7/24		
		上连端口	Fa0/24	172.16.3.2/30		RIPv2
		下连端口	Fa0/1	TO-KJL_CE-01-Fa0/24		Trunk
			Fa0/2	TO-KJL_CE-02-Fa0/24		
		DHCP	VLAN30	192.168.30.0/24	网关	192.168.30.254
			VLAN40	192.16840.0/24	网关	192.168.40.254
	接入交换机 KJL_CE-01	管理 IP	VLAN1	10.0.1.8/24		
		上连端口	Fa0/24	Trunk	VLAN30	Fa0/1-22
		下连端口	Fa0/1	PC3	192.168.30.2/24	
	接入交换机 KJL_CE-02	管理	VLAN1	10.0.1.9/24		
		上连端口	Fa0/24	Trunk	VLAN40	Fa0/1-20
		下连端口	Fa0/1	PC4	192.168.40.2/24	

工程需求

（1）路由器 ISP_RS 需求：为了案例完整，ISP 部分需要配置；配置 IP 地址。

（2）路由器 XZL_RS 需求：

➤ 基本功能：配置 IP 地址，管理 IP 地址，远程登录和特权用户密码；

➤ 路由功能：配置 OSPF 协议，配置默认路由、直连路由重分发，使全网互通；

➤ 安全功能：配置 PPP，配置 CHAP 验证，本路由器为验证方，口令为"123456"；

➤ NAT 功能：配置 NAT，隔离外网对内网的访问，将公司的 Web 服务器、FTP 服务器发布到互联网上。

（3）路由器 KJL_RS 需求：

➤ 基本功能：管理 IP 地址，远程登录和特权用户密码；

➤ 路由功能：配置 OSPF 协议、RIP、路由重分发，使全网互通；

➤ 安全功能：配置 PPP，配置 CHAP 验证，此路由器为被验证方，口令为"123456"。

（4）核心汇聚交换机 XZL_PE 需求：

➤ 基本功能：配置 IP 地址、配置 VLAN 信息；

➤ 路由功能：配置 OSPF 协议，使全网互通；

➤ 配置 DHCP 服务，为 VLAN10 和 VLAN20 分配 IP 地址；

➤ 安全功能：不允许 VLAN10 与 VLAN20 进行互访，其他不受限制。

（5）接入交换机 XZL_CE-01 需求：配置 Trunk 端口，创建 VLAN 并为其添加端口。

（6）接入交换机 XZL_CE-02 需求：配置 Trunk 端口，创建 VLAN 并为其添加端口。

（7）接入交换机 XZL_SR 需求：配置 Trunk 端口，创建 VLAN 并为其添加端口。

（8）核心汇聚交换机 KJL_PE 需求：

➤ 基本功能：配置 IP 地址和 VLAN 信息，配置 Fa0/1 为 Trunk 端口，配置 Fa0/23-Fa0/24 为端口聚合；

➤ 路由功能：配置 RIPv2 路由协议，使全网互通；

➤ 配置 DHCP 服务，为 VLAN10 和 VLAN20 分配 IP 地址。

（9）接入交换机 KJL_CE-01 需求：

➤ 基本功能：配置 VLAN 信息；

➤ 接口功能：将接口 fa0/1～225 加入 VLAN30。

（10）接入交换机 KJL_CE-02 需求：

➤ 基本功能：配置 VLAN 信息，配置 Fa0/24 端口为 Trunk 模式，将接口 Fa0/23-Fa0/24 配置为端口聚合；

➤ 接口功能：将接口 fa0/1～Fa0/20 加入 VLAN40。

参考配置

1. 配置路由器 ISP_RS

```
Router(config)#hostname ISP_RS
ISP_RS(config)#interface fastEthernet 0/0
ISP_RS(config-if)#ip address 202.96.64.201 255.255.255.0
ISP_RS(config-if)#no shutdown
ISP_RS(config-if)#exit
```

```
ISP_RS(config)#interface fastEthernet 0/1
ISP_RS(config-if)#ip address 202.1.1.1 255.255.255.0
ISP_RS(config-if)#no shutdown
```

2. 配置路由器 XZL_RS

（1）基本功能：配置路由器名称、Telnet 登录、端口 IP 地址等。

```
Router(config)#hostname XZL_RS
XZL_RS(config)#interface vlan 1      //配置管理 IP 地址
XZL_RS(config-if)#ip address 10.0.1.1 255.255.255.0
XZL_RS(config-if)#no shutdown
XZL_RS(config-if)#exit
XZL_RS(config)#line vty 0 4
XZL_RS(config-line)#password cisco      //配置 Telnet 登录密码
XZL_RS(config-line)#login
XZL_RS(config-line)#exit
XZL_RS(config)#enable password admin      //配置特权模式明文密码
XZL_RS(config)#interface fastEthernet 0/0      //配置接口的 IP 地址
XZL_RS(config-if)#ip address 172.16.1.1 255.255.255.252
XZL_RS(config-if)#no shutdown
XZL_RS(config-if)#exit
XZL_RS(config)#interface fastEthernet 0/1
XZL_RS(config-if)#ip address 202.96.64.200 255.255.255.0
XZL_RS(config-if)#no shutdown
XZL_RS(config-if)#exit
XZL_RS(config)#interface serial 0/0/0
XZL_RS(config-if)#ip address 172.16.2.1 255.255.255.252
XZL_RS(config-if)#clock rate 64000
XZL_RS(config-if)#no shutdown
XZL_RS(config-if)#exit
```

（2）路由功能：配置 OSPF 协议，使网络互通。

```
XZL_RS(config)#router ospf 1
XZL_RS(config-router)#network 172.16.2.0 255.255.255.252 area 0
XZL_RS(config-router)#network 172.16.1.0 255.255.255.252 area 10
XZL_RS(config-router)#exit
```

（3）安全功能：配置 PPP 的 CHAP 验证，本路由器为验证方，口令为"123456"。

```
XZL_RS(config)#interface serial 0/0/0
XZL_RS(config-if)#encapsulation ppp
XZL_RS(config-if)#ppp authentication chap
XZL_RS(config-if)#exit
XZL_RS(config)#username KJL_RS password 123456
```

（4）NAT 功能：配置 NAT，内网中的 VLAN10、VLAN20、VLAN30 和 VLAN40 能够通

过 PAT 方式访问互联网，将公司的 Web 服务器和 FTP 服务器发布到互联网上。Web 服务器广域网 IP 地址是 202.96.64.200/24，FTP 服务器的广域网 IP 是 202.96.64.203/24。

```
XZL_RS(config)#ip route 0.0.0.0 0.0.0.0 fastEthernet 0/1     //配置指向公网的默认路由
XZL_RS(config)#router ospf 1
XZL_RS(config-router)#default-information originate     //默认路由重分发
XZL_RS(config-router)#exit
XZL_RS(config)#access-list 1 permit 192.168.10.0 0.0.0.255   //定义访问控制列表
XZL_RS(config)#access-list 1 permit 192.168.20.0 0.0.0.255
XZL_RS(config)#access-list 1 permit 192.168.30.0 0.0.0.255
XZL_RS(config)#access-list 1 permit 192.168.40.0 0.0.0.255
XZL_RS(config)#ipnat inside source list 1 interface fastEthernet 0/1 overload     //配置 PAT
XZL_RS(config)#ipnat inside source static tcp 192.168.1.2 80 202.96.64.202 80     //配置 Web 服务器
XZL_RS(config)#ipnat inside source static tcp 192.168.1.3 21 202.96.64.203 21     //配置 FTP 服务器
XZL_RS(config)#interface fastEthernet 0/0
XZL_RS(config-if)#ipnat inside
XZL_RS(config-if)#exit
XZL_RS(config)#interface serial 0/0/0
XZL_RS(config-if)#ipnat inside
XZL_RS(config-if)#exit
XZL_RS(config)#interface fastEthernet 0/1
XZL_RS(config-if)#ipnat outside
```

3. 配置路由器 KJL_RS

（1）基本功能：配置标识符、管理 IP、端口 IP 地址、远程登录密码和特权模式密码。

```
Router(config)#hostname KJL_RS
KJL_RS(config)#interface vlan 1
KJL_RS(config-if)#ip address 10.0.1.6 255.255.255.0
KJL_RS(config-if)#no shutdown
KJL_RS(config-if)#exit
KJL_RS(config)#line vty 0 4
KJL_RS(config-line)#password cisco
KJL_RS(config-line)#login
KJL_RS(config-line)#exit
KJL_RS(config)#enable password admin
KJL_RS(config)#interface serial 0/0/0
KJL_RS(config-if)#ip address 172.16.2.2 255.255.255.252
KJL_RS(config-if)#no shutdown
KJL_RS(config-if)#exit
KJL_RS(config)#interface fastEthernet 0/0
KJL_RS(config-if)#ip address 172.16.3.1 255.255.255.252
KJL_RS(config-if)#no shutdown
KJL_RS(config-if)#exit
```

（2）路由功能：配置 OSPF 协议、RIP 和路由重分发，使全网互通。

```
KJL_RS(config)#router ospf 1
KJL_RS(config-router)#network 172.16.2.0 255.255.255.252 area 0
KJL_RS(config-router)#exit
KJL_RS(config)#router rip
KJL_RS(config-router)#version 2
KJL_RS(config-router)#no auto-summary
KJL_RS(config-router)#network 172.16.3.0
KJL_RS(config-router)#exit
KJL_RS(config)#router rip
KJL_RS(config-router)#version 2
KJL_RS(config-router)#redistribute ospf 1 metric 15
KJL_RS(config-router)#exit
KJL_RS(config)#router ospf 1
KJL_RS(config-router)#redistribute rip subnets
KJL_RS(config-router)#exit
```

（3）安全功能：配置 PPP 的 CHAP 验证，此路由器为被验证方，口令为"123456"。

```
KJL_RS(config)#interface serial 0/0/0
KJL_RS(config-if)#cncapsulationppp
KJL_RS(config-if)#encapsulation ppp
KJL_RS(config-if)#exit
KJL_RS(config)#username XZL_RS password 123456
```

4. 配置核心汇聚交换机 XZL_PE

（1）基本功能：配置标识符、管理 IP、端口 IP 地址、远程登录密码和特权模式密码，配置 VLAN 信息、Trunk 链路。

```
Switch(config)#hostname XZL_PE
XZL_PE(config)#interface vlan 1
XZL_PE(config-if)#ip address 10.0.1.2 255.255.255.0
XZL_PE(config-if)#no shutdown
XZL_PE(config-if)#exit
XZL_PE(config)#line vty 0 4
XZL_PE(config-line)#password cisco
XZL_PE(config-line)#login
XZL_PE(config-line)#exit
XZL_PE(config)#enable secret admin
XZL_PE(config)#ip routing
XZL_PE(config)#interface gigabitEthernet 0/1
XZL_PE(config-if)#no switchport
XZL_PE(config-if)#ip address 172.16.1.2 255.255.255.252
XZL_PE(config-if)#no shutdown
XZL_PE(config-if)#exit
XZL_PE(config)#interface range fastEthernet 0/1-2
XZL_PE(config-if-range)#switchport trunk encapsulation dot1q
```

```
XZL_PE(config-if-range)#switchport mode trunk
XZL_PE(config-if-range)#exit
XZL_PE(config)#interface fastEthernet 0/3
XZL_PE(config-if)#no switchport
XZL_PE(config-if)#ip address 192.168.1.254 255.255.255.0
XZL_PE(config-if)#no shutdown
XZL_PE(config-if)#exit
XZL_PE(config)#vlan 10
XZL_PE(config-vlan)#exit
XZL_PE(config)#vlan 20
XZL_PE(config-vlan)#exit
XZL_PE(config)#interface vlan 10
XZL_PE(config-if)#ip address 192.168.10.254 255.255.255.0
XZL_PE(config-if)#no shutdown
XZL_PE(config-if)#exit
XZL_PE(config)#interface vlan 20
XZL_PE(config-if)#ip address 192.168.20.254 255.255.255.0
XZL_PE(config-if)#no shutdown
XZL_PE(config-if)#exit
```

（2）配置 DHCP 服务。

```
XZL_PE(config)#ipdhcp pool vlan10
XZL_PE(dhcp-config)#network 192.168.10.0 255.255.255.0
XZL_PE(dhcp-config)#default-router 192.168.10.254
XZL_PE(dhcp-config)#dns-server 202.96.64.68
XZL_PE(dhcp-config)#exit
XZL_PE(config)#ipdhcp excluded-address 192.168.10.81 192.168.10.254
XZL_PE(config)#ipdhcp pool vlan20
XZL_PE(dhcp-config)#network 192.168.20.0 255.255.255.0
XZL_PE(dhcp-config)#default-router 192.168.20.254
XZL_PE(dhcp-config)#dns-server 202.96.64.68
XZL_PE(dhcp-config)#exit
XZL_PE(config)#ipdhcp excluded-address 192.168.20.51 192.168.20.254
```

（3）路由功能：配置 OSPF 协议，将直连路由重分发到 OSPF 协议，使全网互通。

```
XZL_PE(config)#router ospf 1
XZL_PE(config-router)#network 172.16.1.0 255.255.255.252 area 10
XZL_PE(config-router)#exit
XZL_PE(config)#router ospf 1
XZL_PE(config-router)#redistribute connected subnets
```

5. 配置接入交换机 XZL_CE-01

配置标识符、管理 IP、端口 IP 地址、远程登录密码和特权模式密码、Trunk 端口，创建 VLAN 并为其添加端口。

```
Switch(config)#hostname XZL_CE-01
XZL_CE-01(config)#interface vlan 1
XZL_CE-01(config-if)#ip address 10.0.1.3 255.255.255.0
XZL_CE-01(config-if)#no shutdown
XZL_CE-01(config-if)#exit
XZL_CE-01(config)#line vty 0 4
XZL_CE-01(config-line)#password cisco
XZL_CE-01(config-line)#login
XZL_CE-01(config-line)#exit
XZL_CE-01(config)#enable secret admin
XZL_CE-01(config)#interface fastEthernet 0/24
XZL_CE-01(config-if)#switchport mode trunk
XZL_CE-01(config-if)#exit
XZL_CE-01(config)#vlan 10
XZL_CE-01(config-vlan)#exit
XZL_CE-01(config)#interface range fastEthernet 0/1-20
XZL_CE-01(config-if-range)#switchport access vlan 10
```

6. 配置接入交换机 XZL_CE-02

配置标识符、管理 IP、端口 IP 地址、远程登录密码和特权模式密码、Trunk 端口，创建 VLAN 并为其添加端口。

```
Switch(config)#hostname XZL_CE-02
XZL_CE-02(config)#interface vlan 1
XZL_CE-02(config-if)#ip address 10.0.1.4 255.255.255.0
XZL_CE-02(config-if)#no shutdown
XZL_CE-02(config-if)#exit
XZL_CE-02(config)#line vty 0 4
XZL_CE-02(config-line)#password cisco
XZL_CE-02(config-line)#login
XZL_CE-02(config-line)#exit
XZL_CE-02(config)#enable secret admin
XZL_CE-02(config)#interface fastEthernet 0/24
XZL_CE-02(config-if)#switchport mode trunk
XZL_CE-02(config-if)#exit
XZL_CE-02(config)#vlan 20
XZL_CE-02(config-vlan)#exit
XZL_CE-02(config)#interface range fastEthernet 0/1-20
XZL_CE-02(config-if-range)#switchport access vlan 20
```

7. 配置接入交换机 XZL_SV

```
Switch(config)#hostname XZL_SV
XZL_SV(config)#interface vlan 1
XZL_SV(config-if)#ip address 10.0.1.5 255.255.255.0
```

```
XZL_SV(config-if)#no shutdown
XZL_SV(config-if)#exit
XZL_SV(config)#line vty 0 4
XZL_SV(config-line)#password cisco
XZL_SV(config-line)#login
XZL_SV(config-line)#exit
XZL_SV(config)#enable secret admin
```

8. 配置核心汇聚交换机 KJL_PE

（1）基本功能：配置标识符、管理 IP、端口 IP 地址、远程登录密码和特权模式密码，配置 VLAN 信息、Trunk 链路和端口聚合。

```
Switch(config)#hostname KJL_PE
KJL_PE(config)#interface vlan 1
KJL_PE(config-if)#ip address 10.0.1.7 255.255.255.0
KJL_PE(config-if)#no shutdown
KJL_PE(config-if)#exit
KJL_PE(config)#line vty 0 4
KJL_PE(config-line)#password cisco
KJL_PE(config-line)#login
KJL_PE(config-line)#exit
KJL_PE(config)#enable secret admin
KJL_PE(config)#ip routing
KJL_PE(config)#interface gigabitEthernet 0/1
KJL_PE(config-if)#no switchport
KJL_PE(config-if)#ip address 172.16.3.2 255.255.255.252
KJL_PE(config-if)#no shutdown
KJL_PE(config-if)#exit
KJL_PE(config)#interface fastEthernet 0/1
KJL_PE(config-if)#switchport trunk encapsulation dot1q
KJL_PE(config-if)#switchport mode trunk
KJL_PE(config-if)#exit
KJL_PE(config)#interface range fastEthernet 0/23-24
KJL_PE(config-if-range)#channel-group 1 mode on
KJL_PE(config-if-range)#exit
KJL_PE(config)#interface port-channel 1
KJL_PE(config-if)#switchport trunk encapsulation dot1q
KJL_PE(config-if)#switchport mode trunk
```

（2）路由功能：配置 RIPv2 路由协议，并配置直连路由重分发到 RIPv2，使全网互通。

```
KJL_PE(config)#router rip
KJL_PE(config-router)#version 2
KJL_PE(config-router)#network 172.16.3.0
KJL_PE(config-router)#exit
```

```
KJL_PE(config)#router rip
KJL_PE(config-router)#version 2
KJL_PE(config-router)#redistribute connected
KJL_PE(config-router)#exit
```

（3）配置 DHCP 服务。

```
KJL_PE(config)#vlan 30
KJL_PE(config-vlan)#exit
KJL_PE(config)#vlan 40
KJL_PE(config-vlan)#exit
KJL_PE(config)#interface vlan 30
KJL_PE(config-if)#ip address 192.168.30.254 255.255.255.0
KJL_PE(config-if)#exit
KJL_PE(config)#interface vlan 40
KJL_PE(config-if)#ip address 192.168.40.254 255.255.255.0
KJL_PE(config-if)#exit
KJL_PE(config)#ipdhcp pool vlan30
KJL_PE(dhcp-config)#network 192.168.30.0 255.255.255.0
KJL_PE(dhcp-config)#default-router 192.168.30.254
KJL_PE(dhcp-config)#dns-server 202.96.64.68
KJL_PE(dhcp-config)#exit
KJL_PE(config)#ipdhcp excluded-address 192.168.30.51 192.168.30.254
KJL_PE(config)#ipdhcp pool vlan40
KJL_PE(dhcp-config)#network 192.168.40.0 255.255.255.0
KJL_PE(dhcp-config)#default-router 192.168.40.254
KJL_PE(dhcp-config)#dns-server 202.96.64.68
KJL_PE(dhcp-config)#exit
KJL_PE(config)#ipdhcp excluded-address 192.168.40.51 192.168.40.254
```

9. 配置接入交换机 KJL_CE-01

配置标识符、管理 IP、端口 IP 地址、远程登录密码和特权模式密码、Trunk 端口，创建 VLAN 并为其添加端口。

```
Switch(config)#hostname KJL_CE-01
KJL_CE-01(config)#interface vlan 1
KJL_CE-01(config-if)#ip address 10.0.1.8 255.255.255.0
KJL_CE-01(config-if)#no shutdown
KJL_CE-01(config-if)#exit
KJL_CE-01(config)#line vty 0 4
KJL_CE-01(config-line)#password cisco
KJL_CE-01(config-line)#login
KJL_CE-01(config-line)#exit
```

```
KJL_CE-01(config)#enable secret admin
KJL_CE-01(config)#interface fastEthernet 0/24
KJL_CE-01(config-if)#switchport mode trunk
KJL_CE-01(config-if)#exit
KJL_CE-01(config)#vlan 30
KJL_CE-01(config-vlan)#exit
KJL_CE-01(config)#interface range fastEthernet 0/1-22
KJL_CE-01(config-if-range)#switchport access vlan 30
```

10. 配置接入交换机 KJL_CE-02

```
Switch(config)#hostname KJL_CE-02
KJL_CE-02(config)#interface vlan 1
KJL_CE-02(config-if)#ip address 10.0.1.9 255.255.255.0
KJL_CE-02(config-if)#no shutdown
KJL_CE-02(config-if)#exit
KJL_CE-02(config)#line vty 0 4
KJL_CE-02(config-line)#password cisco
KJL_CE-02(config-line)#login
KJL_CE-02(config-line)#exit
KJL_CE-02(config)#enable secret admin
KJL_CE-02(config)#vlan 40
KJL_CE-02(config-vlan)#exit
KJL_CE-02(config)#interface range fastEthernet 0/1-22
KJL_CE-02(config-if-range)#switchport access vlan 40
KJL_CE-02(config-if-range)#exit
KJL_CE-02(config)#interface range fastEthernet 0/23-24
KJL_CE-02(config-if-range)#channel-group 1 mode on
KJL_CE-02(config-if-range)#exit
KJL_CE-02(config)#interface port-channel 1
KJL_CE-02(config-if)#switchport mode trunk
```

案例 2   汉翔科技网络工程

汉翔科技有限责任公司有两栋建筑。公司从 ISP 处申请了 202.96.64.200～202.96.64.203
共四个公网 IP 地址。要求全公司能访问 Internet，公司内部 Web 服务器在为公司内部服务的
同时，要能够在 Internet 上访问，要向 Internet 用户提供 FTP 服务。根据公司要求，考虑到网
络规模、流量和稳定性，本工程采用了双核心、三层模型。双核心采用生成树和 HSRP 实现网
络的冗余备份和负载均衡。公司主干网络作为核心，每栋建筑物作为汇聚层，每个楼层作为接
入层。

本案例网络拓扑如图 10-2 所示。

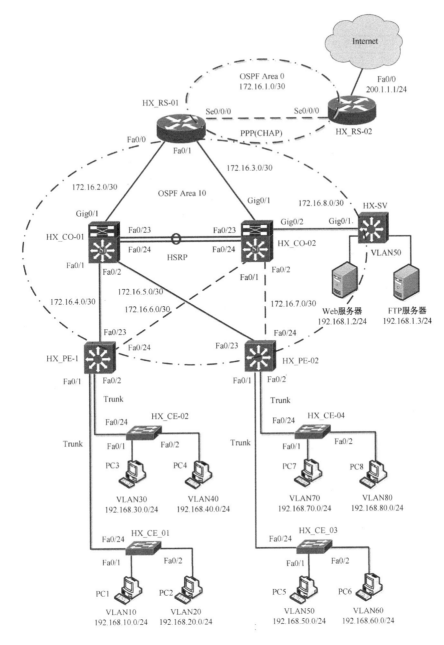

图 10-2　案例 2 网络拓扑

本案例项目工单如表 10-2 所示。

表 10-2　案例 2 项目工单

工程建设中心	工程名称	汉翔科技网络工程		工单号	005	流水号	2014**6
	地址	沈阳	联系人	张伟	联系电话		139******67
	路由器	Cisco 2811　2 台		核心交换机		Cisco 3560 2 台	
	汇聚交换机	Cisco 3560 2 台		接入交换机		Cisco 2960 5 台	
	经办人	王小强		发件时间			
	施工单位	朝阳网络公司		设备厂家		红山网络设备公司	
	备注	全网设备远程管理登录密码		Cisco	特权模式密码		admin

设备	端口类型	端口	IP/说明		协议/说明
路由器 HX_RS-01 Cisco 2811	管理 IP	VLAN1	10.0.1.1/24		
	右连端口	Se0/0/0	172.16.1.1/30		OSPF Area 0
	下连端口	Fa0/0	172.16.2.1/30		OSPF Area 10
		Fa0/1	172.16.3.1/30		
路由器 HX_RS-02 Cisco 2811	管理 IP	VLAN1	10.0.1.2/24		
	左连端口	Se0/0/0	172.16.1.2/30		OSPF Area 0
	上连端口	Fa0/1	200.1.1.1/24		NAT、PAT
	服务器	Web 服务器	202.96.64.201/24		静态 NAT
		FTP 服务器	202.96.64.201/24		
核心交换机 HX_CO-01 Cisco 3560	管理 IP	VLAN1	10.0.1.3/24		
	上连端口	Gig0/1	172.16.2.2/30		OSPF Area10
	左连端口	Fa0/23-24	Trunk		链路聚合
	下连端口	Fa0/1	172.16.4.1/30		OSPF Area10
		Fa0/2	172.16.5.1/30		
	HSRP	VLAN10	192.168.10.0/24	网关	192.168.10.254
		VLAN20	192.168.20.0/24	网关	192.168.20.254
		VLAN30	192.168.40.0/24	网关	192.168.30.254
		VLAN40	192.168.40.0/24	网关	192.168.40.254
核心交换机 HX_CO-02 Cisco 3560	管理 IP	VLAN1	10.0.1.4/24		
	上连端口	Gig0/1	172.16.3.2/30		OSPF Area10
	左连端口	Fa0/23-24	Trunk		链路聚合
	下连端口	Fa0/1	172.16.6.1/30		OSPF Area10
		Fa0/2	172.16.7.1/30		
	右连端口	Gig0/2	172.16.8.1/30		
	DHCP （HSRP）	VLAN10	192.168.10.0/24	网关	192.168.10.254
		VLAN20	192.168.20.0/24	网关	192.168.20.254
		VLAN30	192.168.40.0/24	网关	192.168.30.254
		VLAN40	192.168.40.0/24	网关	192.168.40.254
汇聚交换机 HX_PE-01 Cisco 3560	管理 IP	VLAN1	10.0.1.5/24		
	上连端口	Fa0/23	172.16.4.2/30		OSPF Area10
		Fa0/24	172.16.6.2/30		
	下连端口	Fa0/1-2	Trunk		
汇聚交换机 HX_PE-02 Cisco 3560	管理 IP	VLAN1	10.0.1.6/24		
	上连端口	Fa0/24	172.16.5.2/30		OSPF Area10
		Fa0/23	172.16.7.2/30		
	下连端口	Fa0/1-2	Trunk		
接入交换机 HX_CE-01 Cisco 2960	管理 IP	VLAN1	10.0.1.7/24		
	上连端口	Fa0/24	Trunk		
	VLAN	VLAN10	Fa0/1-10		
		VLAN20	Fa0/11-20		
	下连端口	Fa0/1	PC1		192.168.10.0/24
		Fa0/11	PC2		192.168.20.0/24
接入交换机 HX_CE-02 Cisco 3560	管理 IP	VLAN1	10.0.1.8/24		
	上连端口	Fa0/24	Trunk		
	VLAN	VLAN30	Fa0/1-10		
		VLAN40	Fa0/11-20		
	下连端口	Fa0/1	PC3		192.168.30.0/24
		Fa0/11	PC4		192.168.40.0/24

	管理 IP	VLAN1	10.0.1.9/24	
接入交换机 HX_CE-03 Cisco 2960	上连端口	Fa0/24	Trunk	
	VLAN	VLAN50	Fa0/1-10	
		VLAN60	Fa0/11-20	
	下连端口	Fa0/1	PC5	192.168.50.0/24
		Fa0/11	PC6	192.168.60.0/24
接入交换机 HX_CE-04 Cisco 2960	管理 IP	VLAN1	10.0.1.10/24	
	上连端口	Fa0/24	Trunk	
	VLAN	VLAN70	Fa0/1-10	
		VLAN80	Fa0/11-20	
	下连端口	Fa0/1	PC7	192.168.70.0/24
		Fa0/11	PC8	192.168.80.0/24
接入交换机 HX_SV Cisco 2960	管理 IP	VLAN1	10.0.1.11/24	
	上连端口	Gig0/1	172.16.8.2/30	静态路由
	下连端口	Fa0/1	Web 服务	192.168.50.2/24
		Fa0/2	FTP 服务	192.168.50.3/24
	VLAN	VLAN50	192.168.1.254/24	

工程需求

（1）路由器 HX_RS-01 需求：

➢ 基本功能：配置 IP 地址，Telnet 登录，远程登录密码和特权模式密码；

➢ 路由功能：配置 OSPF 协议，使全网互通；

➢ 安全功能：配置 PPP，配置 CHAP 双向验证，口令为"123456"。

（2）路由器 HX_RS-02 需求：

➢ 基本功能：配置 IP 地址，Telnet 登录，远程登录密码和特权模式密码；

➢ 路由功能：配置 OSPF 协议，路由重分发，使全网互通；

➢ NAT 功能：配置 NAT，内网中的 VLAN 能够通过地址 202.96.64.200 访问互联网，将 FTP、Web 服务器的 FTP、Web 服务发布到互联网上，其公网 IP 地址为 202.96.64.201；

➢ 安全功能：配置 PPP，配置 CHAP 双向验证，口令为"123456"。

（3）核心交换机 HX_CO-01 需求：

➢ 基本功能：配置 IP 地址，配置特权模式的密文密码，配置链路聚合；将 Fa0/23-24 两接口配置为链路聚合，并将聚合接口配置为 Trunk 端口；

➢ 路由功能：配置 OSPF 协议，使全网互通；

➢ 优化功能：配置生成树 STP，实现负载均衡，配置 HSRP 实现网关冗余备份。

（4）核心交换机 HX_CO-02 需求：

➢ 基本功能：配置 IP 地址、配置 VLAN 信息，配置链路聚合，将 Fa0/23-24 两接口配置为链路聚合，并将聚合接口配置为 Trunk 端口；

➢ 路由功能：配置 OSPF 协议，使全网互通；

➢ 优化功能：配置生成树 STP，实现负载均衡，配置 HSRP 实现网关冗余备份。

（5）汇聚交换机 HX_PE-01 需求：

➢ 基本功能：配置 VLAN 信息，配置 Trunk 接口，开启三层路由功能；

➢ 路由功能：配置 OSPF 协议，直连路由重分发，使全网互通；

➢ DHCP 服务：配置 DHCP 服务为 VLAN10、VLAN20、VLAN30、VLAN40 分配 IP 地址。

（6）汇聚交换机 HX_PE-02 需求：

➢ 基本功能：配置 VLAN 信息，配置 Trunk 接口，开启三层路由功能；

➢ 路由功能：配置 OSPF 协议，直连路由重分发，使全网互通；

➢ DHCP 服务：配置 DHCP 服务为 VLAN50、VLAN60、VLAN70、VLAN80 分配 IP 地址。

（7）接入交换机 HX_CE-01 需求：配置标识符、管理 IP 地址，创建 VLAN 并为其添加端口，将端口 Fa0/24 配置为 Trunk，将端口 Fa0/1-10 分配给 VLAN10，Fa0/11-20 分配给 VLAN20。

（8）接入交换机 HX_CE-02 需求：配置标识符、管理 IP 地址，创建 VLAN 并为其添加端口，将端口 Fa0/24 配置为 Trunk，将端口 Fa0/1-10 分配给 VLAN30，Fa0/11-20 分配给 VLAN40。

（9）接入交换机 HX_CE-03 需求：配置标识符、管理 IP 地址，创建 VLAN 并为其添加端口，将端口 Fa0/24 配置为 Trunk，将端口 Fa0/1-10 分配给 VLAN50，Fa0/11-20 分配给 VLAN60。

（10）接入交换机 HX_CE-04 需求：配置标识符、管理 IP 地址，创建 VLAN 并为其添加端口，将端口 Fa0/24 配置为 Trunk，将端口 Fa0/1-10 分配给 VLAN70，Fa0/11-20 分配给 VLAN80。

（11）接入交换机 HX_SV 需求：配置标识符、管理 IP 地址，配置 OSPF 协议，创建 VLAN 并为其添加端口，将端口 Fa0/1-10 分配给 VLAN70，Fa0/11-20 分配给 VLAN80。

参考配置

1. 配置路由器 HX_RS-01

（1）基本配置：配置路由器名称、Telnet 登录、端口 IP 地址等。

```
Router(config)#hostname HX_RS-01
HX_RS-01(config)#interface vlan 1
HX_RS-01(config-if)#ip address 10.0.1.1 255.255.255.0
HX_RS-01(config-if)#no shutdown
HX_RS-01(config-if)#exit
HX_RS-01(config)#line vty 0 4
HX_RS-01(config-line)#password cisco
HX_RS-01(config-line)#exit
HX_RS-01(config)#enable secret admin
HX_RS-01(config)#interface serial 0/0/0
HX_RS-01(config-if)#ip address 172.16.1.1 255.255.255.252
HX_RS-01(config-if)#clock rate 64000
HX_RS-01(config-if)#no shutdown
HX_RS-01(config-if)#exit
HX_RS-01(config)#interface fastEthernet 0/0
HX_RS-01(config-if)#ip address 172.16.2.1 255.255.255.252
HX_RS-01(config-if)#no shutdown
HX_RS-01(config-if)#exit
HX_RS-01(config)#interface fastEthernet 0/1
HX_RS-01(config-if)#ip address 172.16.3.1 255.255.255.252
HX_RS-01(config-if)#no shutdown
```

（2）配置路由：配置 OSPF 协议，使全网互通。

```
HX_RS-01(config)#router ospf 1
HX_RS-01(config-router)#network 172.16.1.0 255.255.255.252 area 0
HX_RS-01(config-router)#network 172.16.2.0 255.255.255.252 area 10
HX_RS-01(config-router)#network 172.16.3.0 255.255.255.252 area 10
HX_RS-01(config-router)#exit
HX_RS-01(config)#
```

（3）安全功能配置：配置 PPP，配置 CHAP 双向验证，口令为"123456"。

```
HX_RS-01(config)#interface serial 0/0/0
HX_RS-01(config-if)#encapsulation ppp
HX_RS-01(config-if)#ppp authentication chap
HX_RS-01(config-if)#exit
HX_RS-01(config)#username HX_RS-02 password 123456
```

2. 配置路由器 HX_RS-02

（1）基本配置：配置路由器名称、Telnet 登录、端口 IP 地址等。

```
Router(config)#hostname HX_RS-02
HX_RS-02(config)#interface vlan 1
HX_RS-02(config-if)#ip address 10.0.1.2 255.255.255.0
HX_RS-02(config-if)#no shutdown
HX_RS-02(config-if)#exit
HX_RS-02(config)#enable secret admin
HX_RS-02(config)#interface serial 0/0/0
HX_RS-02(config-if)#ip address 172.16.1.2 255.255.255.252
HX_RS-02(config-if)#no shutdown
HX_RS-02(config-if)#exit
HX_RS-02(config)#interface fastEthernet 0/0
HX_RS-02(config-if)#ip address 202.96.64.200 255.255.255.0
HX_RS-02(config-if)#no shutdown
HX_RS-02(config-if)#exit
```

（2）路由功能配置：配置 OSPF 协议，默认路由重分发，使网络互通。

```
HX_RS-02(config)#router ospf 1
HX_RS-02(config-router)#network 172.16.1.0 255.255.255.252 area 0
HX_RS-02(config-router)#exit
```

（3）安全功能配置：配置 PPP，配置 CHAP 双向验证，口令为"123456"。

```
HX_RS-02(config)#interface serial 0/0/0
HX_RS-02(config-if)#encapsulation ppp
HX_RS-02(config-if)#ppp authentication chap
HX_RS-02(config-if)#exit
HX_RS-02(config)#username HX_RS-01 password 123456
```

（4）NAT 功能配置：配置 NAT，内网中的 VLAN 能够通过 202.96.64.200 访问互联网，将 FTP、Web 服务器的 FTP、Web 服务发布到互联网上，其公网 IP 地址为 202.96.64.201 和 202.96.64.202。

```
HX_RS-02(config)#ip route 0.0.0.0 0.0.0.0 fastEthernet 0/0
HX_RS-02(config)#router ospf 1
HX_RS-02(config-router)#default-information originate
HX_RS-02(config-router)#exit
HX_RS-02(config)#access-list 1 permit 192.168.10.0 0.0.0.255
HX_RS-02(config)#access-list 1 permit 192.168.20.0 0.0.0.255
HX_RS-02(config)#access-list 1 permit 192.168.30.0 0.0.0.255
HX_RS-02(config)#access-list 1 permit 192.168.40.0 0.0.0.255
HX_RS-02(config)#access-list 1 permit 192.168.50.0 0.0.0.255
HX_RS-02(config)#access-list 1 permit 192.168.60.0 0.0.0.255
HX_RS-02(config)#access-list 1 permit 192.168.70.0 0.0.0.255
HX_RS-02(config)#access-list 1 permit 192.168.80.0 0.0.0.255
HX_RS-02(config)#ipnat inside source list 1 interface fastEthernet 0/0 overload
HX_RS-02(config)#ipnat inside source static tcp 192.168.1.2 80 202.96.64.201 80
HX_RS-02(config)#ipnat inside source static tcp 192.168.1.2 80 202.96.64.202 21
HX_RS-02(config)#interface serial 0/0/0
HX_RS-02(config-if)#ipnat inside
HX_RS-02(config-if)#exit
HX_RS-02(config)#interface fastEthernet 0/0
HX_RS-02(config-if)#ipnat outside
HX_RS-02(config-if)#exit
```

3. 配置核心交换机 HX_CO-01

（1）基本配置：配置交换机名称、Telnet 登录、端口 IP 地址、链路聚合。

```
Switch(config)#hostname HX_CO-01
HX_CO-01(config)#interface vlan 1
HX_CO-01(config-if)#ip address 10.0.1.3 255.255.255.0
HX_CO-01(config-if)#no shutdown
HX_CO-01(config-if)#exit
HX_CO-01(config)#line vty 0 4
HX_CO-01(config-line)#password cisco
HX_CO-01(config-line)#login
HX_CO-01(config-line)#exit
HX_CO-01(config)#enable secret admin
HX_CO-01(config)#ip routing
HX_CO-01(config)#interface gigabitEthernet 0/1
HX_CO-01(config-if)#no switchport
HX_CO-01(config-if)#ip address 172.16.2.2 255.255.255.252
HX_CO-01(config-if)#no shutdown
HX_CO-01(config-if)#exit
```

```
HX_CO-01(config)#interface fastEthernet 0/1
HX_CO-01(config-if)#no switchport
HX_CO-01(config-if)#ip address 172.16.4.1 255.255.255.252
HX_CO-01(config-if)#no shutdown
HX_CO-01(config-if)#exit
HX_CO-01(config)#interface fastEthernet0/2
HX_CO-01(config-if)#no switchport
HX_CO-01(config-if)#ip address 172.16.5.1 255.255.255.252
HX_CO-01(config-if)#no shutdown
HX_CO-01(config-if)#exit
HX_CO-01(config)#interface range fastEther 0/23-24
HX_CO-01(config-if-range)#channel-group 1 mode on
HX_CO-01(config-if-range)#exit
HX_CO-01(config)#interface port-channel 1
HX_CO-01(config-if)#switchport trunk encapsulation dot1q
HX_CO-01(config-if)#switchport mode trunk
```

（2）路由功能配置：配置 OSPF 协议，使这部分网络互通。

```
HX_CO-01(config)#router ospf 1
HX_CO-01(config-router)#network 172.16.2.0 255.255.255.252 area 10
HX_CO-01(config-router)#network 172.16.4.0 255.255.255.252 area 10
HX_CO-01(config-router)#network 172.16.5.0 255.255.255.252 area 10
HX_CO-01(config-router)#exit
```

4. 配置核心交换机 HX_CO-02

（1）基本配置：配置交换机名称、Telnet 登录、端口 IP 地址、链路聚合。

```
Switch(config)#hostname HX_CO-02
HX_CO-02(config)#interface vlan 1
HX_CO-02(config-if)#ip address 10.0.1.4 255.255.255.0
HX_CO-02(config-if)#no shutdown
HX_CO-02(config-if)#exit
HX_CO-02(config)#line vty 0 4
HX_CO-02(config-line)#password cisco
HX_CO-02(config-line)#login
HX_CO-02(config-line)#exit
HX_CO-02(config)#enable secret admin
HX_CO-02(config)#ip routing
HX_CO-02(config)#interface gigabitEthernet 0/1
HX_CO-02(config-if)#no switchport
HX_CO-02(config-if)#ip address 172.16.3.2 255.255.255.252
HX_CO-02(config-if)#no shutdown
HX_CO-02(config-if)#exit
HX_CO-02(config)#interface fastEthernet 0/1
HX_CO-02(config-if)#no switchport
```

```
HX_CO-02(config-if)#ip address 172.16.6.1 255.255.255.252
HX_CO-02(config-if)#no shutdown
HX_CO-02(config-if)#exit
HX_CO-02(config)#interface fastEthernet 0/2
HX_CO-02(config-if)#no switchport
HX_CO-02(config-if)#ip address 172.16.7.1 255.255.255.252
HX_CO-02(config-if)#no shutdown
HX_CO-02(config-if)#exit
HX_CO-02(config)#interface gigabitEthernet 0/2
HX_CO-02(config-if)#no switchport
HX_CO-02(config-if)#ip address 172.16.8.1 255.255.255.252
HX_CO-02(config-if)#no shutdown
HX_CO-02(config-if)#exit
HX_CO-02(config)#interface range fastEthernet 0/23-24
HX_CO-02(config-if-range)#channel-group 1 mode on
HX_CO-02(config-if-range)#exit
HX_CO-02(config)#interface port-channel 1
HX_CO-02(config-if)#switchport trunk encapsulation dot1q
HX_CO-02(config-if)#switchport mode trunk
HX_CO-02(config-if)#exit
```

（2）路由功能配置：配置 OSPF 协议，使这部分网络互通。

```
HX_CO-02(config)#router ospf 1
HX_CO-02(config-router)#network 172.16.3.0 255.255.255.252 area 10
HX_CO-02(config-router)#network 172.16.6.0 255.255.255.252 area 10
HX_CO-02(config-router)#network 172.16.7.0 255.255.255.252 area 10
HX_CO-02(config-router)#network 172.16.8.0 255.255.255.252 area 10
```

5. 配置汇聚交换机 HX_PE-01

（1）基本配置：配置交换机名称、Telnet 登录、端口 IP 地址、端口汇聚。

```
Switch(config)#hostname HX_PE-01
HX_PE-01(config)#interface vlan 1
HX_PE-01(config-if)#ip address 10.0.1.5 255.255.255.0
HX_PE-01(config-if)#no shutdown
HX_PE-01(config-if)#exit
HX_PE-01(config)#line vty 0 4
HX_PE-01(config-line)#password cisco
HX_PE-01(config-line)#login
HX_PE-01(config-line)#exit
HX_PE-01(config)#enable secret admin
HX_PE-01(config)#ip routing
HX_PE-01(config)#interface fastEthernet 0/23
HX_PE-01(config-if)#no switchport
HX_PE-01(config-if)#ip address 172.16.4.2 255.255.255.252
```

```
HX_PE-01(config-if)#no shutdown
HX_PE-01(config-if)#exit
HX_PE-01(config)#interface fastEthernet 0/24
HX_PE-01(config-if)#no switchport
HX_PE-01(config-if)#ip address 172.16.6.2 255.255.255.252
HX_PE-01(config-if)#no shutdown
HX_PE-01(config-if)#exit
HX_PE-01(config)#interface range fastEthernet 0/1-2
HX_PE-01(config-if-range)#switchport trunk encapsulation dot1q
HX_PE-01(config-if-range)#switchport mode trunk
```

（2）路由功能配置：配置 OSPF 协议，直连路由重分发，使这部分网络互通。

```
HX_PE-01(config)#router ospf 1
HX_PE-01(config-router)#network 172.16.4.0 255.255.255.252 area 10
HX_PE-01(config-router)#network 172.16.6.0 255.255.255.252 area 10
HX_PE-01(config-router)#redistribute connected subnets
HX_PE-01(config-router)#exit
HX_PE-01(config)#vlan 10
HX_PE-01(config-vlan)#exit
HX_PE-01(config)#vlan 20
HX_PE-01(config-vlan)#exit
HX_PE-01(config)#vlan 30
HX_PE-01(config-vlan)#exit
HX_PE-01(config)#vlan 40
HX_PE-01(config-vlan)#exit
HX_PE-01(config)#interface vlan 10
HX_PE-01(config-if)#ip address 192.168.10.254 255.255.255.0
HX_PE-01(config-if)#no shutdown
HX_PE-01(config-if)#exit
HX_PE-01(config)#interface vlan 20
HX_PE-01(config-if)#ip address 192.168.20.254 255.255.255.0
HX_PE-01(config-if)#no shutdown
HX_PE-01(config-if)#exit
HX_PE-01(config)#interface vlan 30
HX_PE-01(config-if)#ip address 192.168.30.254 255.255.255.0
HX_PE-01(config-if)#no shutdown
HX_PE-01(config-if)#exit
HX_PE-01(config)#interface vlan 40
HX_PE-01(config-if)#ip address 192.168.40.254 255.255.255.0
HX_PE-01(config-if)#no shutdown
HX_PE-01(config-if)#exit
```

（3）配置 DHCP 服务

```
HX_PE-01(config)#ipdhcp pool vlan10
HX_PE-01(dhcp-config)#network 192.168.10.0 255.255.255.0
```

```
HX_PE-01(dhcp-config)#default-router 192.168.10.254
HX_PE-01(dhcp-config)#dns-server 202.96.64.68
HX_PE-01(dhcp-config)#exit
HX_PE-01(config)#ipdhcp excluded-address 192.168.10.51 192.168.10.254
HX_PE-01(config)#ipdhcp pool vlan20
HX_PE-01(dhcp-config)#network 192.168.20.0 255.255.255.0
HX_PE-01(dhcp-config)#default-router 192.168.20.254
HX_PE-01(dhcp-config)#dns-server 202.96.64.68
HX_PE-01(dhcp-config)#exit
HX_PE-01(config)#ipdhcp excluded-address 192.168.20.51 192.168.20.254
HX_PE-01(config)#ipdhcp pool vlan30
HX_PE-01(dhcp-config)#network 192.168.30.0 255.255.255.0
HX_PE-01(dhcp-config)#default-router 192.168.30.254
HX_PE-01(dhcp-config)#dns-server 202.96.64.68
HX_PE-01(dhcp-config)#exit
HX_PE-01(config)#ipdhcp excluded-address 192.168.30.51 192.168.30.254
HX_PE-01(config)#ipdhcp pool vlan40
HX_PE-01(dhcp-config)#network 192.168.40.0 255.255.255.0
HX_PE-01(dhcp-config)#default-router 192.168.40.254
HX_PE-01(dhcp-config)#dns-server 202.96.64.68
HX_PE-01(dhcp-config)#exit
HX_PE-01(config)#ipdhcp excluded-address 192.168.40.51 192.168.40.254
```

6. 配置汇聚交换机 HX_PE-02

（1）基本配置：配置交换机名称、Telnet 登录、端口 IP 地址、端口汇聚。

```
Switch(config)#hostname HX_PE-02
HX_PE-02(config)#interface vlan 1
HX_PE-02(config-if)#ip address 10.0.1.6 255.255.255.0
HX_PE-02(config-if)#no shutdown
HX_PE-02(config-if)#exit
HX_PE-02(config)#line vty 0 4
HX_PE-02(config-line)#password cisco
HX_PE-02(config-line)#login
HX_PE-02(config-line)#exit
HX_PE-02(config)#enable secret admin
HX_PE-02(config)#ip routing
HX_PE-02(config)#interface fastEthernet 0/23
HX_PE-02(config-if)#no switchport
HX_PE-02(config-if)#ip address 172.16.5.2 255.255.255.252
HX_PE-02(config-if)#no shutdown
HX_PE-02(config-if)#exit
HX_PE-02(config)#interface fastEthernet 0/24
HX_PE-02(config-if)#no switchport
HX_PE-02(config-if)#ip address 172.16.7.2 255.255.255.252
```

```
HX_PE-02(config-if)#no shutdown
HX_PE-02(config-if)#exit
HX_PE-02(config)#interface range fastEthernet 0/1-2
HX_PE-02(config-if-range)#switchport trunk encapsulation dot1q
HX_PE-02(config-if-range)#switchport mode trunk
HX_PE-02(config-if-range)#exit
HX_PE-02(config)#
```

（2）路由功能配置：配置 OSPF 协议，直连路由重分发，使这部分网络互通。创建 VLAN 并为其配置 IP 地址。

```
HX_PE-02(config)#router ospf 1
HX_PE-02(config-router)#network 172.16.5.0 255.255.255.252 area 10
HX_PE-02(config-router)#network 172.16.7.0 255.255.255.252 area 10
HX_PE-02(config-router)#redistribute connected subnets
HX_PE-02(config-router)#exit
HX_PE-02(config)#interface vlan 50
HX_PE-02(config-if)#ip address 192.168.50.254 255.255.255.0
HX_PE-02(config-if)#no shutdown
HX_PE-02(config-if)#exit
HX_PE-02(config)#interface vlan 60
HX_PE-02(config-if)#ip address 192.168.60.254 255.255.255.0
HX_PE-02(config-if)#no shutdown
HX_PE-02(config-if)#exit
HX_PE-02(config)#interface vlan 70
HX_PE-02(config-if)#ip address 192.168.70.254 255.255.255.0
HX_PE-02(config-if)#no shutdown
HX_PE-02(config-if)#exit
HX_PE-02(config)#interface vlan 80
HX_PE-02(config-if)#ip address 192.168.80.254 255.255.255.0
HX_PE-02(config-if)#no shutdown
HX_PE-02(config-if)#exit
```

（3）配置 DHCP 服务

```
HX_PE-01(config)#ipdhcp pool vlan50
HX_PE-01(dhcp-config)#network 192.168.50.0 255.255.255.0
HX_PE-01(dhcp-config)#default-router 192.168.50.254
HX_PE-01(dhcp-config)#dns-server 202.96.64.68
HX_PE-01(dhcp-config)#exit
HX_PE-01(config)#ipdhcp excluded-address 192.168.50.51 192.168.50.254
HX_PE-01(config)#ipdhcp pool vlan60
HX_PE-01(dhcp-config)#network 192.168.60.0 255.255.255.0
HX_PE-01(dhcp-config)#default-router 192.168.60.254
HX_PE-01(dhcp-config)#dns-server 202.96.64.68
HX_PE-01(dhcp-config)#exit
HX_PE-01(config)#ipdhcp excluded-address 192.168.60.51 192.168.60.254
```

```
HX_PE-01(config)#ipdhcp pool vlan70
HX_PE-01(dhcp-config)#network 192.168.70.0 255.255.255.0
HX_PE-01(dhcp-config)#default-router 192.168.70.254
HX_PE-01(dhcp-config)#dns-server 202.96.64.68
HX_PE-01(dhcp-config)#exit
HX_PE-01(config)#ipdhcp excluded-address 192.168.70.51 192.168.70.254
HX_PE-01(config)#ipdhcp pool vlan80
HX_PE-01(dhcp-config)#network 192.168.80.0 255.255.255.0
HX_PE-01(dhcp-config)#default-router 192.168.80.254
HX_PE-01(dhcp-config)#dns-server 202.96.64.68
HX_PE-01(dhcp-config)#exit
HX_PE-01(config)#ipdhcp excluded-address 192.168.80.51 192.168.80.254
```

7. 配置 4 台接入交换机

（1）配置接入交换机 HX_CE-01 的名称、Telnet 登录、Trunk 端口，创建 VLAN 并为其分配端口。

```
Switch(config)#hostname HX_CE-01
HX_CE-01(config)#interface vlan 1
HX_CE-01(config-if)#ip address 10.0.1.7 255.255.255.0
HX_CE-01(config-if)#no shutdown
HX_CE-01(config-if)#exit
HX_CE-01(config)#line vty 0 4
HX_CE-01(config-line)#password cisco
HX_CE-01(config-line)#login
HX_CE-01(config-line)#exit
HX_CE-01(config)#enable secret admin
HX_CE-01(config)#interface fastEthernet 0/24
HX_CE-01(config-if)#switchport mode trunk
HX_CE-01(config-if)#exit
HX_CE-01(config)#vlan 10
HX_CE-01(config-vlan)#exit
HX_CE-01(config)#vlan 20
HX_CE-01(config-vlan)#exit
HX_CE-01(config)#interface range fastEthernet 0/1-10
HX_CE-01(config-if-range)#switchport access vlan 10
HX_CE-01(config-if-range)#exit
HX_CE-01(config)#interface range fastEthernet 0/11-20
HX_CE-01(config-if-range)#switchport access vlan 20
HX_CE-01(config-if-range)#exit
```

（2）接入交换机 HX_CE-02、HX_CE-03 和 HX_CE-04 的配置与交换机 HX_CE-01 基本相同，可参照其进行配置。

8. 配置接入交换机 HX_SV

```
Switch(config)#hostname HX_SV
HX_SV(config)#interface vlan 1
HX_SV(config-if)#ip address 10.1.1.11 255.255.255.0
HX_SV(config-if)#no shutdown
HX_SV(config-if)#exit
HX_SV(config)#line vty 0 4
HX_SV(config-line)#password cisco
HX_SV(config-line)#login
HX_SV(config-line)#exit
HX_SV(config)#enable secret admin
HX_SV(config)#ip routing
HX_SV(config)#interface gigabitEthernet 0/1
HX_SV(config-if)#no switchport
HX_SV(config-if)#ip address 172.16.8.2 255.255.255.252
HX_SV(config-if)#no shutdown
HX_SV(config-if)#exit
HX_SV(config)#vlan100
HX_SV(config-vlan)#exit
HX_SV(config)#interface vlan100
HX_SV(config-if)#ip address 192.168.1.254 255.255.255.0
HX_SV(config-if)#no shutdown
HX_SV(config-if)#exit
HX_SV(config)#interface range fastEthernet 0/1-10
HX_SV(config-if-range)#switchport access vlan100
HX_SV(config-if-range)#exit
HX_SV(config)#router ospf 1
HX_SV(config-router)#network 172.16.8.0 255.255.255.252 area 10
HX_SV(config-router)#redistribute connected subnets
HX_SV(config-router)#exit
```

参 考 文 献

[1] 全国信息技术标准化技术委员会. 基于以太网技术的局域网（LAN）系统验收测试方法：GB 21671—2018[S].

[2] 全国信息安全标准化技术委员会. 信息安全技术　信息安全等级保护基本要求：GB/T 22239—2019[S].

[3] 全国信息安全标准化技术委员会. 信息技术　安全技术　信息安全控制实践指南：GB/T 22081—2016[S].

[4] 全国信息安全标准化技术委员会. 信息安全技术　操作系统安全评估准则：GB/T 20008—2005[S].

[5] 全国信息安全标准化技术委员会. 信息安全技术　包过滤防火墙评估准则：GB/T 20010—2005[S].

[6] 谢希仁. 计算机网络[M]. 5 版. 北京：电子工业出版社，2011.

[7] 范立南，周昕. 网络管理员教程[M]. 北京：高等教育出版社，2010.

[8] 邓泽国. 企业网搭建及应用宝典[M]. 北京：电子工业出版社，2012.

[9] 浙江省教育厅职成教教研室. 网络设备配置与调试[M]. 北京：高等教育出版社，2011.